U0924824

FUZHOU UNIVERSITY
福州大学
1958

福州大学创新创业教育系列丛书

总主编　陈永正

物联网创新创业案例

陆培民　钱慧　陈锋　林一　编著

高等教育出版社·北京

内容提要

物联网工程是教育部指定的战略性新兴产业相关的重点发展专业之一。本书是物联网工程专业的创新创业教材，着重介绍了物联网的基本概念、基本知识和体系结构。全书根据近年来物联网工程专业的实践教学体会和应用趋势，总结和梳理了物联网的主要应用案例，根据物联网的三个体系结构，分层次介绍了物联网技术的最新发展和应用。

本书作者是福州大学从事物联网工程专业教学的专业负责人和骨干教师。本书源于福州大学物联网工程专业大学四年级学生的一门实践课程，目前福州大学也正在给其他专业开设该门课程。书中所有案例来自作者多年来在物联网工程技术应用方面的科研项目和教学实践。

本书可作为高等学校物联网工程专业、电子信息类本科专业的实践教学课程教材，也可以作为其他工科专业师生或物联网行业相关从业人员的参考书。

图书在版编目（CIP）数据

物联网创新创业案例 / 陆培民等编著．--北京：高等教育出版社，2020.7

ISBN 978-7-04-052374-4

Ⅰ.①物… Ⅱ.①陆… Ⅲ.①互联网络-应用-高等学校-教材 ②智能技术-应用-高等学校-教材 Ⅳ.①TP393.4②TP18

中国版本图书馆 CIP 数据核字(2019)第 168674 号

WULIANWANG CHUANGXIN CHUANGYE ANLI

策划编辑 程福平　　责任编辑 高聚平　　封面设计 张 志　　版式设计 杜微言
插图绘制 于 博　　责任校对 吕红颖　　责任印制 耿 轩

出版发行	高等教育出版社	网　　址	http://www.hep.edu.cn
社　　址	北京市西城区德外大街 4 号		http://www.hep.com.cn
邮政编码	100120	网上订购	http://www.hepmall.com.cn
印　　刷	北京市密东印刷有限公司		http://www.hepmall.com
开　　本	787 mm×1092 mm　1/16		http://www.hepmall.cn
印　　张	14.75		
字　　数	360 千字	版　　次	2020 年 7 月第 1 版
购书热线	010-58581118	印　　次	2020 年 7 月第 1 次印刷
咨询电话	400-810-0598	定　　价	35.50 元

物 料 号　52374-00

前　言

物联网是新一代信息技术的核心。近年来，“感知中国”在全国逐渐兴起，物联网应用场景不断丰富，人们对物联网的认知也逐渐从文本化走向形象化，智能交通、智能家居等各种物联网技术逐步落地，走向人们的生活。本书是一本关于物联网工程应用技术及实践的教材，主要内容包括物联网工程感知层、网络层和应用层的基本概念以及相关方面的应用实例。

物联网工程是教育部指定的战略性新兴产业相关的重点发展专业之一。在教育部的推动下，全国近400多所高校陆续兴办了物联网工程专业。物联网工程是一个新兴的交叉学科，涉及计算机科学与技术、电子科学与技术、通信工程以及自动化等相关学科的基础知识。9年多以来，全国高校物联网工程从业人员梳理相关学科的基础知识，力求通过挖掘相关学科的知识体系，结合本地特色，努力构建特色物联网工程专业知识结构。物联网实践教育教学是物联网工程专业的重要组成部分。本书是福州大学物联网工程专业从业教师根据物联网工程专业工程性和应用性的特点，从基本原理和原理综合应用的角度编撰的。

本书按照物联网工程的网络结构分层由感知层、网络层和应用层逐一介绍，并配有对应的实例。全书的各个章节相对独立，读者可以根据自己的兴趣选读任一结构层次相应的章节或进行完全通读。

本书的感知层实例涉及无设备定位等普适技术，网络层涉及NB-IoT、LORA等5G重点推崇的技术，应用层涉及人脸识别、AR等应用技术。本书所采用的实例涉及MATLAB、C语言、ZigBee、JAVA等多种语言，实例对于所采用的语言都有相应的介绍。读者可以根据感兴趣的内容进行相应的学习和验证。

本书是专门按照创新创业教材的要求来组织的，可以作为高年级本科生开展物联网实训课程的教材，也可以作为物联网工程相关方面工程技术人员自学或者回顾物联网技术以及应用的教材。

福州大学的物联网工程专业于2012年兴办，由福州大学和国内物联网龙头企业新大陆科技集团携手共建。本书的出版得益于福州大学物联网工程专业从业教师、企业导师在专业建设过程中，对物联网技术的综合应用所进行的探索。本书是在陆培民教授的组织下完成的，所提供的案例来自钱慧、陈锋、林一等教师带领的2012级、2013级、2014级等高年级本科生，以及严毅民、刘焕林、林荔林、蔡雨露等相关专业硕士研究生的创新创业项目和论文。钱慧提供了第一章以及感知层相关内容，陈锋提供了网络层相关内容，林一提供了应用层相关内容。硕士研究生林荔林和蔡雨露承担了本书核心材料的准备工作。

由于作者本身的水平有限，物联网工程专业又是一门刚刚发展起来的年轻专业，书中所述知识和案例体会可能会有一定的不当之处，或者存在一定的错误或疏漏，请各位同人指正！

物联网是一个正在蓬勃发展的技术，请和我们一起拥抱物联网的美好未来吧！

福州大学物联网工程专业课题组

2019年5月18日

目　录

第 1 章 物联网

1

1.1 物联网概述

物联网(Internet of Things)是指在物理世界中，部署具有一定感知能力、计算能力和执行能力的嵌入式芯片和软件，使之成为智能物体，通过网络设施实现信息传输、协同和处理，从而实现物与物、物与人之间的互联。具体地说，物联网就是把感应器嵌入和装备到电网、铁路、桥梁、隧道、公路、建筑、供水系统、大坝、油气管道等各种物体中，然后将“物联网”与现有的互联网整合起来，实现人类社会与物理系统的整合。它是一种“万物沟通”的，具有全面感知、可靠传送、智能处理特征的，连接物理世界的网络，可实现任何时间、任何地点及任何物体的联结，使人类可以用更加精细和动态的方式来管理生产和生活，达到“智慧”状态，提高资源利用率和生产率水平，改善人和自然界的关系，从而提高整个社会的信息化能力。物联网作为一种“物物相连的互联网”，无疑消除了人与物之间的隔阂，使人与物、物与物之间的对话得以实现。整个物联网的概念涵盖了从终端到网络、从数据采集处理到智能控制、从应用到服务、从人到物等方方面面，涉及射频识别(RFID)装置、无线传感器网络(WSN)、红外感应器、全球定位系统、Internet 与移动网络、网络服务、行业应用软件等众多技术。在这些技术当中，又以底层嵌入式设备芯片开发最为关键，它可以引领整个行业的上游发展[1]。

1.2 物联网起源

1999 年在美国召开的移动计算和网络国际会议中首次提出的物联网这个概念，是 MIT Auto-ID 中心的 Ashton 教授在研究 RFID 时最早提出来的。他提出了结合物品编码、RFID 和互联网技术的解决方案。基于当时互联 RFID 技术、EPC 标准，在计算机互联网的基础上，利用射频识别技术、无线数据通信技术等，构造了一个实现全球物品信息实时共享的实物互联网“Internet of Things”(简称物联网)，这也是在 2003 年掀起第一轮华夏物联网热潮的基础。2005 年 11 月 17 日，在突尼斯举行的信息社会世界峰会(WSIS)上，国际电信联盟(ITU)发布《ITU 互联网报告 2005:物联网》，引用了“物联网”的概念。物联网的定义和范围已经发生了变化，覆盖范围有了较大的拓展，不再只是指基于 RFID 技术的物联网。报告指出，无所不在的“物联网”通信时代即将来临，世界上所有的物体从轮胎到牙刷、从房屋到纸巾都可以通过因特网主动进行交换。射频识别技术、传感器技术、纳米技术、智能嵌入技术将得到更加广泛的应用。2009 年 1 月 28 日，奥巴马就任美国总统后，与美国工商业领袖举行了一次“圆桌会议”，作为仅有的两名代表之一，IBM 首席执行官彭明盛首次提出“智慧地球”这一概念，建议新政府投资新一代的智慧型基础设施。当年，美国将新能源和物联网列为振兴经济的两大重点。2009 年 8 月温家宝总理在视察中科院无锡物联网产业研究所时，对于物联网应用也提出了一些看法和要求。自温总理提出“感知中国”以来，物联网被正式列为国家五大新兴战略性产业之一，写入“政府工作报告”，物联网在中国受到了全社会极大的关注，其受关注程度是在美国、欧盟以及其他各国不可比拟的。物联网的概念与其说是一个外来概念，不如说它已经是一个“中国制造”的概念，它的覆盖范围与时俱进，已经超越了 1999 年 Ashton 教授和 2005 年国际电信联盟(ITU)报告所指的范围，物联网已被贴上“中国式”标签。截至 2010 年，国家发展和改革委员会、工信部等部委正在会同有关部门，在新一代信息技术方面开展研究，以制定支持新一代信息技术的一些新政策措施，从而推动我国经济的发展[2]。

1.3 技术构架

基于 ITU 的架构，物联网的技术体系框架包括感知层技术、网络层技术、应用层技术和公共技术。若以电信网的架构来看，主要是向下多了一个感知延伸层，上面多了更多的应用层。

(1) 感知层：数据采集和感知主要用于采集物理世界中发生的物理事件和数据，包括各类物理量、标识、音频、视频数据。物联网的数据采集涉及传感器、RFID、多媒体信息采集、二维码和实时定位等技术。传感器网络组网和协同信息处理技术实现传感器、RFID 等数据采集技术所获取数据的短距离传输、自组织组网以及多个传感器对数据的协同信息处理过程。

(2) 网络层：实现更加广泛的互联功能，能够把感知到的信息无障碍、高可靠性、高安全地进行传送，这需要传感器网络与移动通信技术、互联网技术相融合。虽然这些技术已较成熟，基本能满足物联网的数据传输要求；但是，为了支持未来物联网新的业务特征，现在传统传感器、电信网、互联网可能需要做一些优化。

(3) 应用层：主要包含应用支撑平台子层和应用服务子层。其中应用支撑平台子层用于支撑跨行业、跨应用、跨系统之间的信息协同、共享、互通等功能；应用服务子层包括智能交通、智能医疗、智能家居、智能物流、智能电力、环境监测和工业监控等行业应用。

(4) 公共技术：公共技术不属于物联网技术的某个特定层面，而是与物联网技术架构的三层都有关系，它包括标识与解析、安全技术、网络管理和服务质量(QoS)管理。由此可见，“全面感知、可靠传送和智能处理”是物联网必须具备的三个重要特征，也是“智慧地球”所期望的“更彻底的感知、更全面的互联互通、更深入的智能化”核心所在。

一般来讲，物联网的开展步骤主要如下：

(1) 对物体属性进行标识，属性包括静态和动态的属性，静态属性可以直接存储在标签中，动态属性需要先由传感器实时探测；

(2) 需要识别设备完成对物体属性的读取，并将信息转换为适合网络传输的数据格式；

(3) 将物体的信息通过网络传输到信息处理中心(处理中心可能是分布式的，如家里的电脑或者手机；也可能是集中式的，如中国移动的互联网数据中心（IDC）），由处理中心完成物体通信的相关计算。基于未来信息产业的发展，以及信息网络向全面感知和智能应用两个方向拓展、延伸和突破的需求，物联网涉及从信息获取、传输、存储、处理、应用的全过程，材料、器件、软件、系统、网络各方面的创新都会促进物联网的发展。因此，毫无疑问，物联网的关键技术包括物体标识、体系架构、通信和网络、安全和隐私、服务发现和搜索、软件服务与算法、硬件、能量获取和存储、设备微型小型化、标准等。而由国际电联报告所提出的物联网关键性应用技术主要包括RFID、传感器、智能技术和纳米技术。物联网的技术特点如下：

（1）离线特性。物联网中的物体有着极强的离线特征，该特征由多种原因造成。案例一，RFID不在读卡器读取范围内时，无法将自身的信息上报；案例二，在检查一个飞机装置时，执勤人员的手持设备在靠近物体时即可检查相应设备是否正常工作。稍后回到控制室，手持设备利用控制室的无线或者有线网络完成设备信息的上报。该过程实现了飞机上各装置的网络连接过程。从技术上讲，该过程与大延时网络有着诸多的相似之处。这两个实例中，物体均存在明显的离线状态。可见，物联网的离线状态与WSN中讨论的离线状态有着较大的区别，因为物联网中的离线状态并非仅由数据链路的拥塞或者节点失效造成。

（2）随着电子技术，尤其是微机电系统（MEMS）技术的发展，电子器件的数量日益增多。IDC的John Gantz预测，2015年全球将有150亿的电子设备通过网络进行互联。设备通过各种途径接入互联网以后，如何对这些设备进行管理，将使原本不堪重负的互联网面临更大的挑战。对物联网设备进行UID(Unique ID)分配，是物体互联互通的基础技术。如果没有UID，那么物体之间就无法进行识别，更无法达到统一管理和维护。

（3）海量信息。物联网"物体"的计算、存储与处理能力各异，"物体"种类从简单的RFID射频卡到具有较强能力的视频感知器，收集到的信息也各不相同，如何合理地对这些信息进行表达、存储、检索、共享和处理是物联网面临的一大难题。WSN仅在一些小规模应用中得到运用，在这些应用中，信息处理可以简单地分为前台处理和后台处理。对物联网而言，随着应用规模的增大和应用种类的增多，分布式存储和分布式计算处理等成为物联网迫切需要解决的难题。

（4）语义互操作。欧洲EPoSS发布的物联网发展路线图指出，语义互操作是物联网研究的核心内容之一。该问题同样也是互联网亟待解决的问题之一，互联网中因为语言表达的不规范造成了不同系统信息互通的困难，学术上将该问题称为"信息孤岛"。物联网从传统WSN的小规模应用发展到大规模应用以后，语义互操作问题就会变得越来越明显。比如在物联网中有一个温度传感器，通过温度的感知会上报一个温度值[3]。

1.4 国内物联网发展形势

国内物联网产业经过近十年发展，目前产业链和产业体系已初步形成，产业规模快速增长。物联网产业链现在包括芯片、元器件、设备、软件、系统集成、运营应用等具体细分领域。如图1-1所示，2017年，国内物联网产业规模基本突破840亿元，同比增长9.31%。展望未来，作为新兴战略产业，伴随着国家政策的加码，前瞻认为中国物联网市场的投资前景巨大，发展迅速，在各行各业的应用不断深化，将继续催生大量的新技术、新产品、新应用、新模式。

图 1-1　我国物联网产业市场规模(单位:亿元)

从产业发展过程来看,中国移动作为国内物联网产业的积极推动者,从运营商角度对物联网的发展路径进行了预测,认为物联网发展将经过机器通信(M2M)、物联网及泛在网的三个发展阶段,目前我国还处于 M2M 的应用阶段。值得注意的是,来自 GSMA Intelligence 的数据显示,中国物联网网络部署已占据世界领先地位,截至 2017 年第三季度,中国的移动 M2M 连接数达到 24 920 万,而世界连接数为 55 500 万,中国占到世界总连接数近 45%,占据全球物联网半壁江山,前瞻认为未来中国的物联网设备布局将会呈进一步加速状态。

从应用领域来看,目前,在物流、交通、建筑、医疗等行业信息化中,已出现物联网的雏形。在智能交通、物流、制造、能源等对智能化要求较高的领域,当前的信息化应用已处于物联网的初级阶段,相当于分散的、小规模的类似于"局域网"的局部的物联网形式。换句话说,当前物联网的应用仍是零散的,还远未形成规模,处于闭环状态。目前已经出现的物联网形式有企业专用的无线传感网,有基于公众通信网络的 M2M 网络,还有 RFID 类的短距离识别网络;物联网的应用形式也很多,例如高速公路 ETC 收费、门票销售与检验,以及零售 RFID/条形码、车辆调度系统、电子收费系统、无线 POS 机系统、自动化生产系统以及各种物流管理和安防系统等。而且,应用的种类还在迅速增加。目前,我国各个应用领域的市场份额如图 1-2 所示。

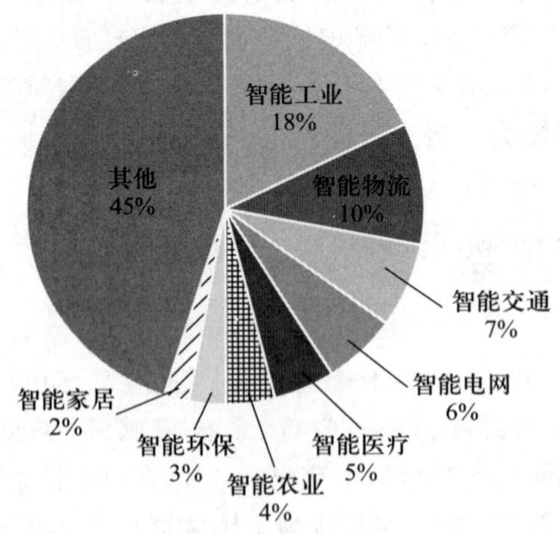

图 1-2　我国物联网在各个应用领域的市场份额占比情况(单位:%)

从网络架构上来看，在业界物联网大致被公认为有三个层次，底层是用来感知数据的感知层，第二层是数据传输的网络层，最上面则是内容的应用层。三层的关系可以这样理解：感知层相当于人体的皮肤和五官；网络层相当于人体的神经中枢和大脑；应用层相当于人的社会分工，具体描述如下。感知层是物联网的皮肤和五官——识别物体，采集信息。感知层包括二维码标签和识读器、RFID 标签和读写器、摄像头、GPS 等，主要作用是识别物体和采集信息，与人体结构中皮肤和五官的作用相似。网络层是物联网的神经中枢和大脑——信息传递和处理。网络层包括通信与互联网的融合网络、网络管理中心和信息处理中心等。网络层将感知层获取的信息进行传递和处理，类似于人体结构中的神经中枢和大脑。应用层是物联网的“社会分工”——与行业需求结合，实现广泛智能化。应用层是物联网与行业专业技术的深度融合，与行业需求结合，实现行业智能化，这类似于人的社会分工，最终构成人类社会。在各层之间，信息不是单向传递的，也有交互、控制等，所传递的信息多种多样，这其中关键是物品的信息，包括在特定应用系统范围内能唯一标识物品的识别码，和物品的静态与动态信息。目前，我国各个层级的市场份额如图 1－3 所示，可以看出，物联网感知层、传输层参与厂商众多，成为产业中竞争最为激烈的领域。

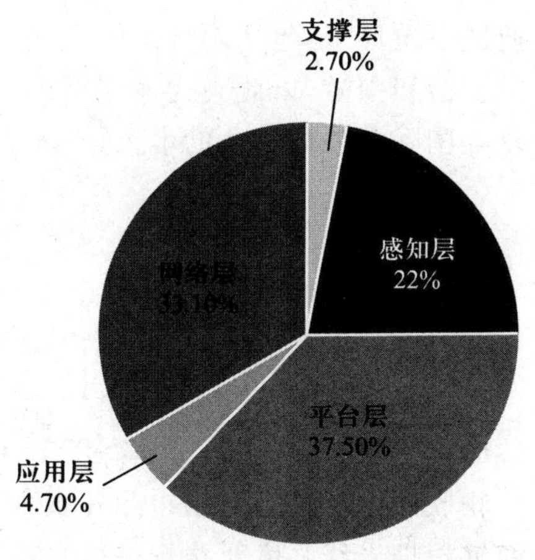

图 1－3　我国物联网在网络架构各个层级的市场份额占比情况（单位：%）

从产业链来看，物联网所处产业可以分为上游、中游和下游（图 1－4）。产业链上游环节：主要为接入层厂商，包括芯片、传感器和其他接入硬件以及相关配套的元器件厂商，另外还包括延伸的终端设备厂商。产业链中游环节：包括网络设备提供商、软件及应用开发商、系统集成商。

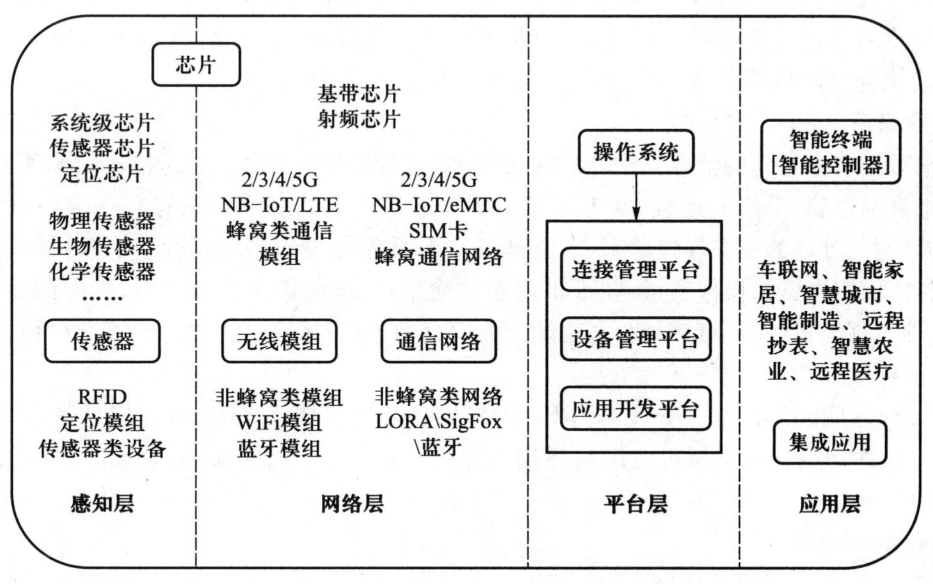

图 1－4　我国物联网产业链情况

产业链下游环节:包括网络提供商、网络运营与服务提供商等。目前,中国多个设备企业横跨产业链上游和中游,以此为代表的有远望谷公司等。但是从整体实力上,目前还未培育出可以与英特尔等国际大公司抗衡的本土企业[4]。

1.5 应用领域

1. 城市管理

(1) 智能交通(公路、桥梁、公交、停车场等)

物联网技术可以自动检测并报告公路、桥梁的“健康状况”,还可以避免过载车辆经过桥梁,也能够根据光线强度对路灯进行自动开关控制。在交通控制方面,可以通过检测设备,在道路拥堵或特殊情况时,系统自动调配红绿灯,并可以向车主预告拥堵路段、推荐行驶最佳路线。在公交方面,物联网技术构建的智能公交系统通过综合运用网络通信、GIS 地理信息、GPS 定位及电子控制等手段,集智能运营调度、电子站牌发布、IC 卡收费、快速公交系统(ERP)管理等于一体。通过该系统可以详细掌握每辆公交车每天的运行状况。另外,在公交候车站台上通过定位系统可以准确显示下一趟公交车需要等候的时间;还可以通过公交查询系统,查询最佳的公交换乘方案。停车难的问题在现代城市中已经引发社会各界的热烈关注。通过应用物联网技术可以帮助人们更好地找到车位。智能化的停车场通过采用超声波传感器、摄像感应、地感性传感器、太阳能供电等技术,第一时间感应到车辆停入,然后立即反馈到公共停车智能管理平台,显示当前的停车位数量;同时将周边地段的停车场信息整合在一起,作为市民的停车向导,这样能够大大缩短找车位的时间。

(2) 智能建筑(绿色照明、安全检测等)

通过感应技术,建筑物内照明灯能自动调节光亮度,实现节能环保,建筑物的运作状况也能通过物联网及时发送给管理者。同时,建筑物与 GPS 系统实时相连接,在电子地图上准确、及时地反映出建筑物空间地理位置、安全状况、人流量等信息。

2. 数字家庭

如果简单地将家庭里的消费电子产品连接起来,那么只是一个多功能遥控器控制所有终端,仅仅实现了电视与电脑、手机的连接,这不是发展数字家庭产业的初衷。只有在连接家庭设备的同时,通过物联网与外部的服务连接起来,才能真正实现服务与设备互动。有了物联网,人们就可以在办公室指挥家庭电器的操作运行,在下班回家的途中,家里的饭菜已经煮熟;洗澡的热水已经烧好;个性化的电视节目将会准点播放;家庭设施能够自动报修;冰箱里的食物能够自动补货。

3. 定位导航

物联网与卫星定位技术、GSM/GPRS/CDMA 移动通信技术、GIS 地理信息系统相结合,能够在互联网和移动通信网络覆盖范围内使用 GPS 技术,使用和维护成本大大降低,并能实现端到端的多向互动。

4. 现代物流管理

通过在物流商品中植入传感芯片(节点),供应链上的购买、生产制造、包装、装卸、堆栈、运输、配送、分销、出售、服务等每一个环节都能无误地被感知和掌握。这些感知信息与后台的

GIS/GPS 数据库无缝结合，成为强大的物流信息网络。

5. 食品安全控制

食品安全是国计民生的重中之重。通过标签识别和物联网技术，人们可以随时随地对食品生产过程进行实时监控，对食品质量进行联动跟踪，对食品安全事故进行有效预防，极大地提高食品安全的管理水平[5]。

1.6　全国物联网新形势

广义上说，我国物联网起步几乎与国外同步，1999 年，Auto-ID 研究中心提出物联网概念时，它以电子产品代码(EPC)为核心，利用射频识别、无线数据通信等技术，基于因特网构造实物互联网。1999 年，为紧跟国际趋势，中科院启动了传感网研究，组建了 2 000 多人的团队，先后投入数亿元，建立了一些应用于各领域的传感网。

2009 年 8 月 7 日，温家宝总理在视察无锡时提出建设"感知中国"中心；2009 年 11 月 13 日，国务院正式批准同意支持无锡建设国家传感网创新示范区(国家传感信息中心)。2010 年，我国政府工作报告正式提出加快发展物联网产业，2010 年也因此被称为中国的"物联网元年"。之后，随着 2011 年工信部"十二五物联网规划及 2013 年国务院关于推进物联网有序健康发展的指导意见"的发布，我国物联网产业驶入快车道，万亿级的新兴产业崛起成为国家战略产业。物联网的核心(内涵)是信息的感知和处理，其外延则包括各种各样的智能应用。《物联网"十二五"发展规划》中，列出了 9 大重点智能应用领域，分别是：

(1) 智能工业：生产过程控制、生产环境监测、制造供应链跟踪、产品全生命周期监测，促进安全生产和节能减排。

(2) 智能农业：农业资源利用、农业生产精细化管理、生产养殖环境监控、农产品质量安全管理与产品溯源。

(3) 智能物流：建设库存监控、配送管理、安全追溯等现代流通应用系统，建设跨区域、行业、部门的物流公共服务平台，实现电子商务与物流配送一体化管理。

(4) 智能交通：交通状态感知与交换、交通诱导与智能化管控、车辆定位与调度、车辆远程监测与服务、车路协同控制，建设开放的综合智能交通平台。

(5) 智能电网：电力设施监测、智能变电站、配网自动化、智能用电、智能调度、远程抄表，建设安全、稳定、可靠的智能电力网络。

(6) 智能环保：污染源监控、水质监测、空气监测、生态监测，建立智能环保信息采集网络和信息平台。

(7) 智能安防：社会治安监控、危化品运输监控、食品安全监控，重要桥梁、建筑、轨道交通、水利设施、市政管网等基础设施安全监测、预警和应急联动。

(8) 智能医疗：药品流通和医院管理，以人体生理和医学参数采集及分析为切入点面向家庭和社区开展远程医疗服务。

(9) 智能家居：家庭网络、家庭安防、家电智能控制、能源智能计量、节约低碳、远程教育等。

实际上，这个智能"家族"还可以不断扩大，比如：智能教育、智能旅游、智能社区、智能政务、智能企业、智能汽车、智能建筑、智能金融……从横向来看是物联网的外延，从纵向来看，则涉及物联网产业链。为此，先看看物联网的关键技术涉及哪些方面，它们包括：传感器、RFID、IPV6、云计算、生物识别、M2M 等。

而物联网产业链构成如下：如将物联网整体产业链按价值分类，硬件厂商的价值较小，软件和服务所占比例较大。经赛迪顾问测算，传感器/芯片厂商加上通信模块提供商约占整体产业价值的 20%左右，电信运营商提供的管道约占整体产业价值的 15%，剩下的 65%的市场价值均由软件及中间件/系统集成商/服务提供商及应用商分享，而这类占产业价值大头的公司通常都集多种角色为一体，以系统集成商的面目出现。近年来，中国经济发展出现的新变局以及一系列新战略的提出，使中国物联网发展出现新的趋势，并带来新的机遇和挑战。

中国新一届领导层以“新常态”定义当下的中国经济，一是从高速增长转为中高速增长；二是经济结构不断优化升级，第三产业消费需求逐步成为主体，城乡区域差距逐步缩小，居民收入占比上升，发展成果惠及更广大民众；三是从要素驱动、投资驱动转向创新驱动。

可见，“新常态”强调的是产业升级和创新驱动，这离不开新兴产业的带动和新业态的培育，其中物联网获得极大的发展机遇。特别是随着“一带一路”“工业 4.0”“中国制造 2025”及“互联网＋”等战略的提出与实施，物联网产业更是如虎添翼，后劲十足。

先看“一带一路”：习近平总书记提出建设“新丝绸之路经济带”和“21 世纪海上丝绸之路”的战略构想，强调相关各国要打造互利共赢的“利益共同体”和共同发展繁荣的“命运共同体”。这一跨越时空的宏伟构想，从历史深处走来，融通古今、连接中外，顺应和平、发展、合作、共赢的时代潮流，承载着丝绸之路沿途各国发展繁荣的梦想，赋予古老丝绸之路以崭新的时代内涵。

“一带一路”是中国资本输出计划的战略载体，强调“互联互通”，不仅是公路、铁路、航空、港口等交通基础设施的建设要加快，还包括互联网、通信网、物联网等通信基础设施。“一带一路”国家之间的深度互通会对信息基建提出更高的要求。福建作为古海上丝绸之路的起点，在新的“一带一路”中将发挥重要作用。再看“工业 4.0”和“中国制造 2025”，实际上，这两者强调的都是智能制造，即信息化在工业领域的应用，对照前面我们在物联网外延部分的讨论，即物联网应用之智能工业的范畴。“中国制造 2025”提出的制造业创新中心（工业技术研究基地）建设工程、智能制造工程、工业强基工程、绿色制造工程、高端装备创新工程等 5 大工程，对于物联网发展提出了新的课题。比如，智能制造工程要求开发智能产品和自主可控的智能装置，实现生产过程智能优化控制、供应链优化，建设重点领域智能工厂/数字化车间，实施流程制造、离散制造、智能装备和产品、新业态新模式、智能化管理、智能化服务等试点示范及应用推广，搭建智能制造网络系统平台。这其中的任一条都能拓展物联网的应用领域。

2017 年两会上，李克强总理在政府工作报告中提出，“制定‘互联网＋’行动计划，推动移动互联网、云计算、大数据、物联网等与现代制造业结合，促进电子商务、工业互联网和互联网金融健康发展，引导互联网企业拓展国际市场。”这段话里明确提到了物联网，表明物联网在“互联网＋”计划中占有一席之地。按照腾讯公司董事会主席兼首席执行官马化腾的解释，“互联网＋”战略就是利用互联网平台，利用通信技术，把互联网和包括传统行业在内的各行各业结合起来，在新的领域创造一种新的生态。

国务院关于积极推进“互联网＋”行动的指导意见中，列出了“互联网＋”创业创新、“互联网＋”协同制造、“互联网＋”现代农业、“互联网＋”智慧能源、“互联网＋”普惠金融、“互联网＋”

益民服务、"互联网＋"高效物流、"互联网＋"电子商务、"互联网＋"便捷交通、"互联网＋"绿色生态、"互联网＋"人工智能 11 大行动，这些都是物联网的应用领域，对照物联网"十二五"规划中的 9 大智能应用领域，物联网产业无疑又能发现新的发力点。

参考文献

第 2 章 物联网——感知层

2.1 感知层概述

感知层是物联网的核心——用于识别物体与采集信息，是信息采集的关键部分。感知层位于物联网三层结构中的最底层，其功能为“感知”，即通过传感网络获取环境信息。感知层包括二维码标签和识读器、RFID 标签和读写器、摄像头、GPS、传感器、M2M 终端、传感器网关等，主要功能是识别物体、采集信息，与人体结构中皮肤和五官的作用类似。对人类而言，我们使用五官和皮肤，通过视觉、味觉、嗅觉、听觉和触觉感知外部世界。而感知层就是物联网的五官和皮肤，用于识别外界物体和采集信息。感知层解决的是人类世界和物理世界的数据获取问题。它首先通过传感器、数码相机等设备，采集外部物理世界的数据，然后通过 RFID、条码、工业现场总线、蓝牙、红外等短距离传输技术传递数据。感知层所需要的关键技术包括检测技术、短距离无线通信技术等。

感知层由基本的感应器件（例如 RFID 标签和读写器、各类传感器、摄像头、GPS、二维码标签和识读器等基本标识和传感器件组成）以及感应器组成的网络（例如 RFID 网络、传感器网络等）两大部分组成。该层的核心技术包括射频技术、新兴传感技术、无线网络组网技术、现场总线控制技术（FCS）等，涉及的核心产品包括传感器、电子标签、传感器节点、无线路由器、无线网关等。一些感知层常见的关键技术如下：

（1）传感器：传感器是物联网中获得信息的主要设备，它利用各种机制把被测量转换为电信号，然后由相应信号处理装置进行处理，并产生响应动作。常见的传感器包括温度、湿度、压力、光电传感器等。

（2）RFID：RFID 的全称为 Radio Frequency Identification，即射频识别，又称为电子标签。RFID 是一种非接触式的自动识别技术，可以通过无线电信号识别特定目标并读写相关数据。它主要用来为物联网中的各物品建立唯一的身份标示。

（3）传感器网络：传感器网络是一种由传感器节点组成的网络，其中每个传感器节点都具有传感器、微处理器、通信单元。节点间通过通信网络组成传感器网络，共同协作来感知和采集环境或物体的准确信息。而无线传感器网络（Wireless Sensor Network，简称 WSN），则是目前发展迅速，应用最广的传感器网络。

对于目前被关注和应用较多的 RFID 网络来说，附着在设备上的 RFID 标签和用来识别 RFID 信息的扫描仪、感应器都属于物联网的感知层。在这一类物联网中被检测的信息就是

RFID 标签的内容，现在的电子（不停车）收费系统（Electronic Toll Collection，ETC）、超市仓储管理系统、飞机场的行李自动分类系统等都属于这一类结构的物联网应用。

2.2　感知层——案例一　基于接收信号质量信息的免设备人体动作识别

2.2.1　引言

近年来，随着电子信息技术的飞速发展，以先进传感器技术、通信技术和智能信息处理为基础的物联网技术进入了人们的日常生活。各种智能产品，如智能音箱、智能电冰箱等可以识别人类各种日常活动，帮助人们提高生活质量，已经在医疗保健、安全、娱乐和智慧家庭等领域获得了广泛的应用[1-3]。由于人类活动的复杂性，现有的基于智能传感器的各种动作识别（Action Recognition，AR）技术仅能识别一些简单的动作，而且识别率不高。因此，探索基于智能感知的 AR 技术在信号处理、无线通信领域获得了广泛的关注。

根据动作识别过程中，用户是否携带相关感知设备，可以将 AR 技术分为两类：基于可穿戴设备的动作识别和免设备的动作识别（Device Free Activity Recognition，DFAR）[4-5,11]。其中，免设备人体动作识别以各种先进的传感器技术为基础，无须人们佩戴穿戴设备，就可以感知人体动作信息。因此，它在各种无法携带设备的场景（如浴室等）中获得了广泛的关注。DFAR 自身的免设备特性让它成为智能空间、智慧城市和智能家居等领域关注的焦点，同时也是信号处理领域研究的热门话题之一。

目前，实现 DFAR 的技术比较多，图 2-1 总结了 DFAR 中几种重要的解决方案及其优缺点。其中，视频感知和无线电、电磁感知是两种经典的实现方式[6-10]。基于视频的 DFAR 技术采用机器视觉技术，分析和处理观测场景的视频图像，从而实现对场景中人的定位和识别。而无线电、电磁感知技术则以多普勒雷达和射频器件作为感知元器件，通过定位分析和捕获人体的运动状态实现 DFAR。

技术分类	基于视频	基于电磁感知	
	摄像头	多普勒雷达	射频器件
优点	识别精度高	不受光照影响	可穿墙、低功耗
缺点	受光照影响、涉及隐私	设备需要定制	可靠性差

图 2-1　表：免携带设备的动作识别技术分类及其特点

基于无线电射频感知的 DFAR 技术是近年研究领域关注的热点[11-14]。无线电射频感知 DFAR 利用传统的无线电射频技术，如 WiFi、ZigBee 等，在观测区域内部署局部无线电通信网络，通过感知区域内目标对无线电信号的衰减变换情况，获取感知目标的位置和运动状态。无线射频感知的 DFAR 不但可以为部署区域内提供无线电通信服务，而且还能提供智能感知功能。

相对于其他 DFAR 技术来说，无线射频感知的 DFAR 代价更小、效益更高。因此，探索无线射频感知的 DFAR 技术的系统设计、实现以及定位/识别性能具有重要的研究意义。

2.2.2 射频层析成像原理

射频层析成像以无线通信传输的衰减模型为基础，是一种新兴的用于对无线传感网络中物体造成的衰减进行成像的技术。与经典的层析成像技术类似，RTI 依据无线信号穿透不同介质时的损耗不同，利用 RSSI 反演重构出目标区域内的图像，进而实现对目标的感知。如图 2-2 所示，无线传感器节点部署在被监测区域的四周，当目标进入区域内时，它会对节点之间的无线通信链路 RSSI 值产生影响。依据 RSSI 的变化值以及对应的传感器节点的坐标，采用相关算法就可以估计出目标的位置，这就是基于射频层析成像原理的定位技术。

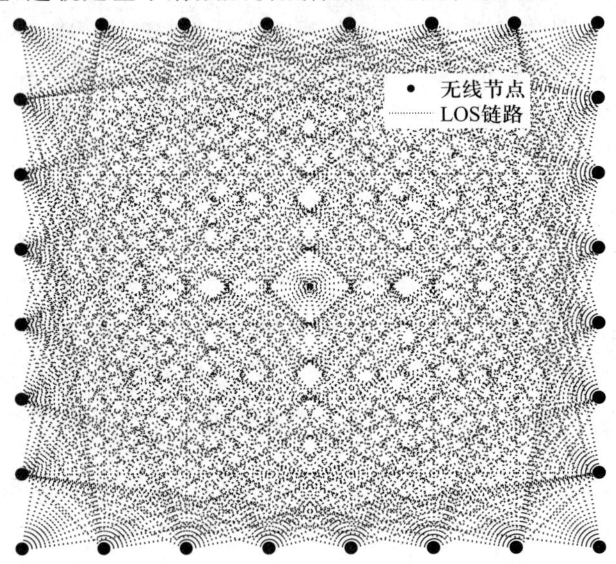

图 2-2 RTI 网络图例(各节点向剩余节点广播 RSSI)

与可见光相比，RF 信号的优势在于可穿透墙壁、烟雾，可以在光线微弱的场景下工作。RF 信号的这些优点使得 RTI 在特定场景下可以作为可见光成像技术的补充。另外与相机不同的是，RTI 系统所得到的图像不能够显示出物体的细节特征，它只能实现对目标行为的感知，而不会侵犯目标的隐私。RF 信号的这些优点使得 RTI 在未来的“智能”家庭中，可以帮助人们更好地照顾老年人、病患等。射频层析成像技术的应用领域远远不止这些，它还可以被用在其他的应用方面，例如灾后救援、安全监控等领域。

1. RTI 系统模型

在图 2-2 所示的 WSN 中，假设无线传感器节点总个数为 K，各节点序号构成的集合为 $\{k_1, k_2, \cdots, k_K\}$，链路集合为 $\{L_{(k_1,k_2)}, L_{(k_1,k_3)}, \cdots, L_{(k_i,k_j)}, \cdots, L_{(k_K,k_{K-1})}\}$，在不考虑链路方向的情况下，网络中无线链路的总条数 $M=K \cdot (K-1)/2$，此处不考虑链路方向指的是对链路 $L_{(k_i,k_j)}$ 和 $L_{(k_j,k_i)}$ 不做区分。为了反演重构出目标区域内信号衰减的图像，网络中的各个节点都需要向剩余节点发送无线信号，RTI 网络每完成一次这样的操作称为一次扫描，扫描结束后可得到系统测量值向量 $\boldsymbol{y}=\{y_1, y_2, \cdots, y_M\}$。仅考虑网络中的某条通信链路 $L_{(k_i,k_j)}$ 对应的测量值

y_i，根据无线通信中的基础理论知识可知，在不考虑多径效应影响的情况下，y_i 是受到以下五种因素的影响后而形成的：

P_i：发送节点的发送功率。

L_i：收发节点之间的距离、天线模式等因素造成的静态损耗。

$S_i(t)$：物体阻挡造成的阴影损耗。

$F_i(t)$：无线信号在空间中传播受到多径效应的影响。

$v_i(t)$：RSSI 测量噪声与权重模型（后续部分讲到）不理想造成的影响。

进一步分析可以得到，测量值 y_i 在数学上存在式（2－1）所示的表达形式，其中参数 t 代表的是时间，考虑了测量值 y_i 在时间上的变化：

$$y_i(t)=P_i-L_i-S_i(t)-F_i(t)-v_i(t) \tag{2-1}$$

在基于阴影模型的经典 RTI 成像技术中，将系统分为两种状态：离线 NULL 状态（为了获得测量值的变化值，此时的测量值作为基准）和在线工作状态，离线与在线的区别在于系统感知区域内是否存在被测目标。在式（2－1）中，P_i 和 L_i 是常量，$F_i(t)$ 和 $v_i(t)$ 是难以描述的两种非线性影响因子。因此，式（2－1）描述的是一个非线性问题，使用计算机直接求解该问题十分困难。

将非线性问题转化成线性问题，建立系统测量值与物体阻挡之间的线性关系，这可以有效降低问题复杂度，是 RTI 系统获得重构图像的关键。解决该问题常规做法是只考虑 LOS 链路上的衰减，所以在这种情况下可以将 $F_i(t)$ 和 $v_i(t)$ 看成是 RTI 系统的噪声项 n_i；此外前述部分中 P_i 和 L_i 可以近似认为是不随时间变化的。通过求解 NULL 状态下的系统测量值 $\boldsymbol{y}(t_{\text{NULL}})$ 与工作状态下系统测量值 $\boldsymbol{y}(t_{\text{WORK}})$ 之间的差值可以剔除式（2－1）中的一些无关项，从而将问题简化为系统测量差值 $\Delta y_i(t)$ 与物体阻挡 $\Delta S_i(t)$ 之间的关系式，

$$\Delta y_i(t)=\Delta S_i(t)+n_i \tag{2-2}$$

将感知区域进行物理上的量化，并令量化后的体素个数为 N，找到各个体素上发生的阴影衰减值即可得到 RTI 重构图像，通过进一步的分析可以看出，这种量化的做法是可取的，因为物体阻挡 $\Delta S_i(t)$ 形成的衰减正是由 N 个体素上发生的衰减值造成的。然而，各个体素上发生的衰减对 $\Delta S_i(t)$ 的影响并不一样，权重因子 w_{ij} 的引入降低了描述系统的难度。式（2－3）在数学上描述了体素衰减 $\Delta x_j(t)$ 与链路衰减 $\Delta S_i(t)$ 之间的关系：

$$\Delta S_i(t)=\sum_{j=1}^{N} w_{ij}\Delta x_j(t) \tag{2-3}$$

其中，这里的 $\Delta x_j(t)$ 表示 t 时刻发生在体素 j 上的衰减，$w_{i,j}$ 表示体素 j 上发生衰减对链路 i 阴影衰减值产生的影响大小。将式（2－3）代入式（2－1）可以得到 Δy_i 另外一种表示形式：

$$\Delta y_i=\sum_{j=1}^{N} w_{i,j}\Delta x_j+n_i \tag{2-4}$$

此前的分析仅仅考虑系统中的一条通信链路，不失一般性，它对系统中剩余链路的分析同样适用，考虑整个 RTI 系统，可以采用矩阵的形式进行描述。式（2－5）中 $\Delta\boldsymbol{y}$ 是 RTI 系统中所有 M 条链路的 RSSI 测量衰减值，$\Delta\boldsymbol{x}$ 是待估计的衰减图像，$\boldsymbol{n}$ 是噪声向量。$\boldsymbol{W}$ 是 $M\times N$ 维的权重矩阵，它的获取在下一小节中讲到，其中的每一列代表一个像素，每一行表示各个像素对某条链路的加权影响。为了行文简洁，本文后续部分将对 $\boldsymbol{y}$ 和 $\Delta\boldsymbol{y}$、$\boldsymbol{x}$ 和 $\Delta\boldsymbol{x}$ 不作区分。

$$\Delta \boldsymbol{y} = \boldsymbol{W}\Delta \boldsymbol{x} + \boldsymbol{n} \tag{2-5}$$

我们来介绍两种比较常见的权重模型：归一化椭圆模型和椭圆面积倒数模型。这两种模型假设：以收发节点为焦点的椭圆区域内存在权重，权重大小与收发节点之间的距离有关，此区域外的权重全部为零，即收发节点间 LOS 链路附近区域内的目标会对该链路的 RSSI 变化产生影响，该区域外的任何地方都不会对这条链路上的 RSSI 变化产生影响。虽然这两个模型都没有考虑多径效应，但是它们是线性的，有利于简化问题。

在 RTI 研究领域，上述两种模型一直都是众多学者引用的对象。为了说明该模型的合理性，本节采用实验的方法对其进行了验证。实验配置和结果从图 2-3 可见，其中图 2-3(a)是节点部署图，这里节点 a 作为发送节点，b 和 c 为接收节点。实验分为两个阶段：在第一阶段（非阻挡），链路(a,b)和链路(a,c)上都不存在障碍物；在第二阶段（LOS 阻挡），链路(a,b)上以人作为障碍物，此时链路(a,c)上仍不存在障碍物。结果如图 2-3(b)所示：链路(a,c)在两个阶段上均不存在障碍物，对应的其 RSSI 波动不大；反观链路(a,b)，前后两个阶段的 RSSI 发生了明显的衰减。因此可以说明障碍物相对于链路的位置对链路 RSSI 有直接的影响，两种模型中将远离链路的体素对链路衰减影响的权重设置为零也是合理的，即两种权重模型在实际场景下是实用的。

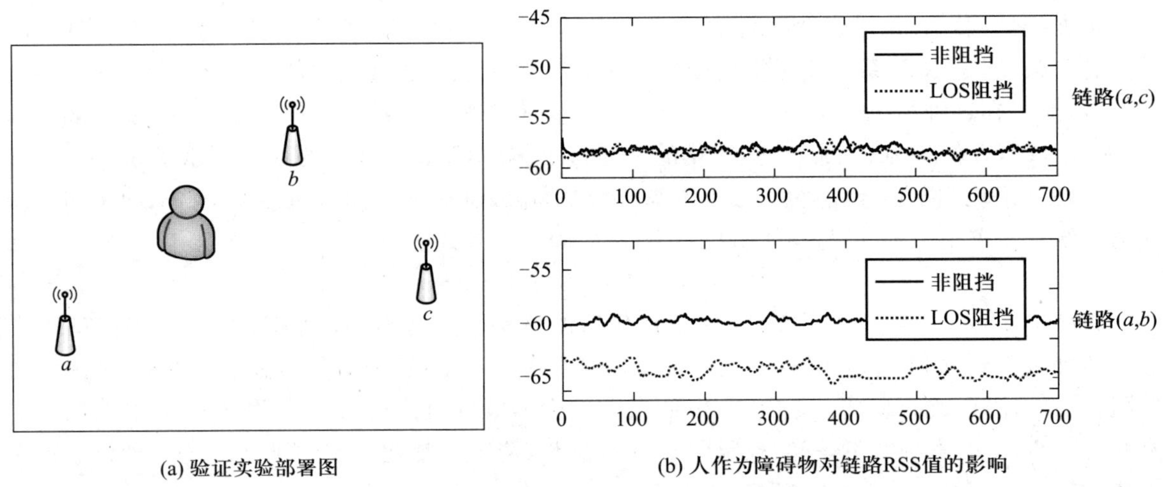

(a) 验证实验部署图　　(b) 人作为障碍物对链路RSS值的影响

图 2-3　权重模型合理性验证实验配置和结果图

此前的研究表明，链路上阴影的变化与距离没有关系。因此，认为采用链路距离平方根的倒数作为权重是合理的。文献[18]中提出的归一化椭圆模型，将链路收发节点作为焦点的椭圆可以确定每条链路的权重计算方法，认为该椭圆区域内的权重因子是相等的。式(2-6)是归一化椭圆模型的定义。其中，d 是第 i 条链路收发节点之间的距离，$d_{ij}(1)$和 $d_{ij}(2)$分别为第 j 个体素的中心点到第 i 条链路收发节点之间的距离，λ 是调节椭圆短轴长度的可控变量。

$$w_{i,j} = \frac{1}{\sqrt{d}}\begin{cases}1, \text{若 } d_{ij}(1)+d_{ij}(2)<d+\lambda \\ 0, \text{其他}\end{cases} \tag{2-6}$$

事实上，LOS 上的体素较其附近的体素对链路 j 影响更大，稍远地方的影响会更小。据此，文献[21]提出了面积倒数模型（Inverse Area Elliptical Model，IAEM），它可以更好地描述阴影衰落在空间上的不均匀性，旨在给出空间尺度与衰落水平之间的关系。当某条链路的 RSSI 显著变大时，IAME 能够以高概率预测 LOS 目标的不可能性。该模型可以由下式表示：

$$w_{i,j}=\begin{cases}\dfrac{1}{\pi\mu_{ij}\sqrt{d_j^2+\mu_{ij}^2}}, & \mu_{ij}\leqslant\delta_j\\ 0, & \mu_{ij}>\delta_j\end{cases}\tag{2-7}$$

其中，d_j 表示第 j 条链路收发节点之间的欧氏距离；μ_{ij} 表示以 d_j 为长轴（椭圆中心点在 d_j 中点，长轴方向与链路 j 一致）且能够覆盖体素 i 的面积最小椭圆的短轴距离；δ_j 是以链路 j 收发节点为焦点的第一菲涅耳椭圆短轴距离。从式（2－7）中可以看出：当目标位于第一菲涅耳椭圆区域时，目标对链路 j 上 RSSI 的影响大小，在数值上为等于椭圆面积的倒数，这里椭圆长轴长度是 d_j，短轴长度是 μ_{ij}。图 2-4 以特定链路为例，给出了两种模型下的权重图的直观比较。

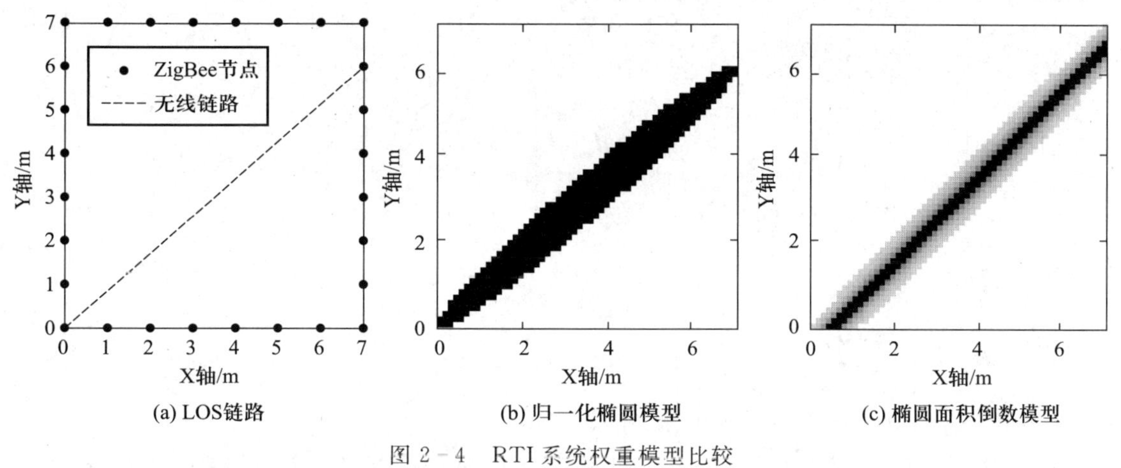

图 2-4　RTI 系统权重模型比较

2. RTI 图像重构

回顾式（2－4）所给出 RTI 系统的线性模型，可以将其视为一般的物理线性模型（式 2－8）：

$$\boldsymbol{y}=\boldsymbol{W}\boldsymbol{x}+\boldsymbol{n}\tag{2-8}$$

其中，$\boldsymbol{y}\in\mathbb{R}^M$ 是测量数据，$\boldsymbol{W}\in\mathbb{R}^{M\times N}$ 是变换矩阵（测量矩阵），$\boldsymbol{n}\in\mathbb{R}^M$ 是测量噪声向量，$\boldsymbol{x}\in\mathbb{R}^M$ 是待求解或近似求解信号，这种已知系统输出和系统模型求解系统输入的问题在数学上被称为反问题，通常这类问题是难于求解的。该问题可通过式（2－9）求得 $\boldsymbol{x}$，

$$\hat{\boldsymbol{x}}=\arg\min_x\|\boldsymbol{W}\boldsymbol{x}-\boldsymbol{y}\|_2^2\tag{2-9}$$

在 $M=N$，即 $\boldsymbol{W}$ 为满秩矩阵时，通过对上式求导并令导数为零可以得出重构信号，见式（2－10）。但是，这种情况是很少见的。

$$\hat{\boldsymbol{x}}=(\boldsymbol{W}^{\mathrm{T}}\boldsymbol{W})^{-1}\boldsymbol{W}^{\mathrm{T}}y\tag{2-10}$$

本书中 $M<N$，这说明式（2－8）存在着无穷解，即只已知 $\boldsymbol{y}$ 和 $\boldsymbol{W}$ 时，不可能求出 $\boldsymbol{x}$ 的唯一解，这类问题也称为病态问题。在这类问题中，问题的解不确定，即测量值 $\boldsymbol{y}$ 的微小波动会使得 $\boldsymbol{x}$ 产生非常大的变化。显然该问题是很难求解的，通常可以通过先验知识对 $\boldsymbol{x}$ 进行约束，降低问题的复杂度，求得问题在约束空间中的解。如今，这种思想下产生了许多求解算法，例如：稀疏正则化、Tikhonov 正则化和 TV 正则化等。

正则化求解病态反问题的目标是通过添加正则化项，约束解空间大小，简化问题求解过程[30]。正则化方法需要知道信号 $\boldsymbol{x}$ 的先验知识 $g(\boldsymbol{x})$，在一定程度上解决了反问题的不适定性，

使原有问题具有唯一解。由于正则化方法的有效性,所以它是求解反问题时极为常见的一种方法。通常利用正则化方法求解问题(2-8),都是通过转化成式(2—11)的形式求解的:

$$f(\boldsymbol{x})=\frac{1}{2}\|\boldsymbol{Wx}-\boldsymbol{y}\|^2+\alpha g(\boldsymbol{x}) \tag{2—11}$$

一般地正则化约束项与线性模型的应用场景有关,应用场景可以给问题求解带来先验知识。在下面的式(2—12)和式(2—13)中分别给出了RTI系统中Tikhonov正则化和TV正则化的约束项:

$$g(\boldsymbol{x})=\|\boldsymbol{D}_x\boldsymbol{x}\|^2+\|\boldsymbol{D}_y\boldsymbol{x}\|^2 \tag{2—12}$$

$$g_{\mathrm{TV}}(\boldsymbol{x})=\sum_i\sqrt{\|\nabla\boldsymbol{x}\|_i^2+\beta^2} \tag{2—13}$$

其中,

$$\boldsymbol{D}_X=\begin{bmatrix}\boldsymbol{d}_x & 0 & \cdots & 0\\ 0 & \boldsymbol{d}_x & & \vdots\\ \vdots & & \ddots & 0\\ 0 & \cdots & 0 & \boldsymbol{d}_x\end{bmatrix}_{N\cdot(N-1)\times N^2},\boldsymbol{d}_x=\begin{pmatrix}-1 & 1 & \cdots & & \\ \vdots & -1 & 1 & & \\ & & & \ddots & \\ & & & -1 & 1\end{pmatrix}_{(N-1)\times N} \tag{2—14}$$

$$\boldsymbol{D}_Y=\begin{bmatrix}\boldsymbol{d}_y & 0 & \cdots & 0\\ 0 & \boldsymbol{d}_y & & \vdots\\ \vdots & & \ddots & 0\\ 0 & \cdots & 0 & \boldsymbol{d}_y\end{bmatrix}_{N\cdot(N-1)\times N^2},\boldsymbol{d}_y=\begin{pmatrix}-1 & 0 & \cdots & 0 & 1\end{pmatrix}_{1\times(N+1)} \tag{2—15}$$

这里$\boldsymbol{D}_x$和$\boldsymbol{D}_Y$分别为二维重构图(图像尺寸为$N\times N$)的横向和竖向差分运算符。从式(2—11)和式(2—12)中可以看出,Tikhonov方法通过化简可转化成线性问题(2-13),TV算法只能通过迭代进行求解:

$$\hat{\boldsymbol{x}}=[\boldsymbol{W}^{\mathrm{T}}\boldsymbol{W}+\alpha(\boldsymbol{D}_x^{\mathrm{T}}\boldsymbol{D}_x+\boldsymbol{D}_y^{\mathrm{T}}\boldsymbol{D}_y)]^{-1}\boldsymbol{W}^{\mathrm{T}}\boldsymbol{y} \tag{2—16}$$

在2.2.1节中已经指出RTI系统求解本质上是求解一个病态反问题,除正则化的方法之外还可以通过奇异值分解实现问题求解:

$$\boldsymbol{x}_{k-\mathrm{SVD}}=\sum_{i=1}^{k<N}\frac{1}{\boldsymbol{\sigma}_i}\boldsymbol{u}_i^{\mathrm{T}}\boldsymbol{y}\,\boldsymbol{v}_i=\boldsymbol{v}_k\sum_k^{-1}\boldsymbol{U}_k^{\mathrm{T}}\boldsymbol{y} \tag{2—17}$$

其中$\boldsymbol{U}$和$\boldsymbol{V}$是酉矩阵,Σ是奇异值矩阵。k—SVD算法通过剔除模型矩阵$\boldsymbol{W}$中较小的奇异值,保留其中前k个较大的奇异值实现求解。奇异值向量取决于系统本身(例如系统模型),这使得该算法的解通常与期望解偏差较大,因为它没有用到$\boldsymbol{x}$的先验知识。

正则化方法利用了$\boldsymbol{x}$的先验知识将目标解缩小到一个较小的范围内,进而得到答案的近似解。这种方法十分有效,在不少领域已经得到成功的应用,例如物理上的热传导、地质勘探等。通常,重构算法的时间开销也是需要考虑的一个因素。图2-5给出了图像尺寸为42×42时,上述三种算法的时间复杂度(运行环境:CPU主频1.8 GHz,RAM为2 GB),可以看出由于Tikhonov正则化方法和k—SVD方法都可转换成线性

重构算法	运行时间
k—SVD	≈0.03 s
Tikhonov	≈0.03 s
TV	≈1 700 s

图2-5 表:RTI重构算法运行时间比较

问题，所以计算时间成本比较低，相比之下，TV 算法的时间开销比较大。

这种开销是值得的，图 2－6 给出了用于定位的 RTI 系统重构图，各个图对应同一个测量值 $\boldsymbol{y}$，从图中可以看出 TV 算法的抗噪声性能最好。此外，相对于 k—SVD 重构方法，Tikhonov 算法所得图的噪声更具规律性，在视觉上这种现象有利于人主观上的定位。

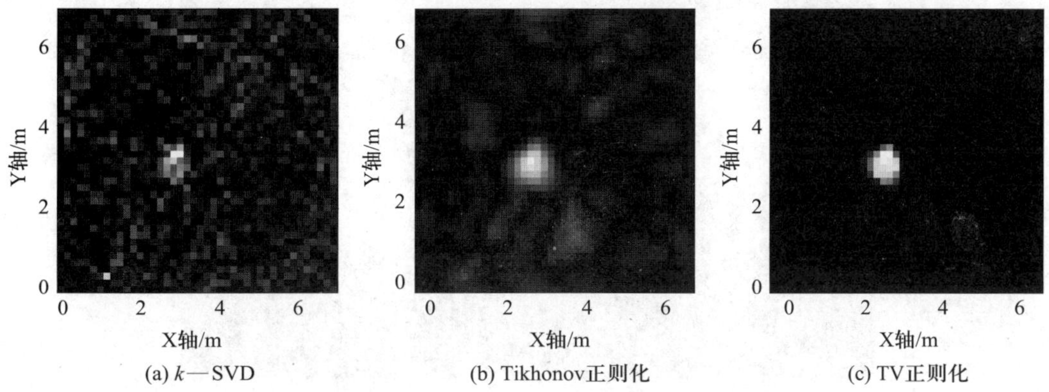

图 2－6　目标位于(3,3)时，采用三种算法分别得到的重构图

总结上文可知：在 RTI 系统中，由于许多不同的衰减场可能导致相同的含噪测量数据，因此利用最小二乘公式得不到唯一解。在病态问题求解过程中通过将附加信息代入数学表达式中，让问题变得适定。由于在求解过程中考虑了期望图像的特征，因此 Tikhonov 正则化对 RTI 系统具有吸引力。此外，Tikhonov 方法是对测量数据的线性变换，因此对于需要快速重构图像的实时系统非常有用。截断奇异值分解是正则化的一种自然形式，不需要重构信号的先验知识。这是优点，同时也是缺点，因为它在信号先验知识未知的情况下仍然可用，但是如果附加信息已知，结合图像的先验知识往往会让重构信号更加理想。k—SVD 重构图像比其他正则化方法的噪声更大，并且它缺乏区分背景与目标的对比度。当需要保持图像中尖锐的边缘时，TV 正则化方法效果最佳，更有利于区别背景和目标。但是，TV 方法的时间开销非常大，见图 2－5。总之，在 RTI 定位中正则化方法是一类非常有用的重构方法。

2.2.3　射频层析成像系统性能分析

1. 获取测量数据

本章节中用到的所有 RSSI 数据来源于美国犹他大学 Joey Wilson 和 Neal Patwari 提供的开源数据[18]。该数据的采集平台：28 个 TelosB(TelosB 系列)无线节点沿着 21 英尺的边长，间隔 3 英尺分开部署在总面积为 441 平方英尺、离地高度为 3 英尺的草地上。每个节点工作在 2.4 GHz 频段上，并使用 IEEE 802.15.4 标准进行通信。为了方便开展系统定位误差分析，在区域内的 35 个固定测试点上进行了 RSSI 采集。图 2－7 显示了该实验的场景图。

由于阴影衰落模型是 RTI 系统的成像原理，所以 RTI 系统每完成一轮扫描测量到的 RSSI 向量值，并不能直接用于重构图像，在重构信号之前，需要对测量值进行预处理。通常，当完成一次扫描后得到的数据量少于系统链路总条数时，将该次测量数据称为损坏数据。判断测量数据是否为损坏数据是数据预处理的第一步，只有当测量值是完好数据时才能进行下一步的处理。每条链路的测量值是两个方向测量值的平均值。校准向量为其他所有 RSSI 测量值提供一个基线，它是通过平均 NULL 状态下多个测量值获取的。图 2-8 给出了用于预处理 RSSI 测量值的一般流程图。

图 2-7 测试者站在(3,9)位置上的网络部署图

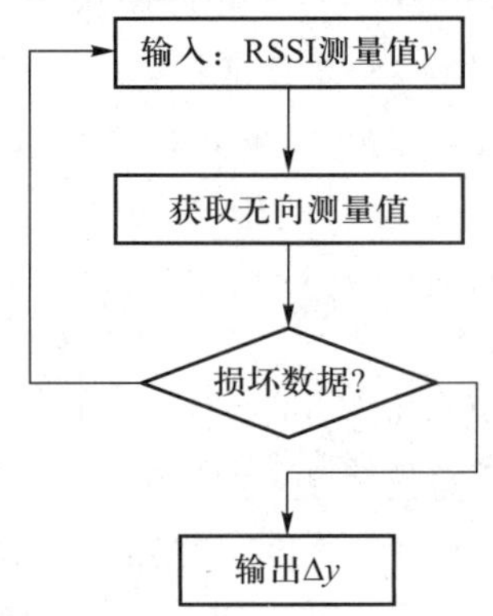

图 2-8 测量数据预处理流程图

2. 权重模型与系统性能间的关系

本小节利用 Tikhonov 正则化重构算法，按照图 2-9 中的参数设置，评估 NEM 和 IAEM 两种权重模型用于 RTI 系统定位时对系统性能的影响。本章实验过程中，采用像素最大值定位准则[1]在重构图像中查找目标位置，完成定位。实验结果表明，不论在定位精度还是在定位可靠性上，IAEM 的性能都优于 NEM。

参数名称	参数值	描述
Δ_P	0.5	像素长度(英尺)
λ	0.01	归一化椭圆模型短轴长度(英尺)
α	10	正则化参数
R_H	1.3	圆柱模型中人体半径(英尺)

图 2-9 表：Tikhonov 正则化重构参数设置

图 2-10(a)、(b)分别展示了采用 IAEM 和 NEM 的 RTI 系统在实际场景中的定位误差图，图中测试点与定位点之间的连线长度表示定位误差大小。其中，测试点是选取的一些固定点，方

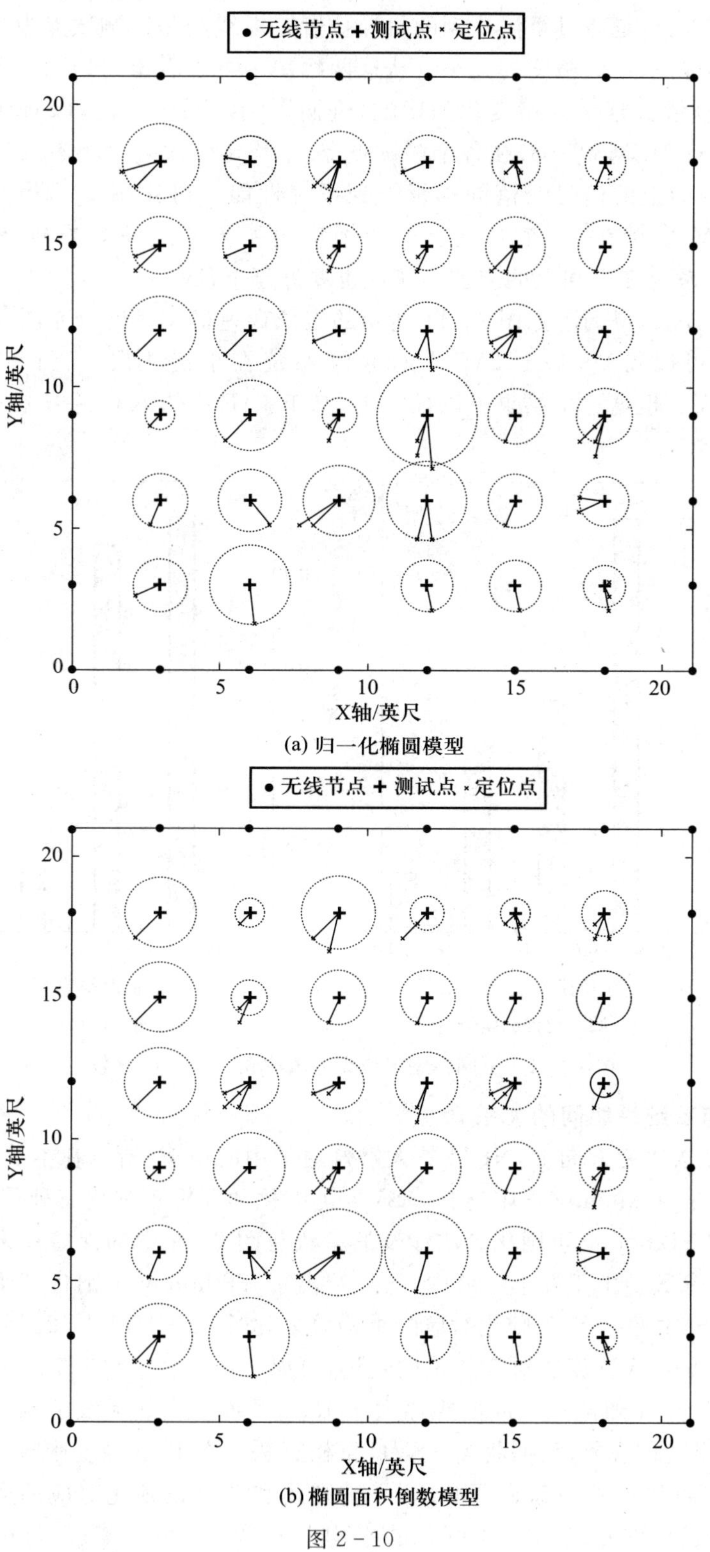

(a) 归一化椭圆模型

(b) 椭圆面积倒数模型

图 2-10

便分析定位误差;定位点是通过算法找到的目标位置。虚线圆是以测试点为中心,平均误差长度为半径的区域,用来指示定位精度的大小。从这两幅图中可以看出:(1)同一个测试点上,存在多个定位误差,说明测量数据受环境变化的影响,进而影响了系统性能;(2)RTI 系统采用 IAEM 时的平均定位精度较 NEM 高;(3)在各个测试点上,平均定位误差大小不等,表明在定位误差在空间上分布不均,空间上的信号衰落同样影响到系统性能。对比图 2-10(a)、(b)的虚线圆大小,本文发现 IAEM 模型在 35 个测试点上的平均误差半径之间差异较 NEM 小,这就说明 IAEM 对应的 RTI 系统在空间上的定位可靠性也要好于 NEM。

应用统计学的方法,得到了如图 2-11 所示的定位误差概率密度分布图。通过比较图 2-11(a)和图 2-11(b)可以得知,基于 IAEM 的 RTI 系统在小定位误差区间内的概率要比基于 NEM 的系统概率高。根据这个结果可以推断出,基于 IAEM 的 RTI 系统在时间上的定位可靠性要优于 NEM。

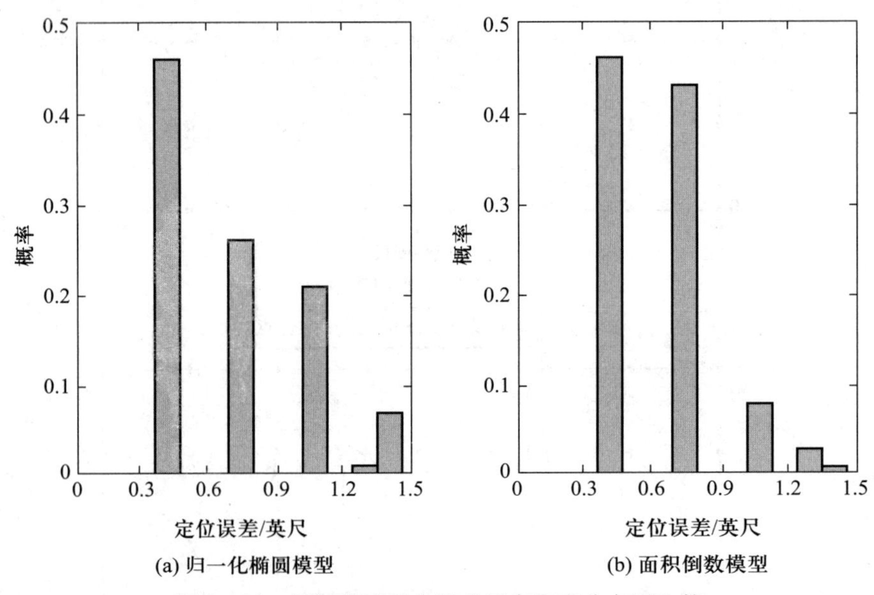

图 2-11 不同模型定位误差概率密度分布图比较

3. 重构算法与系统性能间的关系

在 RTI 重构算法研究方向上,NEM 是大家普遍采用的模型,所以在本节中,为了保持统一,将采用该模型来评估 Tikhonov 正则化、k—SVD 正则化和 TV 正则化三种重构算法的性能。此处权重模型参数和 Tikhonov 正则化算法涉及的参数与图 2-9 中的保持一致,图 2-14 中给出了剩余两种算法的参数。由于在上一节中,已经给出了 Tikhonov 正则化算法的实验结果,所以本节中只给出 k—SVD 和 TV 正则化对应的重构效果,如图 2-12 和图 2-13 所示。

图 2-12 中是 k—SVD 算法对应的重构效果,可以看出存在一些“离群点”,即离定位点太远的测试点(通常定位点和测试点之间的距离大于 RTI 系统中相邻无线节点间的距离时,即可认为定位失败)。出现这种现象,说明将 k—SVD 重构算法用在 RTI 系统中时,定位性能不可靠。

观察图 2-10(a)和图 2-15,在 Tikhonov 正则化和 TV 正则化对应的实验结果中,都没有出现离群现象。通过比较发现,TV 正则化的平均误差是 0.620 7 英尺,低于 Tikhonov 正则化算法的平均定位误差:0.622 5 英尺。

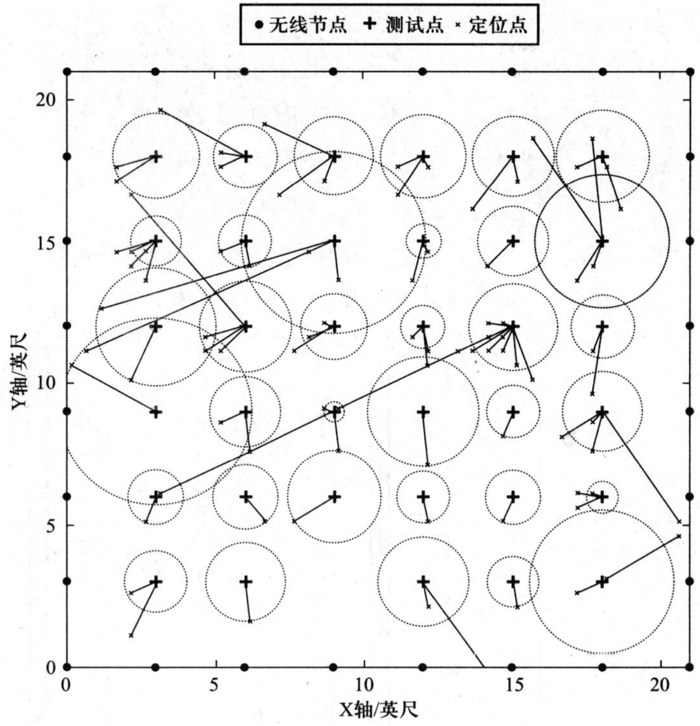

图 2 - 12　k—SVD 重构算法——RTI 系统定位误差示意图

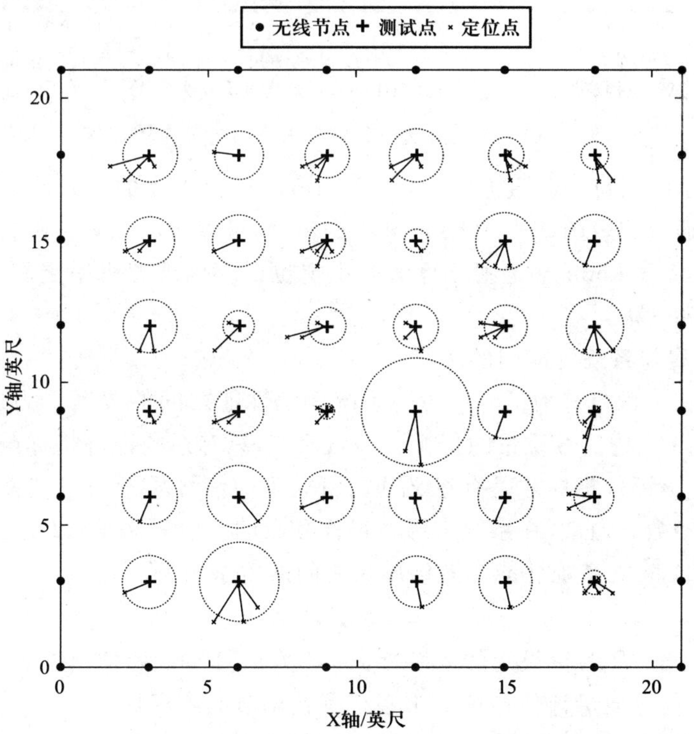

图 2 - 13　TV 正则化重构算法——RTI 系统定位误差示意图

参数名称	参数值	描述
M	378	测量数据维度
N	42×42	重构RTI图像尺寸
k	234	k—SVD中保留特征值个数($k<M$)
α'	0.03	TV中正则化参数
β	0.003	TV中导致锐利边缘生成的可调变量

图 2-14　表:TV 正则化、k—SVD 重构参数设置

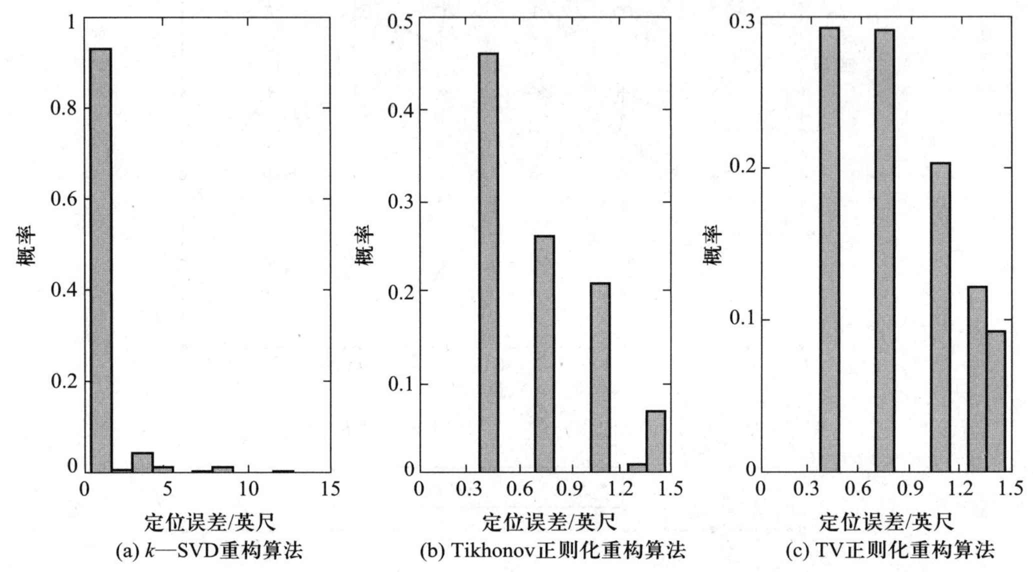

(a) k—SVD重构算法　(b) Tikhonov正则化重构算法　(c) TV正则化重构算法

图 2-15　不同算法定位误差概率密度分布图比较

在图 2-15 所示的定位误差直方图中,图 2-15(a)以更直观的方式凸显了 k—SVD 正则化算法的不可靠性。通过比较图 2-15(b)和图 2-15(c),可以看出 TV 正则化算法在定位误差上的概率分布相对稳定,Tikhonov 正则化算法中小定位误差出现的概率更高。就定位精度而言,TV 正则化算法更胜一筹。

4. 重构信号质量与系统性能间的关系

本小结的目的在于探究重构信号质量与系统定位性能之间的关系。为达到该目的,首先要找到适用于评价 RTI 重构信号质量的指标。一般而言,只有系统评价指标与系统性能之间存在单调性关系的时候,该评价指标才是有意义的。研究重构信号质量与系统性能之间关系的意义在于帮助系统调节参数。通常,在系统中寻找最优参数的一般做法是:(1) 寻找影响系统性能的图像质量的指标;(2) 建立系统性能与图像质量之间的关系模型。

$$P_m = P_m(P, M) \tag{2—18}$$

这里 P_m 是系统的性能,P 为待设定的系统参数,M 为信号质量评估指标。通常只有当 M 和 P 存在着单调关系时,信号质量评估指标对于系统参数调节的解释性更强。

在 RTI 系统重构信号质量研究方面,常用的评价指标是 MSE。然而,本书在进行文献调研以及实验仿真过程中发现,采用 MSE 作为 RTI 系统重构信号质量评价指标存在着不足之处。

为了说明该问题，本节中对 800 个 RTI 重构样本图对应的 MSE 和定位误差进行统计，得到了图 2－16 所示的结果。从中可以看出，在 RTI 系统中，MSE 与系统定位误差之间不存在前述的单调性关系。这就说明在定位误差相等的时候，两个信号的 MSE 值很可能相等。这种现象让 MSE 在解释系统定位误差大小时难以具备说服力。

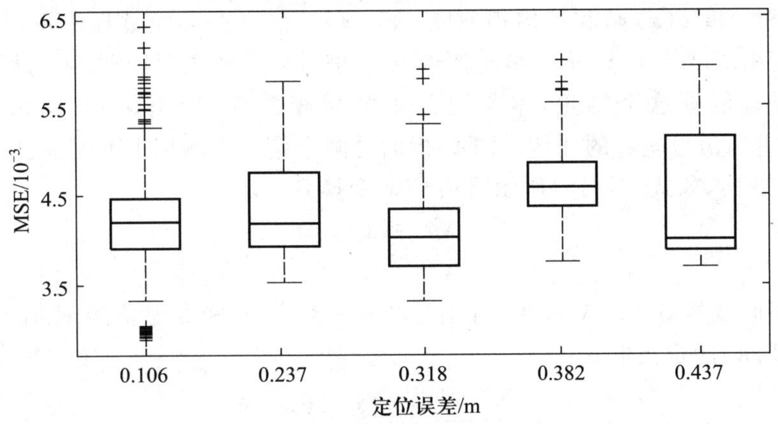

图 2－16　MSE 与系统定位误差之间的关系图

为了解释这种现象，图 2－17 给出了一个具体的例了。图中，左边的灰度图为参考图（本文中参考图的构造方法参照文献[18]中提供的方法），右边的上下两幅灰度图为重构图。重构图是由参考图加上噪声后形成的。本例中，噪声对应图中的两个二维信号。通过计算得出，两个重构图与参考图之间的平均 MSE 值都是 0.031 4。根据最大值定位准则，上图的定位坐标与参考图一致，而在另外一个重构图中，定位坐标发生了偏移。这就说明，在相同 MSE 情况下可以出现不同的定位误差，那么依据 MSE 评价系统性能的做法不是最优的。因此，仅从信号保真度上对 RTI 系统重构信号进行质量评价的做法是不合理的。

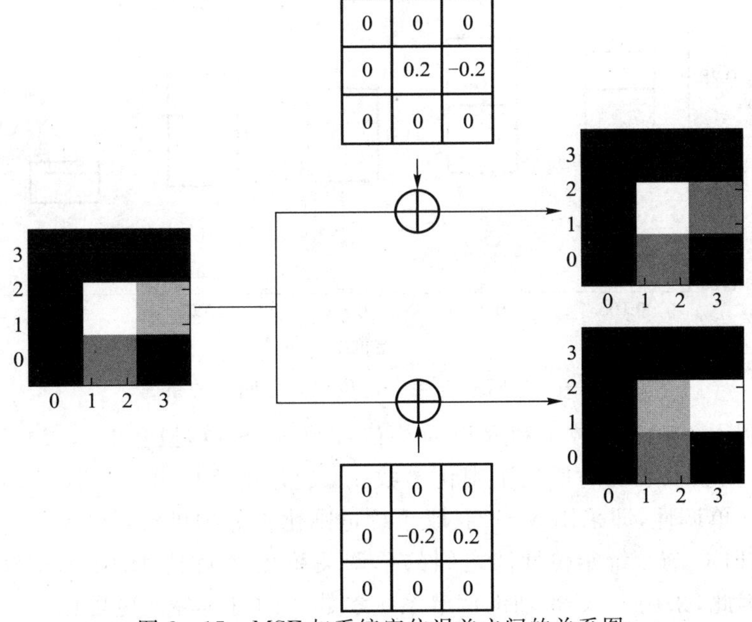

图 2－17　MSE 与系统定位误差之间的关系图

进一步地分析表明，造成该现象的原因在于 MSE 没有对信号的结构特性作出评判，它过于追求信号的保真度。RTI 重构信号是具有结构特性的，因此需要寻找一种新的，能对信号结构特性进行评价的指标。在研究过程中，本文发现结构相似性度量（Structural Similarity Index, SSI）是一种十分有效的评价信号结构特性的指标[36-37]。它由三部分组成：亮度值相似度 $l(\boldsymbol{x},\boldsymbol{y})$、对比度相似度 $c(\boldsymbol{x},\boldsymbol{y})$ 和结构相似度 $s(\boldsymbol{x},\boldsymbol{y})$。并且在实验过程中发现：亮度值相似度 $l(\boldsymbol{x},\boldsymbol{y})$ 和对比度相似度 $c(\boldsymbol{x},\boldsymbol{y})$ 不是影响评价 RTI 信号质量的主要因素，结构相似度 $s(\boldsymbol{x},\boldsymbol{y})$ 是评价的主要因素。依据这个结论，本文引入了频域相关性（Frequency Domain Correlation, FDC）用于 RTI 重构信号质量的评估。FDC 指的是两个信号在频域上的相关性。为此需要先将信号通过傅里叶变换，如式（2－19）所示将信号 $\boldsymbol{x}$ 变换到频域：

$$\begin{aligned}\boldsymbol{X}&=\mathscr{F}(\boldsymbol{x})\\ \boldsymbol{X}_{\mathrm{c}}&=\mathscr{F}(\boldsymbol{x}_{\mathrm{c}})\end{aligned}\tag{2-19}$$

其中，$\mathscr{F}$ 表示傅里叶变换算子。$\boldsymbol{X}$ 和 $\boldsymbol{X}_{\mathrm{c}}$ 分别是待评价信号 $\boldsymbol{x}$ 和参考信号 $\boldsymbol{x}_{\mathrm{c}}$ 在频域的频谱。式（2－20）给出了 FDC 的定义形式：

$$\gamma_f=\frac{\sum_i\sum_j(\boldsymbol{x}-\bar{\boldsymbol{x}})(\boldsymbol{x}_{\mathrm{c}}-\bar{\boldsymbol{x}}_{\mathrm{c}})}{\sqrt{\left[\sum_i\sum_j(\boldsymbol{x}-\bar{\boldsymbol{x}})^2\right]\left[\sum_i\sum_j(\boldsymbol{x}_{\mathrm{c}}-\bar{\boldsymbol{x}}_{\mathrm{c}})^2\right]}}\tag{2-20}$$

为了说明 FDC 的好处，本文对 FDC 与系统定位精度之间的关系进行了实验验证。验证实验采用的方法是对 800 个 RTI 重构样本图对应的 FDC 和定位误差进行联合统计，实验结果如图 2-18 所示。相对于图 2-16，图 2-18 中所示 FDC 和系统定位精度之间单调性的关系更为明显。图 2-18 中，FDC 值越低，系统定位误差越大。因此，采用 FDC 来辅助调节 RTI 系统参数是可解释的。

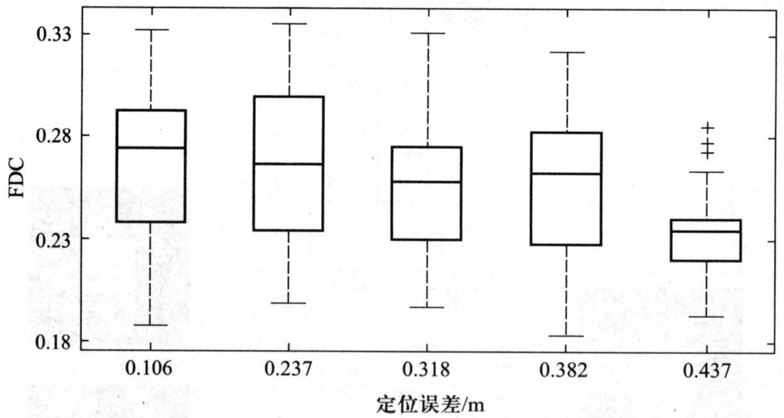

图 2-18　FDC 与系统定位误差之间的关系图

文献[18]中利用正则化参数 α 和 RTI 重构信号的 MSE 值，拟合出 α-MSE 曲线，并依据平均 MSE 最小化准则获取系统的最佳正则化参数 α。通过前面的分析可知，MSE 与系统定位误差之间几乎不存在单调性，即采用 MSE 获取系统正则化参数的可解释性不好。从图 2-18 给出的结果可以看出，FDC 与系统定位性能之间的单调关系更加明显，图中 FDC 平均值越大，系统定位误差越小。因此，采用 FDC 来辅助调节系统参数 α 的可解释性更出色。

采用文献[18]中相同的拟合方案，得到了图 2-19 所示的评价指标与系统正则化参数 α 之间的关系图。MSE 值越小说明信号质量越好，观察图 2-19(a)，可知参数 α 最优值是 5；FDC 值越大，说明图像质量越好，从图 2-19(b) 中可以看出系统参数 α 最优值为 10。两种拟合方案得到了不同参数值，为了说明 FDC 拟合曲线给出的参数对系统性能的影响，本文通过改变参数 α，得到了一系列平均定位误差及定位方差值，结果在图 2-20 中。

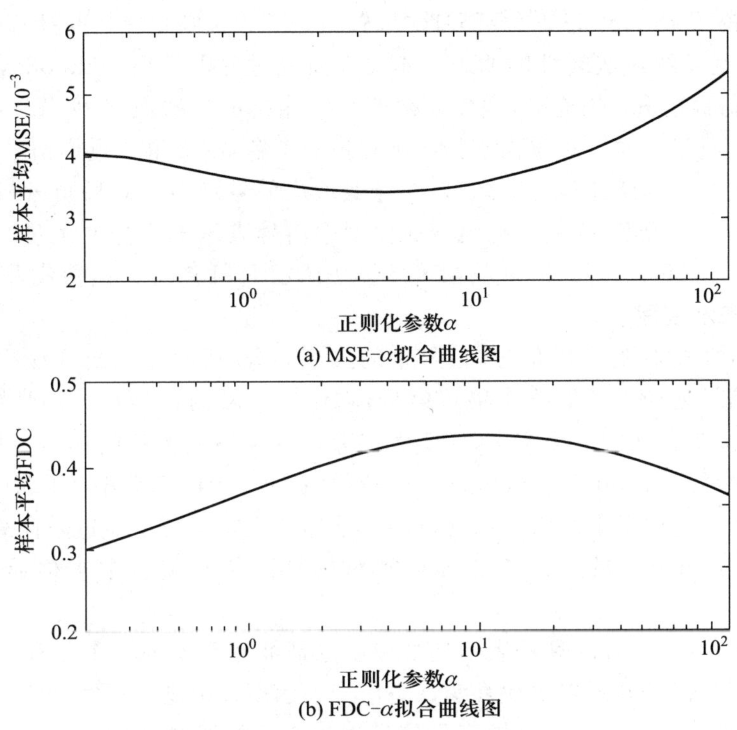

图 2-19　图像评估指标与正则化参数之间的拟合曲线

α	平均定位误差/m	定位方差
1	0.2088	0.0385
2	0.2077	0.0385
5	0.2075	0.0368
15	0.2002	0.0343
30	0.1995	0.0514
50	0.1999	0.0526
80	0.2003	0.0531

图 2-20　表：不同正则化参数改进定位精度效果

图 2-20 中的第 4 行和第 5 行分别给出了两种参数值下，RTI 系统对所有测试样本的平均定位性能。通过更改正则化参数 α 可以发现：系统平均定位误差在 $\alpha=15$，$\alpha=30$ 和 $\alpha=50$ 时几乎相等，此时定位误差接近最小值，但是只有在 $\alpha=15$ 时定位方差达到最小值，即此时系统的定位精度和定位稳定性同时最优。该参数与图 2-19(b) 中给出的最优参数几乎达成了一致。图

2 -20 给出的结果进一步说明本文选择 FDC 作为 RTI 系统重构信号质量评价指标是可取的。

2.2.4 基于共稀疏解析模型的射频层析成像重构算法

在上文中介绍了基于 RTI 定位系统中常见的三种重构算法：Tikhonov 正则化、k—SVD 和 TV 正则化算法，并在 2.2 节中对它们的性能进行了实验分析。实验结果表明：k—SVD 可靠性极差，TV 正则化较 Tikhonov 正则化可靠性更高，但是 TV 正则化重构时计算复杂度高，算法运行时间长，很难满足系统对实时性的要求。本文在研究过程中发现，Tikhonov 正则化算法没能将重构信号 x 的先验知识利用充分，致使重构信号中存在过多的噪声，如图 2 - 4(b)所示，从而降低了重构信号的质量。通过对重构信号先验知识的了解，本文得知重构信号自身满足稀疏性。因此本章利用经典的压缩感知理论知识，旨在降低重构信号噪声。共稀疏解析信号模型是压缩感知领域一种新的信号模型，弥补了稀疏合成模型中信号表示不充分的不足。本章将主要介绍共稀疏解析模型及 GAP 重构算法，并给出了新算法用于 RTI 系统的重构效果。

1. 信号稀疏表示模型

自然界中存在着这样的一类信号，信号中的大部分分量为零，只是在极少数目的分量上有值。这类信号在信号处理领域被称作稀疏信号，它们较一般的信号可压缩性更好，更有利于传输，然而它们却是极少存在的。事实上，对于大多数自身并不是稀疏的信号，可以对其进行稀疏表示而实现压缩采样。由 Candes、Tao、Donoho 等学者于 2004 年提出的压缩感知理论[35]，在解决信号压缩问题上已经取得了巨大的成就。压缩感知的主要思想是通过采样矩阵获得原始信号的少量测量值，并利用信号的稀疏先验知识和重构算法从测量值中重构或近似重构出原始信号[38]。

在压缩感知理论中，信号的稀疏表示是第一步也是极为重要的一个步骤。这是因为：(1)良好的信号表示模型对信号的刻划更加真实；(2)信号表示模型决定了后续的重构算法的设计。截至目前，合成稀疏模型与共稀疏解析模型是信号稀疏表示领域的两种主流模型[39－43]。其中，前者是伴随压缩感知(Compressed Sensing，CS)理论而生的，后者是由 Sangnam Nam、Michael E. Davies等人在 2011 年提出来的[39]。在深入了解稀疏表示模型之前，首先了解一下常见的反问题模型，对于未知信号 $\boldsymbol{x}\in\mathbb{R}^d$，可以通过式(2－31)得到一个不完全的测量值向量 $\boldsymbol{y}\in\mathbb{R}^m$(不完全指的是 $m<d$)，

$$\boldsymbol{y}=\boldsymbol{M}\boldsymbol{x}+\boldsymbol{n} \tag{2－21}$$

其中，$\boldsymbol{n}\in\mathbb{R}^m$ 是有界加性噪声，$\|\boldsymbol{n}\|_2^2\leqslant\varepsilon^2$。问题的主要工作是求解或者是近似求解 $\boldsymbol{x}$，然而依据线性代数的基础知识可知，由于 $m<d$，这个问题存着无穷多个解。因此，仅仅依靠测量数据 $\boldsymbol{y}$ 和观测矩阵 $\boldsymbol{M}\in\mathbb{R}^{m\times d}$，求解信号 $\boldsymbol{x}$ 是不可能完成的。

合成稀疏模型：

合成稀疏模型的主要思想是通过构建完备的合成字典 $\boldsymbol{D}\in\mathbb{R}^{d\times n}$，并通过字典中为数不多的几个列原子的线性组合去逼近表示信号 $\boldsymbol{x}$。合成稀疏模型已经广泛用于语音信号、图像信号和视频信号的处理等领域，并获得了不菲的成绩。该模型主要包括以下几个重要的部分：模型建立、字典构建和重构算法。在合成稀疏模型中，假设信号 $\boldsymbol{x}$ 在给定的固定字典 $\boldsymbol{D}$ 中具有非常稀疏的表示。也就是说，在系数向量 $\boldsymbol{\alpha}$ 中存在很少的非零项，通过对 $\boldsymbol{\alpha}$ 求 ℓ_0 范数，有

$$\boldsymbol{x}=\boldsymbol{D}\boldsymbol{\alpha}\text{，且 } k:=\|\boldsymbol{\alpha}\|_0\ll d \tag{2－22}$$

利用这个先验知识，式(2—23)可以得到求解：

$$\hat{\boldsymbol{x}}_{\ell 0}=\boldsymbol{D}\hat{\boldsymbol{\alpha}}_{\ell 0}\text{，且 }\hat{\boldsymbol{\alpha}}_{\ell 0}=\arg\min_{\boldsymbol{\alpha}}\|\boldsymbol{\alpha}\|_0\ \text{s. t.}\ \|\boldsymbol{y}-\boldsymbol{MD\varepsilon}\|_2\leqslant\varepsilon \tag{2—23}$$

关于这个问题的更多的细节可以参考文献[52—53]。

由于求解式(2—24)是一个 NP 完全问题[51]，所以需要用寻求逼近求解的方法来求解 $\boldsymbol{x}$。一个常用的方法是采用凸优化的方案，即利用 ℓ_1 替换 ℓ_0 范数，从而变成求解 ℓ_1 合成问题。

$$\hat{\boldsymbol{x}}_{\ell 1}=\boldsymbol{D}\hat{\boldsymbol{\alpha}}_{\ell 1}\text{，且 }\hat{\boldsymbol{\alpha}}_{\ell 1}=\arg\min_{\boldsymbol{\alpha}}\|\boldsymbol{\alpha}\|_1\ \text{s. t.}\ \|\boldsymbol{y}-\boldsymbol{MD\varepsilon}\|_2\leqslant\varepsilon \tag{2—24}$$

对于合成字典矩阵 $\boldsymbol{D}$ 和具有 k—稀疏表示的向量 $\boldsymbol{\alpha}$，对应的信号 $\boldsymbol{x}$，如果 $\delta_{2k}<\delta_{\ell 1}$，那么

$$\|\hat{\boldsymbol{x}}_{\ell 1}-\boldsymbol{x}\|_2\leqslant C_{\ell 1}\|\boldsymbol{n}\|_2 \tag{2—25}$$

其中，$\hat{\boldsymbol{x}}_{\ell 1}=\boldsymbol{D}\hat{\boldsymbol{\alpha}}_1$，$\delta_{2k}$ 是矩阵 $\boldsymbol{MD}$ 对稀疏度为 $2k$ 的信号的受限等距性(Restricted Isometry Property，RIP)常数。$C_{\ell 1}$ 是一个大于$\sqrt{2}$的常数，$\delta_{\ell 1}$($\simeq$0.493 1)是一个参考常数。值得注意的是，这个结果是在没有噪声情况下的重构效果。贪婪策略是近似求解式(2—23)的另外一种方法，例如阈值技术和正交匹配追踪(Orthogonal Matching Pursuit，OMP)[44—45]。此外，还一种相关方法是类贪婪算法，其中包括压缩采样匹配追踪算法(Compressive Sampling Matching Pursuit，CoSaMP)[46]、子空间追踪(Subspace Pursuit，SP)[47]、迭代硬阈值(Iterative Hard Thresholding，IHT)[48]和硬阈值追踪(Hard Thresholding Pursuit，HTP)[49]。近期，文献[39]中提出了一种新的信号模型，称作共稀疏解析模型。这种模型与合成模型相似，但是二者有着明显的不同。通常，一些学者会将解析模型当作合成模型的互补对象。

共稀疏解析模型：

如图 2-21 所示，共稀疏解析模型可以被归纳如下：对于一个特定的解析运算符 $\boldsymbol{\Omega}\in\mathbb{R}^{p\times d}$，共稀疏度为 ℓ 的信号 $\boldsymbol{x}\in\mathbb{R}^d$，属于共稀疏解析模型的条件是

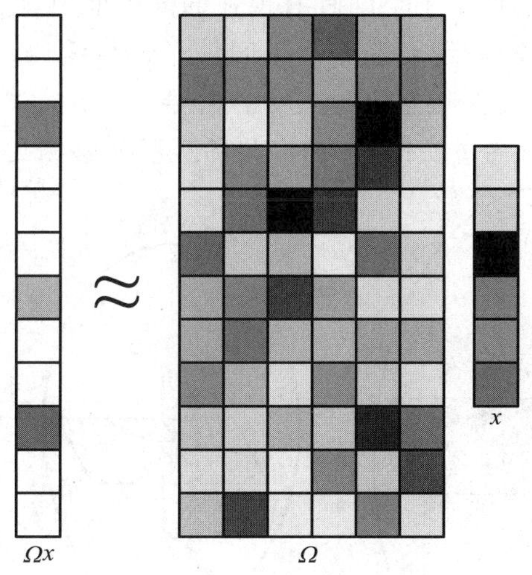

图 2-21　共稀疏解析模型原理示意图

$$l:=p-\|\boldsymbol{\Omega x}\|_0 \tag{2—26}$$

解析字典 $\boldsymbol{\Omega}$ 中与信号 $\boldsymbol{x}$ 正交的行数为 l。$\boldsymbol{\Omega x}$ 中零项对应的索引集合被称作信号 $\boldsymbol{x}$ 的共支撑集 Λ，子矩阵 $\boldsymbol{\Omega}_{\Lambda}$ 中包含了解析字典 $\boldsymbol{\Omega}$ 中所有与信号 $\boldsymbol{x}$ 正交的行向量。正如共稀疏度 l 定义的那样，见式(2—26)，共稀疏解析模型关注的重点在于解析表示向量 $\boldsymbol{\Omega x}$ 中的零项。这与合成模型，

即式(2—22)中对“非零项”的关注形成了鲜明的对比。显然，当 $\boldsymbol{\Omega}$ 中任何 l 个行向量之间都是相互独立的时候，信号 $\boldsymbol{x}$ 位于维度为 $d-l$ 的子空间当中，该子空间是由与 $\boldsymbol{\Omega}_\Lambda$ 中的行向量正交的向量构成的。在更一般的情况下，即 $\boldsymbol{\Omega}_\Lambda$ 中之间存在依赖关系的时候，子空间的维度应该是 d 减去矩阵 $\boldsymbol{\Omega}_\Lambda$ 的秩。这与在合成模型中，信号 $\boldsymbol{x}$ 位于维度为信号稀疏度 k 的子空间中类似。当信号 $\boldsymbol{x}$ 的共稀疏度足够大(即 l 接近 d)的时候可以认为 $\boldsymbol{x}$ 拥有“共稀疏表示”的形式。通常解析运算符中 $l \leqslant d$，然而不排除 $l > d$ 的情况出现。

在共稀疏解析模型中，通过求解下面的最小化问题从不完整的测量数据 $\boldsymbol{y}$ 当中重构出信号 $\boldsymbol{x}$，

$$\hat{\boldsymbol{x}} = \arg\min_{\boldsymbol{x}} \| \boldsymbol{\Omega x} \|_0 \text{ s. t. } \| \boldsymbol{y} - \boldsymbol{Mx} \|_2 \leqslant \varepsilon \tag{2—27}$$

与合成模型的信号重构问题一致，这里也是一个 NP 完全问题[42]，所以仍然需要采取近似求解的方案。与对待合成模型求解问题类似，可以采用凸优化的方法，将式(2—27)中的 ℓ_0 范数替换为 ℓ_1 范数。另外一种方案是贪婪算法，在文献[41,54—55]中提出了贪婪解析追踪(Greedy Analysis Pursuit,GAP)算法，它与正交匹配追踪算法极为相似[44—45]，采用迭代更新加权最小二乘法。在文献[56—57]中提出了反向贪心(BG)和正交反向贪心(OBG)算法。与合成模型的重构算法对应，在文献[58]中分析了阈值技术。

图 2-22 给出了在压缩感知等线性反问题中，合成稀疏模型与解析稀疏模型的示意图，二者既有联系又有区别。在合成模型中，信号 $\boldsymbol{x}$ 是位于稀疏系数联合子空间中的高维向量 $\boldsymbol{\alpha}$ 在字典 $\boldsymbol{D}$ 上的投影。在解析稀疏模型中，信号位于高维系数向量 $\boldsymbol{\alpha}$ 对应的原相中。采用联合子空间模型来比较合成稀疏模型和解析稀疏模型，可以得到以下结论：合成稀疏模型中包含了极少量的低维子空间和大量的高维子空间，相反在解析稀疏模型中存在着少量的高维子空间和大量的低维子空间。值得注意的是，大量的低维子空间具有很强的描述能力，但是很难在算法上恢复属于这些低维子空间联合的信号或者有效地对这些子空间信号进行编码/采样。通常稀疏度不可能满足 $d \leqslant l < p$，任何与 $\boldsymbol{\Omega}$ 中 d 个线性独立的行正交的信号 $\boldsymbol{x}$ 一定是零向量，从而导致模型没有意义。但是当解析运算符 $\boldsymbol{\Omega}$ 中行向量线性相关时，共稀疏度能够满足 $d \leqslant l < p$。所以说在共稀疏

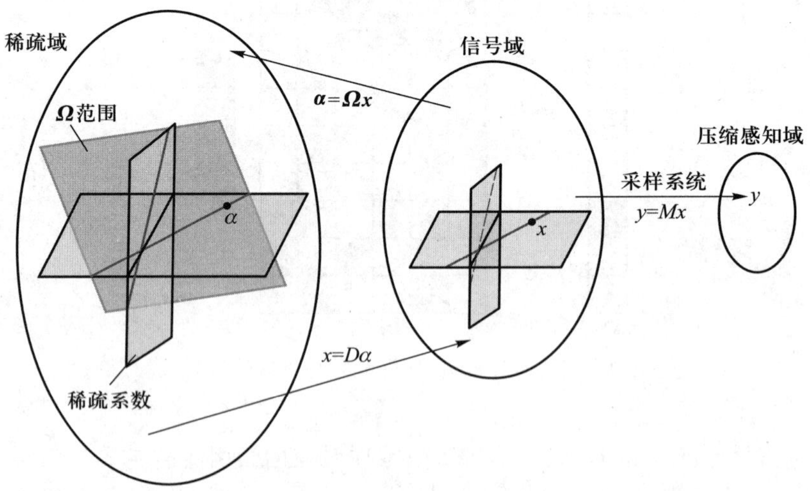

图 2-22 共稀疏解析模型与稀疏合成模型之间的联系图

解析模型中，一般希望获得各行之间高度线性相关的解析运算符 $\boldsymbol{\Omega}$，例如有限差分解析运算符。与 TV 范数最小化一样，有限差分运算符在图像处理领域也很流行。值得一提的是，在这种解析运算符下共稀疏解析模型具有唯一解。

2. 重构算法

从图 2-6(b)中可以看出，排除小的噪声点，RTI 重构图像在空间域上是稀疏的。直觉上单位矩阵可以作为解析算子进行信号重构，然而所得重构信号质量并不理想(注：对信号进行解析算子操作之后，稀疏系数向量变得稀疏)，这是因为没有考虑重构信号的结构特性。重构信号能够反映人员位置，同时人员位置也影响着重构信号的结构特性。空间中人是一个封闭连续的目标，从而重构信号中也会出现一个封闭连续的信号区域，采用单位矩阵作为解析算子就是忽略了信号的这个特性。

受 Tikhonov 正则化算法中约束项的启发，我们可以采用差分算子作为 RTI 重构信号的解析字典，由于 RTI 重构信号是二维信号，因此要在横向和纵向两个方向上对重构信号进行解析；利用式(2－14)和式(2－15)中构造出来的差分算子，可以得到如式(2－28)所示的解析字典。在该解析字典的作用下，这可以同时保证系数向量 $\boldsymbol{\alpha}$ 的稀疏性和 RTI 信号连续封闭的特性。

$$\boldsymbol{\Omega}=\begin{pmatrix}\boldsymbol{D}_x\\ \boldsymbol{D}_y\end{pmatrix} \tag{2－28}$$

与稀疏合成模型中的稀疏基一样，共稀疏解析模型中的解析字典也有很多，通常可分为两类：基于数据模型的解析字典和基于学习的解析字典。本文中采用的是基于数据模型的解析字典，该类字典中还用一些比较常见，例如，小波变换矩阵、离散余弦变换矩阵，等。

贪婪解析追踪(Greedy Analysis Pursuit Algorithm，GAP)算法是一种用来重构共稀疏解析模型中信号 $\boldsymbol{x}$ 的贪婪算法[59－62]。这种算法采用贪婪的方式找到共稀疏解析信号的支撑集 $\boldsymbol{\Lambda}$。通常，寻找信号支撑集 $\boldsymbol{\Lambda}$ 的一个常用方法是：首先，借助已知的信息获取信号的合理性估计；然后利用初始估计值，选择某些位置作为支撑集 $\boldsymbol{\Lambda}$，有了支撑集的部分子集就可以获得新的估计值。通过不断地执行这两个步骤，算法就可以获得支撑集的大部分位置，最终实现信号重构。然而，GAP 重构算法采用的方式恰恰相反，它的目的在于找到支撑集 $\boldsymbol{\Lambda}$ 之外的元素，这样就可以寻找到共稀疏解析模型的共支撑集 $\hat{\boldsymbol{\Lambda}}$。因此，一般在初始化的时候，共支撑集 $\hat{\boldsymbol{\Lambda}}$ 常常被设置为 $\{1,2,3,\cdots,p\}$，通过逐步迭代将它缩小成为一个大小为 ℓ 或者小于 $d-m$ 的集合。接下来具体介绍 GAP 重构算法。首先，GAP 重构算法采用下列方式进行初始化，

$$\hat{\boldsymbol{x}}_0=\arg\min_{x}\|\boldsymbol{\Omega x}\|_2^2 \ \text{s. t.}\ \boldsymbol{y}=\boldsymbol{Mx} \tag{2－29}$$

此时得到了信号的第一个合理性估计 $\hat{\boldsymbol{x}}_0$，算法还不知道共支撑集的位置，但是可以知道的是 $\boldsymbol{\Omega x}_0$ 中存在着大量的零项。一旦得到了 $\hat{\boldsymbol{x}}_0$，就可以视 $\boldsymbol{\Omega}\hat{\boldsymbol{x}}_0$ 为 $\boldsymbol{\Omega x}_0$ 的估计值；找到 $\boldsymbol{\Omega}\hat{\boldsymbol{x}}_0$ 中绝对值最大项对应的位置，并将它从共支撑集 $\hat{\boldsymbol{\Lambda}}$ 中剔除掉，紧接着删除掉解析字典 $\boldsymbol{\Omega}$ 中对应的行。选择因子 $0<\beta\leqslant 1$ 允许在一次迭代过程中删除多行，这样可以明显地降低迭代的次数实现算法加速。图 2-23 中总结了 GAP 重构算法的执行步骤，其中测量矩阵 $\boldsymbol{W}$ 是由归一化椭圆模型给出的，共稀疏解析算子 $\boldsymbol{\Omega}$ 采用了上一节中的设计，值得注意的是，在求解式(2－29)时，通常采用了下面的处理方式来提高算法执行速度，

$$\hat{\boldsymbol{x}}_0=\arg\min_{x}\{\|\boldsymbol{y}-\boldsymbol{Mx}\|_2^2+\lambda\|\boldsymbol{\Omega x}\|_2^2\}=\arg\min_{x}\left\|\begin{bmatrix}\boldsymbol{y}\\0\end{bmatrix}-\begin{bmatrix}\boldsymbol{M}\\\sqrt{\lambda}\boldsymbol{\Omega}\end{bmatrix}\boldsymbol{x}\right\|_2^2 \tag{2－30}$$

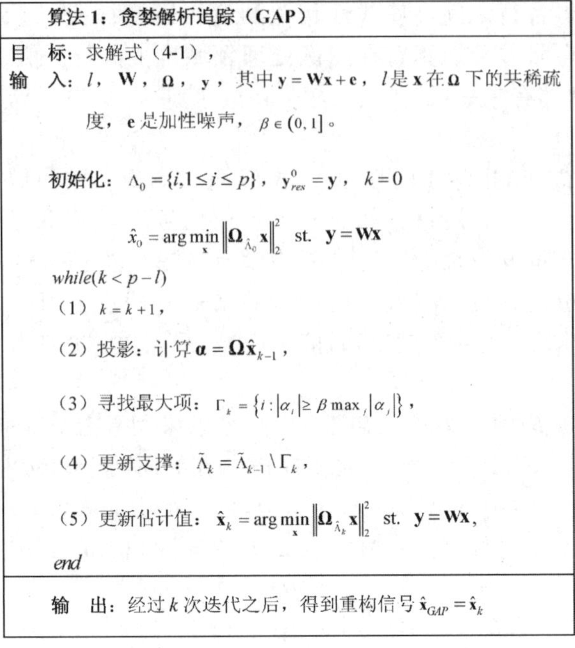

算法 1：贪婪解析追踪（GAP）

目　标：求解式（4-1），

输　入：l，$\mathbf{W}$，$\mathbf{\Omega}$，$\mathbf{y}$，其中 $\mathbf{y}=\mathbf{Wx}+\mathbf{e}$，$l$ 是 $\mathbf{x}$ 在 $\mathbf{\Omega}$ 下的共稀疏度，$\mathbf{e}$ 是加性噪声，$\beta\in(0,1]$。

初始化：$\Lambda_0=\{i,1\le i\le p\}$，$\mathbf{y}_{res}^0=\mathbf{y}$，$k=0$

$$\hat{x}_0=\arg\min_{\mathbf{x}}\left\|\mathbf{\Omega}_{\tilde{\Lambda}_0}\mathbf{x}\right\|_2^2 \quad \text{st.} \quad \mathbf{y}=\mathbf{Wx}$$

while$(k<p-l)$

（1）$k=k+1$，

（2）投影：计算 $\boldsymbol{\alpha}=\mathbf{\Omega}\hat{\mathbf{x}}_{k-1}$，

（3）寻找最大项：$\Gamma_k=\{i:|\alpha_i|\ge\beta\max_j|\alpha_j|\}$，

（4）更新支撑：$\tilde{\Lambda}_k=\tilde{\Lambda}_{k-1}\setminus\Gamma_k$，

（5）更新估计值：$\hat{\mathbf{x}}_k=\arg\min_{\mathbf{x}}\left\|\mathbf{\Omega}_{\tilde{\Lambda}_k}\mathbf{x}\right\|_2^2$ st. $\mathbf{y}=\mathbf{Wx}$，

end

输　出：经过 k 次迭代之后，得到重构信号 $\hat{\mathbf{x}}_{GAP}=\hat{\mathbf{x}}_k$

图 2-23　表：贪婪解析追踪算法(GAP)

将 λ 设置为一个较小的值，对上式作进一步的推导，可以有下面的解：

$$\hat{\boldsymbol{x}}_0=\begin{bmatrix}\boldsymbol{M}\\ \sqrt{\lambda}\boldsymbol{\Omega}\end{bmatrix}^{\dagger}\begin{bmatrix}\boldsymbol{y}\\ 0\end{bmatrix}=(\boldsymbol{M}^{\mathrm{T}}\boldsymbol{M}+\lambda\boldsymbol{\Omega}^{\mathrm{T}}\boldsymbol{\Omega})^{-1}\boldsymbol{M}^{\mathrm{T}}\boldsymbol{y} \tag{2-31}$$

为了说明共稀疏解析模型在描述 RTI 系统重构信号时的优势，本书对同一个系统输入测量值 $\boldsymbol{y}$，采用了两种不同的重构算法：Tikhonov 正则化和 GAP 重构算法。其中在第一种算法中，正则化参数设为最优值 $\alpha=10$，见图 2-24(b)；在第二种算法中，$\beta=0.5$，结果算法在经过两次迭代之后开始收敛，重构时间为 0.72 秒。

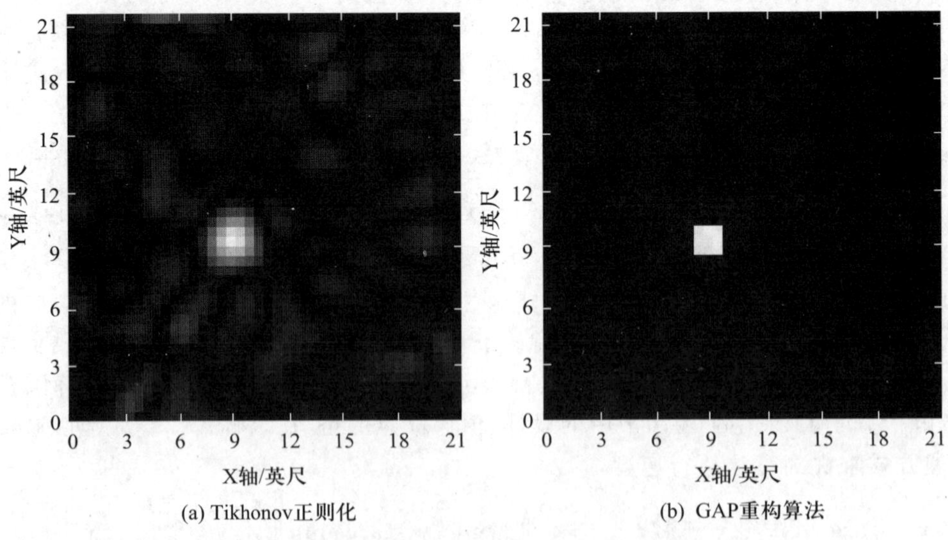

图 2-24　RTI 系统采用不同算法重构效果图

从上图中可以看出，在主观评价上 GAP 重构算法得到的重构信号质量高于 Tikhonov 正则化，同时二者的 FDC 指标分别为 0.28 和 0.75。这就说明，GAP 重构算法性能要优于 Tikhonov 正则化方法。将 GAP 重构算法的重构信号与 TV 算法进行比较，可以得知，它们的图像质量高低难分，都具备较强的抗噪声能力。然而在计算开销上，GAP 重构算法要远远低于 TV 算法。以图像尺寸为 42×42 的重构信号来说，TV 算法需要计算 2 500 s 左右，而 GAP 重构算法可以做到准实时。

2.2.5　基于 RTI 的免设备动作识别系统

1. 系统模型

本书第 2 章中介绍了关于室内外定位的 RTI 成像技术，在该模型中无线传感器节点部署在同一个水平面上，这种节点部署方式限制了 RTI 系统的识别能力，使其不能够检测出目标在三维空间竖直方向的状态信息。由于缺乏对竖直方向信息的检测，使得该系统只能实现对室内外目标定位和追踪的功能。在动作识别技术中，目标在三维空间中的状态信息是识别的基础。为了扩展 RTI 系统功能，实现系统的动作识别功能，需要在原有系统模型的基础上改进数据测量模型，将单层节点部署改为多层部署。同时，在立体数据测量模型中，要将 NEM 模型变成归一化椭球模型，以便捕捉到目标在节点层之间的高度信息。

数据测量立体模型：

为了检测人的行为，例如站、蹲和躺，需要测量网络中无线信号强度变化的数据。基于定位的 RTI 系统中的单层部署方式，已经难以满足动作识别的需求。因此需要在多个层面上部署传感器来完成 WSN 的组建工作，如图 2-25 所示。在竖直方向上，人体躯干和脚踝都会造成信号强度的衰减，当一个人站立时，各节点层中信号强度值都会减弱[29]。相比之下，当人躺在地板上时对下层造成更多的遮挡，而对上层不造成遮挡。确定是否有人站立在监测区域内的一个简单方法是直接监测上下两层内信号的衰减程度，并且这两层的高度分别与人正常站立时脚踝和臂膀的高度一致。如图 2-25(a)所示，定义了上下两层 WSN，它们之间在不存在通信链路，其中

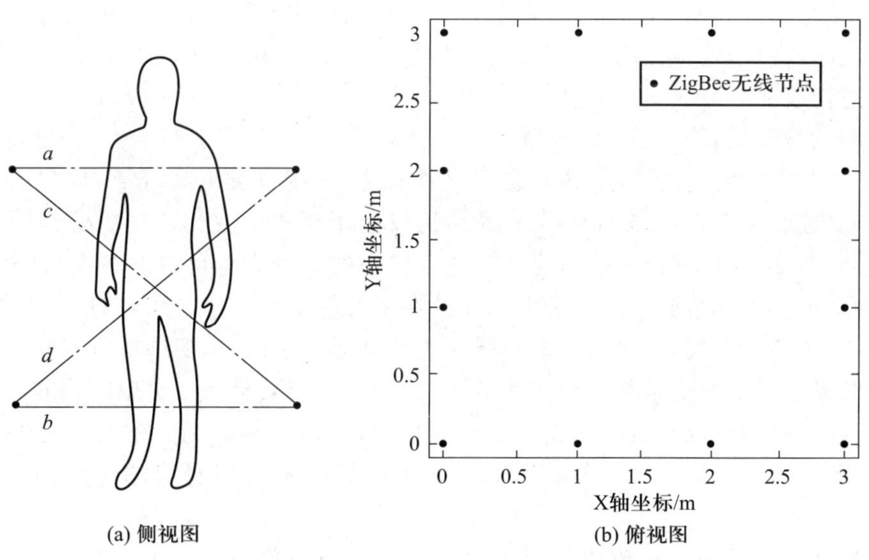

图 2-25　ZigBee 无线节点部署示意图

L_u 和 L_l 分别表示上层和下层传感器之间的所有链路集合。对于这两层是分开测量的，即没有考虑层与层之间的链路(图中链路 c 和链路 d)。在图 2-25(b)中，只考虑了两层中的某一层 WSN，在这层网络中实现成像的问题，其实已经退化成用于定位的射频层析成像，这种数据测量模型称作 RTI 多层数据测量模型。

假设系统中传感器节点部署在 R 个不同高度的水平层面上，单个节点层中节点个数为 v，则系统中节点总个数为 $K=R\cdot v$。在这种情况下，各个节点序号构成的集合为$\{[k_{11},k_{12},\cdots,k_{1v}],[k_{21},k_{22},\cdots,k_{2v}],\cdots,[k_{R1},k_{R2},\cdots,k_{Rv}]\}$，此时多层网络中无线链路集合 $L\in\{L_{(k_{ij},k_{kt})}\mid 1\leqslant i,k\leqslant R,1\leqslant j,t\leqslant v$ 且 $i=k$ 时 $j\neq t\}$，无线通信链路的总条数会小于 $M=K\cdot(K-1)/2$，这是因为省去了层与层之间的多条测量链路。各节点之间通过相互发送无线信号，在接收节点处可以得到系统的 RSSI 向量值。在基于阴影模型的经典 RTI 成像技术中，各条链路通过以参考时间内的 RSS 值为基准，校正后即可获得“链路衰减”测量值 $\boldsymbol{y}=\{y_1,y_2,\cdots,y_M\}$，它是系统的输入值。这个过程称作数据预处理，具体操作流程参考图 3-2，通过使用多层链路测量值可以生成多层图像。以两层测量模型来说，上层链路测量值生成上层图像 $\boldsymbol{x}_u$，采用下层链路测量值生成下层图像 $\boldsymbol{x}_l$。值得说明的是在多层部署方式下，重构图像所需权重模型与定位 RTI 权重模型一样。对于每幅图像，通过计算图像的特征可以建立与目标动作之间的联系，在文献[29]中，采用了强度 $g_u=g(\boldsymbol{x}_u)$和 $g_l=g(\boldsymbol{x}_l)$来描述这种特征，即当 g_l 随时间快速增加，g_u 快速减小时，表示目标人员跌倒。

通过分析可以看出，RTI 多层数据测量模型的潜在局限性是它忽略了来自网络中对角交叉链路的测量数据，而这些链路提供了关于一个人垂直位置的附加信息。一种替代方法是通过考虑网络中的所有链路创建完整的 RTI 立体数据测量模型，其中节点和像素分别具有三维坐标 Z_n 和 V_i，如图 2-26 所示。在 RTI 立体数据测量模型中，无向无线通信链路的总条数 $M=K\cdot(K-1)/2$。观察图 2-26 可以发现实际链路数量小于 M，这是因为删除掉链路集合中的某些链路(这些链路位于检测区域的边缘，对检测目标没有贡献)，对系统性能不会产生影响，却可以提高 RTI 系统扫描效率。从 RTI 立体数据测量模型给出的 RSSI 测量向量中估计出重构信号 $\boldsymbol{x}$，与多层模型对应的信号重构方法不一样。此时，信号 $\boldsymbol{x}$ 的结构特性发生了变化，对应的权重模型也要随之进行改变。

RTI 重构信号结构：

在 RTI 多层数据测量模型中，重构信号结构简单，与基于定位的 RTI 重构信号结构一样。在 RTI 立体数据测量模型中，重构信号 $\boldsymbol{x}$ 的结构发生了根本的变化。这主要是因为：在多层模型中，节点层的数量与像素层的数量相等，各像素层中的信号完全可以通过本层的 RSSI 测量数据来重构，并不依赖于其他层。多层模型的好处在于各层重构信号之间影响小，当某层无线节点出现问题时，系统还可以继续工作，只是系统性能会降低。然而，在多层模型中，少量的节点层对应着大量的像素层。重构信号与各层无线节点联系紧密，当某层节点出现问题的时候，系统可能瘫痪。但是，这种模型可以有效降低无线节点的数量，从而在实际场景中是可行的。因此，本文采用三维 RTI 数据测量模型，接下来对 RTI 立体数据测量模型对应的重构信号 $\boldsymbol{x}$ 结构进行分析。

重构信号 $\boldsymbol{x}$ 的物理意义是描述 RTI 立体 WSN 网络所覆盖的三维空间中无线信号强度的变化情况。待检测的三维空间是连续的，计算机很难对连续信号进行处理，因此需要进行空间量

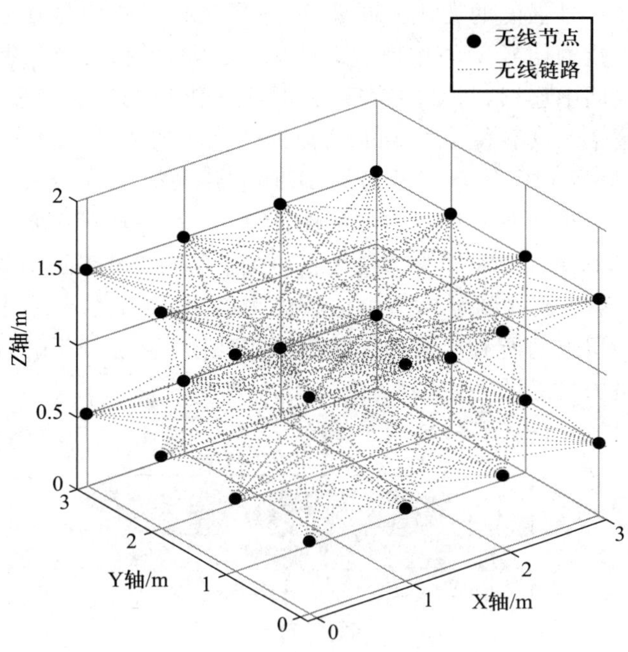

图 2-26　ZigBee 无线节点三维立体部署示意图

化，如图 2-27 所示。图中，空间中某个像素可以表示其附近一个邻域空间内信号强度的变化情况。因此，重构信号的大小与立体 WSN 网络空间大小和空间量化密度有关。

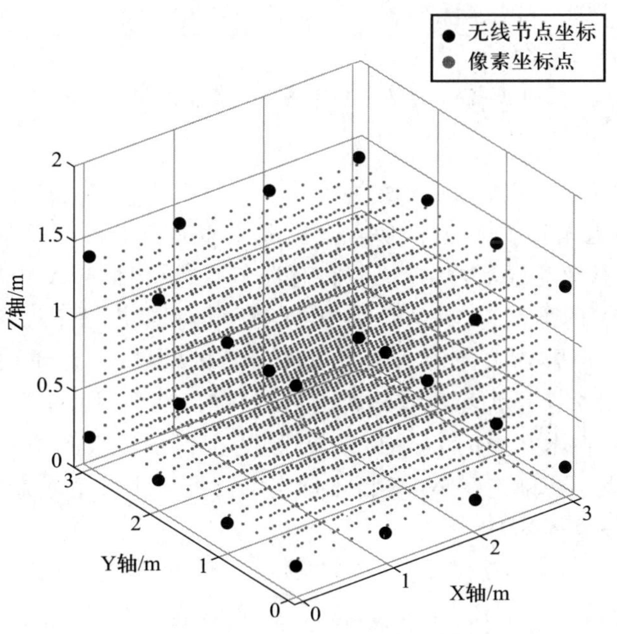

图 2-27　三维立体数据测量模型中像素位置

在本书的 DFAR 系统中，三维 RTI 数据测量模型检测的目标是人。研究表明，人体中 70% 以上的成分是水，水和 2.4 GHz 的 RF 信号有着一致的共振频率[34]，因此人体对 2.4 GHz 信号的阻挡会严重影响接收信号强度的变化。同理,人体形状与无线信号在空间中衰减分布保持着同步。根据前面讲到的重构信号 $\boldsymbol{x}$ 的物理意义可知,人体的形状决定了重构信号的结构特性。

根据人体外观在空间中连续、封闭的特性可知,在三维空间中看待重构信号 $\boldsymbol{x}$,也应该是连续、封闭的。但是,从这个角度看待信号 $\boldsymbol{x}$ 的结构特性会增加建模的复杂度。因此,本文采用信号分解的思想,将重构信号 $\boldsymbol{x}$ 分解为 H 个连续的子信号,每个子信号表示一个高度平面上信号强度的衰减变化情况。由于子信号具有二维特性,所以可以将其看作是图像信号。图 2-28 描述了重构信号 $\boldsymbol{x}$ 的分解思想。在每个像素层内部,子信号在二维空间中依然保持连续封闭的性质。用 $\boldsymbol{x}(h)$ 表示三维 RTI 数据测量模型中估计出来的第 H 个水平像素层,如图 2-28 所示。那么可以通过汇总各个层上的所有像素的衰减值而实现计算各层 RTI 图像的特征[18],从而精确地确定无线传感器网络内目标的动作。

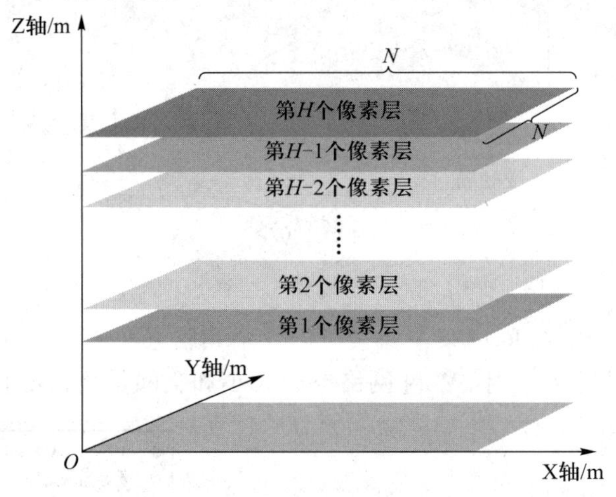

图 2-28　立体 RTI 系统重构图像的多层分布

椭球权重模型:

在 RTI 立体数据测量模型中,继续使用文献[18]提出的 NEM 模型,但是此时椭圆模型变成了椭球模型,这是因为无线节点坐标、像素坐标都增加了一个自由度。一般地,建立权重模型之前,需要建立三维立体坐标系,并确定无线传感器节点、重构信号 $\boldsymbol{x}$ 中各个元素在该坐标系中的坐标值。权重矩阵 $\boldsymbol{W}$ 的维度为 $M\times N$:其中 M 是数据测量模型中无向无线链路的条数,一般与传感器节点个数及其部署方式有关,是一个需要计算的常量;N 是重构信号 $\boldsymbol{x}$ 的大小,通常 N 是人为设定的。N 值过大会增加系统重构时的计算开销,N 值过小又不能充分体现空间中各点的信号强度变化情况。在本文中的 DFAR 系统中,为了识别出空间中人的外观,空间量化的尺度必须小于人体体格大小。确定了 N,等价于确定了信号 $\boldsymbol{x}$ 中各个元素的坐标,根据 NEM 模型的计算公式即可生成权重矩阵 $\boldsymbol{W}$。

权重矩阵 $\boldsymbol{W}$ 中每一行中的元素,表示障碍物在该元素对应的位置时,对相应的无线通信链路 RSSI 衰减的影响程度。在 NEM 中,同一条链路中影响程度只有两个取值,见式(2-6)。不失一般性,图 2-29 以某条无线通信链路为例,给出了 RTI 立体数据测量模型中权重模型的直观图,其中的大黑色点表示无线传感器节点,小黑色点表示该像素对特定链路产生的 RSSI 衰减有贡献,反之没有贡献。

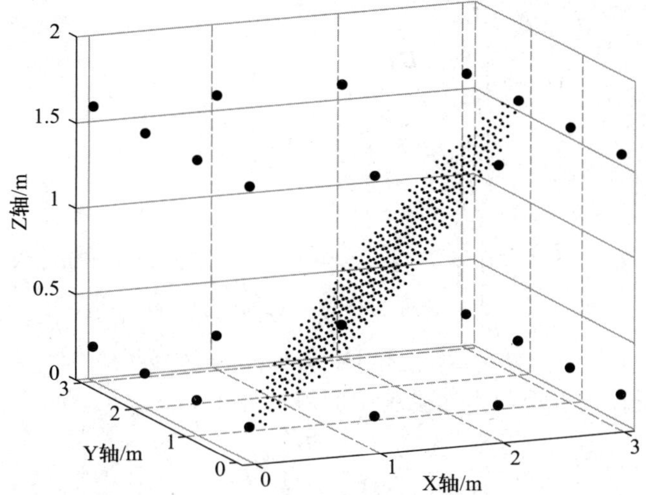

图 2-29　RTI 立体数据测量模型对应的椭球权重模型直观图

2. 识别算法

在基于学习训练的 DFAR 系统中，通过直接提取测量数据 $\boldsymbol{y}$ 的特征，并与学习字典中的特征进行匹配实现动作识别。本书中基于 RTI 的 DFAR 不是直接对测量数据 $\boldsymbol{y}$ 进行特征分析，而是结合系统模型，利用测量数据进行信号重构，由于重构信号 $\boldsymbol{x}$ 能够直接反映人体动作模式，所以省去了学习训练的过程。图 2-30 给出了本书系统的动作识别流程。接下来，本节将根据这个流程讲解本书系统的识别算法。

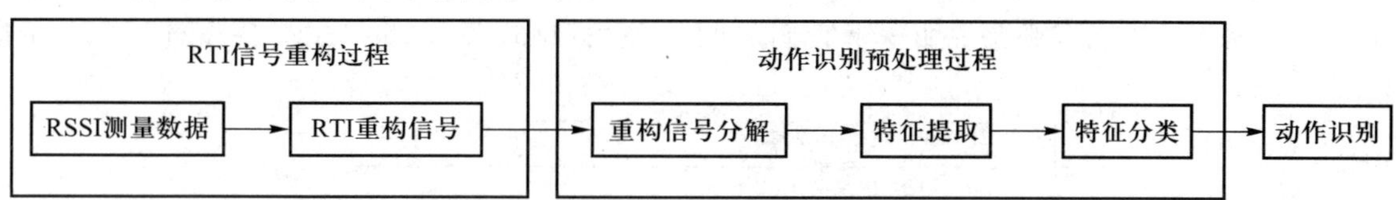

图 2-30　基于 RTI 的 DFAR 识别流程

针对 Tikhonov 正则化算法重构信号噪声大的问题，我们改进了 RTI 系统的信号表示模型，采用经典的压缩感知理论知识，并采用共稀疏解析模型及 GAP 重构算法，新的方法较 Tikhonov 正则化在重构信号质量上有所改观，并且算法运行时间较 TV 算法少很多。因此，本书中基于 RTI 的 DFAR 系统在信号重构过程中将采用 GAP 重构算法。在本文系统中，GAP 重构算法用到的解析字典，构造方法与本书第四章中的方法一致。设计差分算子时，需要兼顾各个像素层中图像的尺寸以及像素层的层数。这里假设立体模型中各像素层的图像尺寸是 $N\times N$，像素层的个数为 H。式(2—32)、式(2—33)和式(2—34)分别给出了三维空间中横向、纵向和竖直方向上的差分算子：

$$\boldsymbol{D}_X^3=\begin{bmatrix}\boldsymbol{D}_X & 0 & \cdots & 0\\ 0 & \boldsymbol{D}_X & & \vdots\\ \vdots & & \ddots & 0\\ 0 & \cdots & 0 & \boldsymbol{D}_X\end{bmatrix}_{H\cdot N\cdot(N-1)\times H\cdot N^2} \tag{2—32}$$

$$\boldsymbol{D}_Y^3=\begin{bmatrix}\boldsymbol{D}_Y & 0 & \cdots & 0\\ 0 & \boldsymbol{D}_Y & & \vdots\\ \vdots & & \ddots & 0\\ 0 & \cdots & 0 & \boldsymbol{D}_Y\end{bmatrix}_{H\cdot N\cdot(N-1)\times H\cdot N^2} \tag{2-33}$$

$$\boldsymbol{D}_Z^3=\begin{bmatrix}\boldsymbol{D}_Z & 0 & \cdots & 0\\ 0 & \boldsymbol{D}_Z & & \vdots\\ \vdots & & \ddots & 0\\ 0 & \cdots & 0 & \boldsymbol{D}_Z\end{bmatrix}_{(H-1)\cdot N^2\times H\cdot N^2} \tag{2-34}$$

其中，$\boldsymbol{D}_Z=(-1\quad 0\quad \cdots\quad 0\quad 1)_{N^2+1}$，$\boldsymbol{D}_X$ 和 $\boldsymbol{D}_Y$ 的构造方法参考式(2－35)和式(2－36)。基于本书对解析算子的分析，可以得到本文系统中的解析算子 $\boldsymbol{\Omega}$，

$$\boldsymbol{\Omega}=\begin{pmatrix}\boldsymbol{D}_X^3\\ \boldsymbol{D}_Y^3\\ \boldsymbol{D}_Z^3\end{pmatrix} \tag{2-35}$$

与基于机器学习的动作识别系统相比，本文中基于 RTI 的 DFAR 系统的主要优势在于：(1)不需要通过系统学习；(2)在系统工作时省去了匹配查找的时间，从而可以有效提升系统识别速度。在获取多层重构图之后，本系统实现动作识别的主要思路是：首先根据立体数据测量模型的观测值，利用 GAP 重构算法估计出信号 $\boldsymbol{x}$，然后对信号 $\boldsymbol{x}$ 进行信号分解，并获取每一层图像的特征值；最后将各层特征值组合之后形成特征向量，对特征向量进行判决。由于特征向量与预定的动作之间存在对应关系，所以可以实现动作识别。在描述特征值的过程中，需要区分重构信号 $\boldsymbol{x}$ 和各层图像 $\boldsymbol{x}^h$，所以有必要说明一下它们之间的关系，见式(2－36)，可以参考图 2－31 帮助理解。

算法 2：定位及动作识别算法
目　标：实现定位及动作识别 输　入：$\mathbf{y}$，H，κ_f，g，其中 $\mathbf{x}$ 是重构信号，H 是像素层的个数，g 是待识别动作的个数。 初始化：基准向量 $flag=[0.4\ \ 1.1]$。 步骤 1：利用 GAP 算法，估计出信号 $\mathbf{x}$； 步骤 2：分解信号 $\mathbf{x}$，获得各层子图：$\mathbf{x}_{H\cdot N^2\times 1}=[\mathbf{x}^1_{N^2\times 1},\mathbf{x}^2_{N^2\times 1},\cdots,\mathbf{x}^H_{N^2\times 1}]$； 步骤 2：计算 FDC 特征值向量：$F=[\gamma_f^1,\gamma_f^2,\cdots,\gamma_f^H]$； 步骤 3：依据 κ_f 值，计算出被测目标的平面坐标以及高度坐标： $(x,y)=loc(Max(\mathbf{x}^h))$，$z=h_0+(h'-1)\cdot\Delta h$； 步骤 4：分类： $z<flag(0)\to i=0$， $flag(0)\le z<flag(1)\to i=1$， $flag(1)\le z\to i=2$；
输　出：坐标 (x,y) 和分类类别 i

图 2－31　表：定位及动作识别算法

$$\boldsymbol{x}_{H\cdot N^2\times 1}=[\boldsymbol{x}^1_{N^2\times 1},\boldsymbol{x}^2_{N^2\times 1},\cdots,\boldsymbol{x}^H_{N^2\times 1}] \tag{2-36}$$

图 2-31 总结了本书系统中动作识别算法的操作流程，其中 $flag=[0.4\quad 1.1]$是依据经验进行设定的。通常，人蹲着时自身高度在 0.4 到 1.1 m 之间。κ_f 是阈值变量，用来帮助建立目标高度与其动作之间的联系（一般 $\kappa_f \approx 0.1$）。

3. 实验部署

本书中数据采集实验用到的核心器件是 CC2530 和 CC2538 无线传感器模块。其中，CC2530 模块用作普通收发节点，负责发送和接收 RSSI 值；CC2538 无线模块是协调器，负责上位机（笔记本电脑）和 CC2530 无线传感网络之间的通信。CC2538 无线模块与 CC2530 无线模块均是采用倒 F 天线的设计方案，同时两个模块发射功率设定为 4.5 dBm（最大发射功率），均搭载 TI 公司的 Z—Stack _ Home _ 1.2.2 协议栈，并运行在 12 个信道上。

CC2538 作为控制节点和汇集节点，不断下达某个 CC2530 节点作为发送节点的指令，并汇集当前轮所有链路的 RSSI 值。最后，通过串口将 RSSI 值发送至上位机。采用 CC2538 作为协调器的原因：(1) 设计方案中协调器需要存储子设备的 MAC 地址，以及其他组网链路信息，CC2530 存储空间不足；(2) 在 Z—Stack _ Home _ 1.2.2 协议栈中，采用 CC2530 无线传感器节点作为协调器，只能保证网络中节点数目在 20 个以下时整个网络的稳定；采用 CC2538 充当协调器模块时能够保证设计方案中大于 20 个网络节点的稳定运行。本文采用了图 2-32 所示的网络拓扑结构。

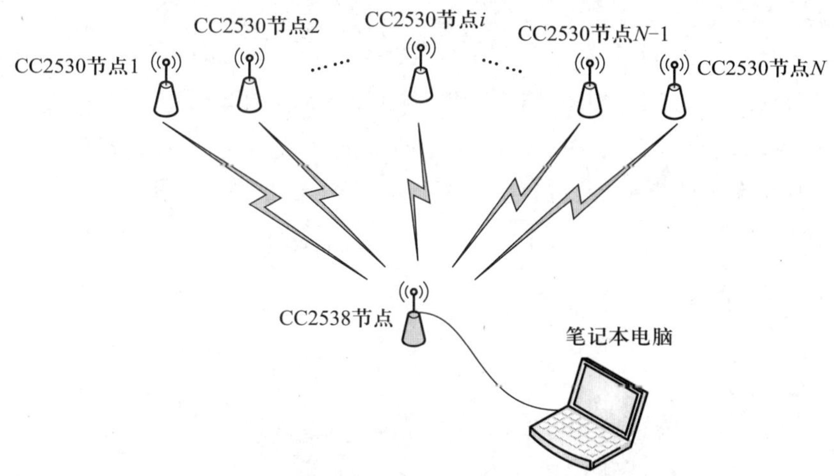

图 2-32　基于 RTI 的 DFAR 系统网络拓扑图

由于本书所提出的系统，在权重模型上没有将多径效应的影响考虑在内，所以系统不适合在室内环境中工作。因此，本书选择在室外环境中开展实验工作，进行 RSSI 测量数据采集。具体的实验地点选择在福州大学物信北楼的一楼一个相对空旷的平地上，如图 2-33 所示。

本书在图 2-33 所示的场景下，将 24 个 CC2530 无线节点采用了两层立体部署方式。每层中各有 12 个节点，其中底层距离地面高度为 0.2 m，顶层距离地面高度是 1.6 m（高度的选择主要是考虑到正常人的身高 1.75 m），如图 2-33(a) 所示。在节点层内，相邻 CC2530 无线节点之间等距离安放。为了研究同层内相邻节点之间的距离 d 对系统性能的影响，通过调整同层之间相邻节点间的距离依次为 0.5 m、0.75 m、1 m、1.25 m 和 1.5 m，并依次进行 RSSI 数据采集。在同一个距离 d 下，分别进行四种状态（校准状态、站、蹲和躺）下的数据采集。

图 2-33 系统工作实际场景部署图

在实验过程中，本书选取了如图 2-34 所示的测试点，它们的坐标是已知的。通过比较测试点与定位点(本书系统通过测量之后估计出的目标位置)之间距离，可以得知系统的定位性能。

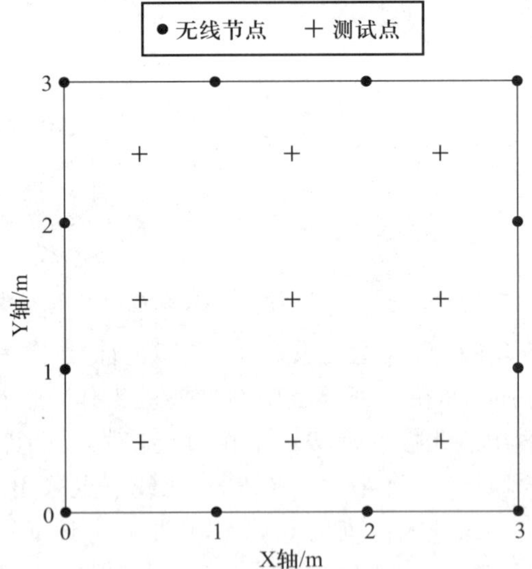

图 2-34 实验环境下 CC2530 节点以及测试点位置俯视示意图

4. 实验结果与分析

示例图像：

利用之前介绍的三维立体数据测模型和 Tikhonov 正则化重构算法，本书得到了典型的一个人站立在区域中心点位置处的重构图像，如图 2－35 所示。其中图(a)是多层图，图(b)是点云图，前者方便看出信号的质量，后者便于体现与人体动作的一致性。图 2－36 中给出了示例图像求取过程中用到的系统参数。

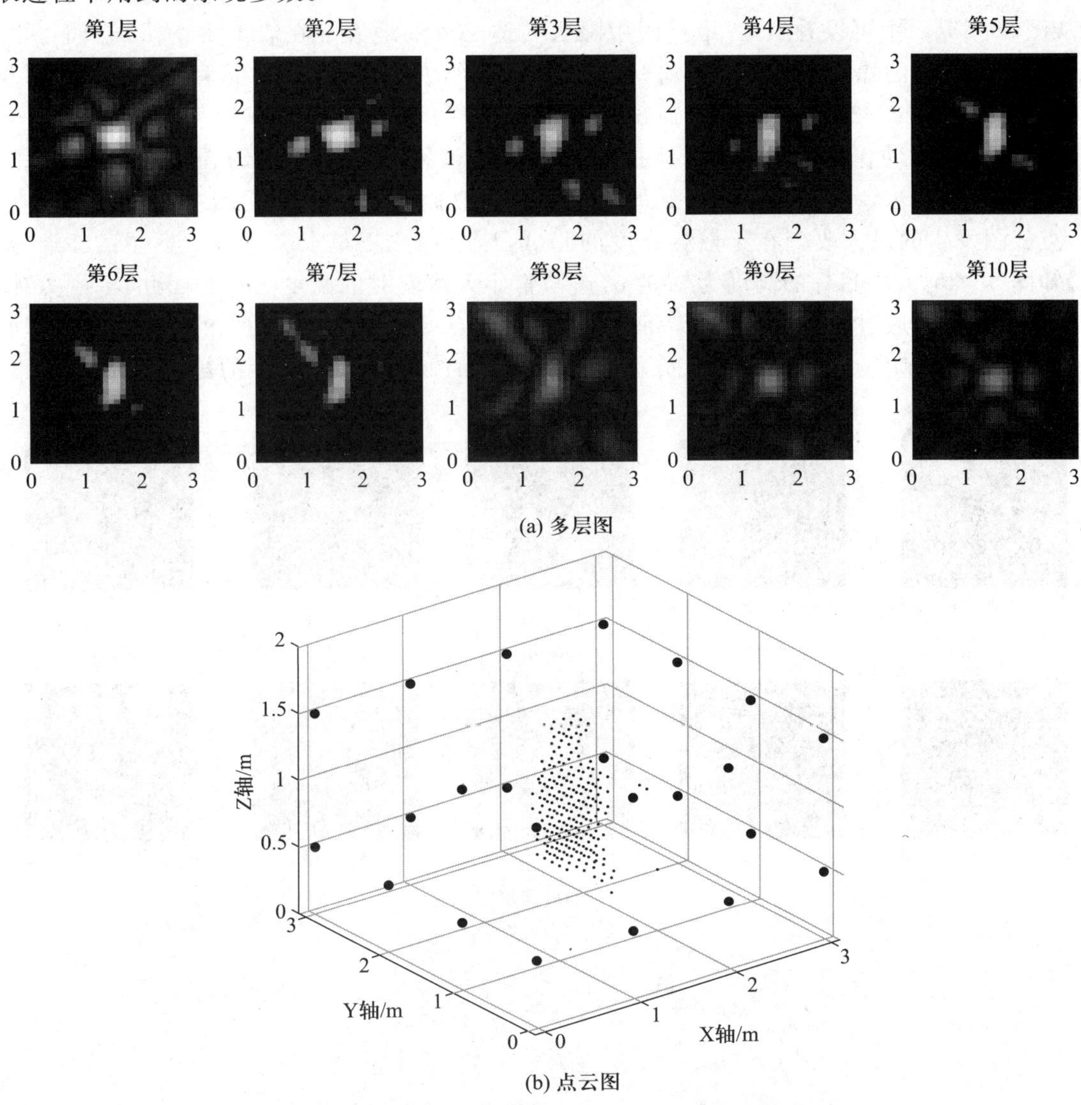

(a) 多层图

(b) 点云图

图 2－35　基于 Tikhonov 正则化的本文系统重构信号(站立)

参数	描述	大小
λ	椭球模型短轴长度	0.005 m
α	正则化参数	10
K	节点个数	24
H	像素层个数	10
N	单层图像尺寸	30

图 2－36　表：本节 DFAR 系统参数列表

从这两幅图中可以发现,图中不存在障碍物的地方,仍然存在许多区域估计衰减值大于零的现象。这是由于区域中不仅仅受人阻挡的影响,还受到反射、散射等其他因素的干扰。本书中采纳的归一化椭球模型属于 LOS 模型,没有将障碍物引起的多径效应引起的 RSSI 值变化考虑在内。从图 2-35(a)中可以看出,三维空间中除去人体之外的地方存在着不少伪影,它们可以被看成是重构信号中的噪声。在主观视觉上,这些噪声会给人带来误判;对于系统判决来说,影响更大。这一点在图 2-35(a)中也可以看出。

为了说明不同动作对重构信号产生的影响,图 2-37 给出了一个人蹲在坐标位置为(2.5,2.5)时,采用 Tikhonov 正则化方法得到的重构信号。对比图 2-35,多层图中上层中不存在信号区,点云图发生的最大改变在于散点高度的降低,这个现象正是本文系统所期望的。通过计算,得知图 2-35(a)中目标的高度为 0.9 m,这与常年人蹲着时的高度吻合。因此,区别人体不同动作的工作可以通过获取点云图的特征来实现,由于点云图是由多层图像的组合生成的,所以说多层图像的特征向量与点云图的特征等价,本文采用的方法是对多层图的操作。

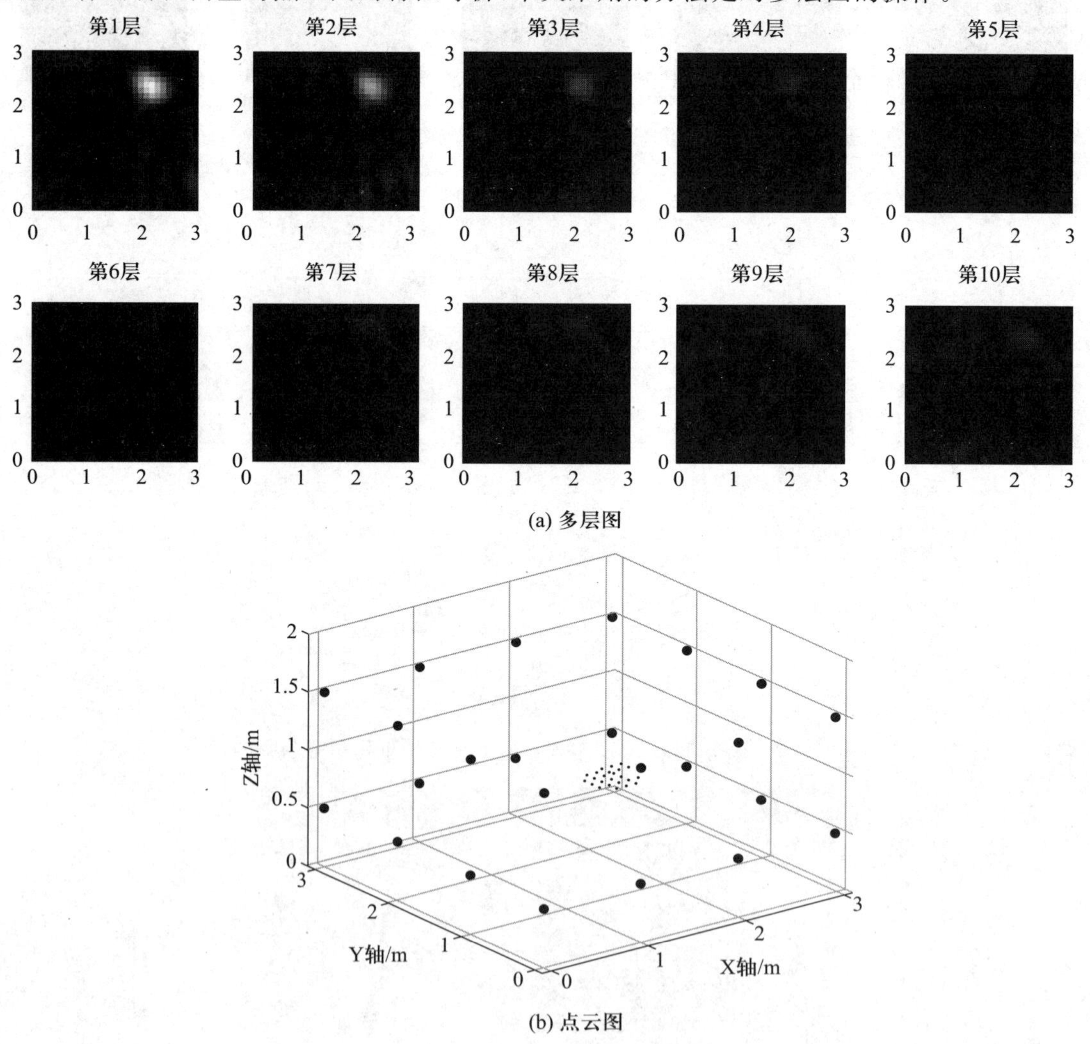

(a) 多层图

(b) 点云图

图 2-37 基于 Tikhonov 正则化的本文系统重构信号(蹲)

图 2-38 是采用了本文 2.2.4 节介绍的共稀疏解析信号模型及其对应的 GAP 重构算法得到的重构信号。通过对比图 2-34,可以发现在信号区之外,消失了不少黑色散点。这说明,共稀疏解析信号模型在描述 RTI 系统线性反问题时更具优势。

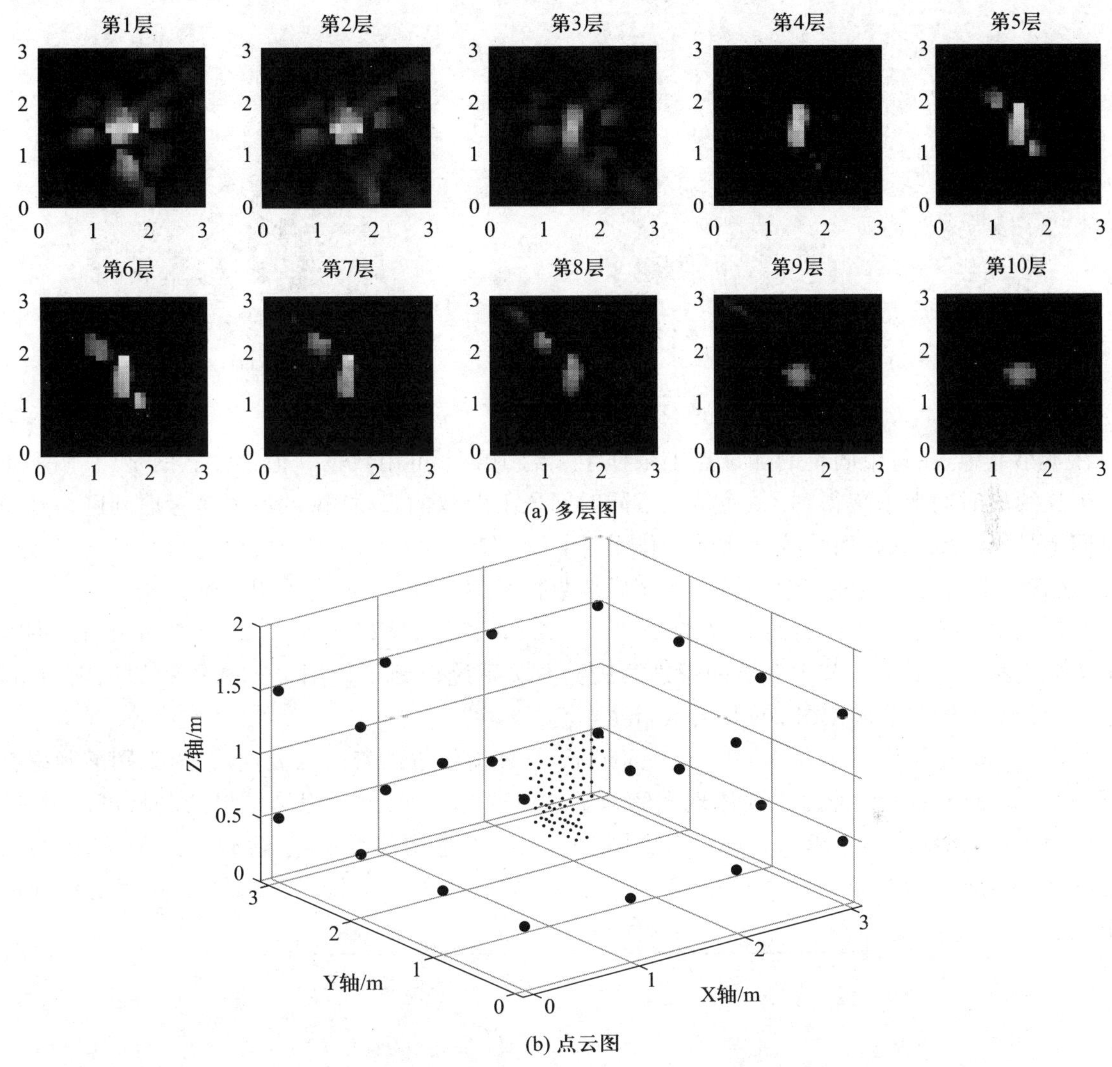

(a) 多层图

(b) 点云图

图 2-38　基于 GAP 算法的本文系统重构信号(站立)

节点间距对系统性能的影响:

RTI 系统在实际工作的过程中,会涉及很多系统参数。其中,同层中相邻节点之间的距离是一个重要的参数。在本小节中,采用 Tikhonov 正则化的重构算法来研究它对重构图像质量、系统定位精度和识别准确度的影响。关于实验过程中系统其他参数的设置值,详见图 2-39。值得注意的是,在上文中上下两层节点的距地高度分别为 0.5 m 和 1.5 m,本节中两个层面距地高度为 0.2 m 和 1.6 m。测试点的位置选取参考图 2-34。椭球权重模型短轴长度的设置和正则化参数的选取方法,采用了曲线拟合的方法,参考 2.2.3 小节。图像质量评估指标采用 FDC。选取人体半径 $R=0.3$ m,考虑到了大多数人的实际情况,关于利用人体圆柱模型构建参考图的方法，在文献[18]中有描述。

准确率	站	蹲	躺
站	1	0.01	0
蹲	0	0.9	0.1
躺	0	0.02	0.98

(a) 节点距离d=0.5 m

准确率	站	蹲	躺
站	1	0.01	0
蹲	0	0.9	0.1
躺	0	0.07	0.93

(b) 节点距离d=0.75 m

准确率	站	蹲	躺
站	0.98	0.01	0
蹲	0	0.85	0.15
躺	0	0.1	0.9

(c) 节点距离d=1.25 m

准确率	站	蹲	躺
站	0.99	0.01	0
蹲	0	0.82	0.18
躺	0	0.11	0.89

(d) 节点距离d=1.5 m

图 2-39　表：识别精度与节点距离之间的关系

在本小节中，在每个固定的测试点上采样了大约 100 个可用数据。值得注意的是，它们不是在一个连续的时间上采集得到了，而是在不同时间段上获取的，这样做的原因是考虑到网络环境在时间上是不断变化的，而系统在实际工作时，同一个测试点上几乎不会发生连续长时间工作的情况，这就让本文的测试可信度更高。本文后续数据采集过程中，也会采用这种方式。

通过依次设置节点之间的距离 d 为 0.5 m、0.75 m、1 m、1.25 m 和 1.5 m，并采用前述的数据采集方式和本文 2.2.5 节中介绍的识别算法。本文系统得到了如图 2-39 所示的识别结果，其中 d=1 m 的识别结果在图 2-41 中给出。

从图 2-39 中可以看出在不同的节点间距下，三种动作中站着的区分性最好，识别准确率都接近 100%。系统的识别能力主要体现在蹲和躺这两种动作，通过对识别结果的分析可以发现，节点间距越小，识别准确率越高。通过对不同节点间距下重构信号质量、定位误差的统计，得到了如图 2-40 所示的结果。从中可以看出，节点部署密度越小，图像质量越高，同时定位误差越小。

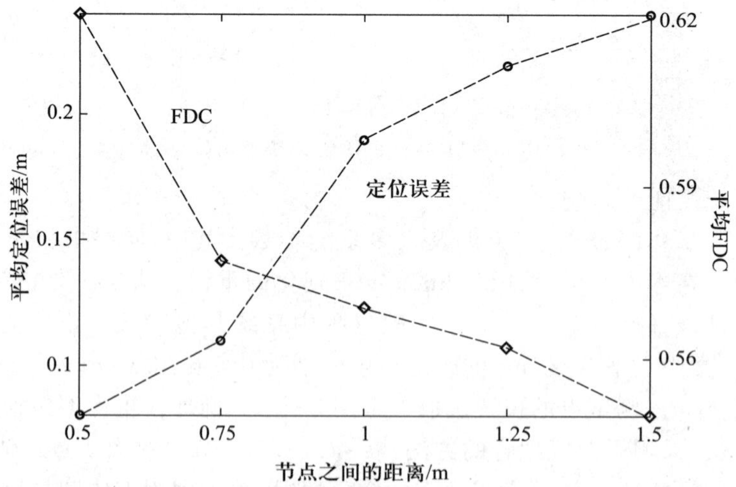

图 2-40　平均定位误差和 FDC 与节点距离之间的关系

因此，通过密集部署无线节点可以提高本文系统的识别准确率、定位精度和图像质量，但是，在实际应用过程中，节点的部署密度还需要考虑经济因素。因此，在后一个小节中，选取节点间距 $d=1$ m 来研究 GAP 算法与 Tikhonov 正则化算法之间的性能优劣。

算法性能比较：

为了比较 GAP 重构算法和 Tikhonov 正则化算法之间的性能差异，本文进行了实验仿真。将 24 个节点部署在两个层面上，同层相邻节点之间的距离设置为 1 m。在竖直方向上，节点及像素相关参数设置与图 2－31 中一致。在图 2－34 所示的各个测试点上进行了站、蹲和躺三种动作的 RSSI 数据测量。通过数据预处理(见图 2－7)，在每个测试点上获得了大约 200 个可用的测量数据。本文采用了 Tikhonov 正则化和 GAP 算法对这些测量数据进行 RTI 图像重构。对于每一张重构图，将采用 FDC 进行图像质量评价，采用定位误差和识别准确率来评价系统定位精度和系统识别准确率。图 2－41 给出了三种算法对应的识别结果。

准确率	站	蹲	躺
站	0.99	0.01	0
蹲	0	0.85	0.15
躺	0	0.1	0.9

(a) Tikhonov正则化识别准确率

准确率	站	蹲	躺
站	0.98	0.02	0
蹲	0	0.97	0.03
躺	0	0.08	0.92

(b) GAP识别准确率

图 2－41　表：两种算法的识别准确率比较

通过对识别结果的分析，可以发现蹲作为其余两种动作的中间动作，出现了误判现象。在实际场景中，蹲与躺之间的高度差明显小于蹲与站之间的高度差。这一点可以用来解释为何在识别蹲这个动作时，误判为躺的概率远远大于判为站着的概率。从结果中可以看到，两种算法对于站着的识别准确率，都几乎达到了 100%。但是在识别蹲与躺时，GAP 算法明显具有优势。通过统计计算，获得两种 Tikhonov 正则化和 GAP 重构算法的定位性能，它们的平均定位误差分别为 0.162 m 和 0.142 m。通过对重构图像计算 FDC，并求取两种算法对应的平均 FDC，得到的结果分别为 0.352 1 和 0.406 7。结合图 2－38 可知，GAP 算法确实达到了去除噪声的效果。这个结果表明，基于共稀疏解析模型的 GAP 算法在 RTI 图像重构过程中具有优势。

参考文献

2.3　感知层——案例二　基于 LORA 的体温计软件设计与实现

2.3.1　课题背景及意义

在我国物联网技术发展的多年中，无论是车联网、智慧交通、智慧农业、便携式穿戴设备等技术都是在爆发式地进步。众所周知，智能、感知、互联是物联网技术的三个关键词，物联网在前两方面都有较大突破，而在互联方面仍旧依赖互联网和移动互联网的支持，如 2G、3G 网络等。即使像蓝牙、WiFi、ZigBee 这样面向物对物的网络也不满足物联网技术对连接的需求。对于无线应用开发人员和工程运维人员，最大难题是更长的传输距离和更低的功耗无法两者兼得。

Semtech 公司在 2013 年发布了一种新型的、超长距离低功耗的数据传输芯片，其接收灵敏度达到－148 dbm，功耗极低且不需要昂贵的温补晶振。这一简称 LORA 的芯片一经发布就引起了极大关注。采用 LORA 技术之后，设计人员可以最大限度地实现更长距离的通信与更低的功耗，同时还可节省额外的中继器成本。以远距离、低功耗为代表的 LORA 的出现，有机会突破物联网技术在互联方面的瓶颈，基于该技术的后续设计和发展，必将使物物相连的物联网时代加速到来[1]。

为了解决医护人员获得的体温数据能远距离传输到网关的需求，引入采用基于 LORA 通信协议的物联网设备，其远距离传输和低功耗的优点，能充分应用到医院的温度采集系统。这是推进智慧医疗的进一步发展，也是物联网在互联方面的重要应用。

本设计利用物联网技术，通过将 LORA 传输技术运用到医院的温度数据传输，提高了医疗系统的办事效率，并提出了新的数据的防冲突和加密设计，具有良好的发展前景。

1. 研究现状与问题

随着物联网技术发展以及现代医疗的进步，越来越多的人需要享用医疗技术的成果，我国是人口大国，解决医疗信息统计、医疗人员工作和大量数据处理的智能化、便捷化、准确化可以节省大量的人力物力。

我国现阶段医院中的测量仪器大部分用的是接触式水银体温计或非接触式红外体温计。其中接触式水银体温计的优点是测量温度准确，成本价格低；而缺点也相对明显，需要 3 至 5 分钟的测量时间。反观非接触式红外温度体温计，医护人员只需要对着病人按下启动开关即可在显示屏幕获取温度数据，但是一个医用温度采集设备市场价远高于前者。在后续的温度数据统计中，医护人员需要手动抄录，即使有些设备先进的医院用到蓝牙传输，其传输距离远远不够。

由于 ZigBee 技术[2]在传输过程中，频率高且信号的强度随距离的衰减迅速，不仅如此，统一频段的蓝牙、无线局域网的信号使用，会导致其传输距离短和受干扰严重的问题。详细对比如图 2－42 所示。

模式	最远传输距离	最高传输速率	最低接收功耗
Bluetooth	15 m	2 Mb/s	6 mA
WiFi	100 m	54 Mb/s	105 mA
ZigBee	75 m	250 kb/s	2 mA
LORA	15 km	600 kb/s	3 mA

图 2－42　表：几种无线通信方式对比表

此外，LORA 还具有测量距离和定位的功能，它的距离测量有别于传统的 RRSI，而是根据信号传输的时间来计算；定位是基于网关到多节点的传输时间差的测量，在 10 km 的范围内精度可达 6 m。这一特性可被工程开发人员运用，用来实现更智能化的传输定位信息系统。

虽然现在对于 LORA 的研究和发展势头正猛，且优势明显，但也存在相应的问题。LORA

芯片的量产要到2018年，铺设网络和大规模商用至少需要1年以上的时间。从费用角度来看，前期用户数量稀少，资费高；而高资费又抑制了用户增长[3]。

综上所述，基于LORA通信的传输系统并不普及。在其低功耗、远距离的传输特性受人青睐的同时，还需解决其功能完整性和标准的规范性。相信在不久的将来，基于LORA的通信传输系统会得到普及，使其充分发挥物联网技术给人们带来的便利。

在目前最新公开的官网数据显示，全球16个国家正在部署LORA网络，56个国家开始进行试点，其中运营商荷兰KPN电信、韩国SK电信已建成覆盖全国的LORA网络。2016年年初，中国中兴通信建立中国LORA应用联盟。这是一个跨行业、跨部门的全国性组织；其成员都是研究LPWAN物联网的企业或社团，为了构建和完善LORA的产业链和生态圈。

与此同时，LORA技术也面临着挑战。最新崛起的NB-IoT网络不仅具有低功耗局域网的优点，而且是窄带蜂窝物联网技术，可直接部署于原来的网络，这一创新性优点可降低部署成本，达到平滑升级。LORA应该趁NB-IoT还没有成熟，积极挖掘出自身更高效、更实用的应用技术，在未来的物联网互联技术竞争中，占据自己重要的一席之地。

2. 研究方法和内容

本设计的研究方法、步骤、措施如下：

(1) 查看S78S芯片的使用手册，掌握库函数编程方法。

(2) 查阅资料，学习MLX90614红外温度工作方法。

(3) 查阅资料，掌握串口通信协议、I2C通信协议等。

(4) 利用keil 4、codeblocks作为开发工具，进行采集获取、信息收发过程的逻辑控制，以实现各模块的功能。

(5) 学习LORA模块通信中，报文的设计、防冲突算法的设计和AES方法[4]。

(6) 制定实施方案，按时间段完成各部分内容。

2.3.2 相关理论基础

本章将对基于LORA的体温数据终端软件设计中，所涉及的相关内容进行概括性介绍，包括芯片的选择、温度采集模块、重要接口的理论基础、防冲突算法和加密算法。

1. S78S芯片

本设计所用到LORA模块的核心是S78S芯片。该芯片集成了STM32L073微控制器和SX1278射频模块。该芯片的结构如图2-43。

2. STM32微控制器

本设计采用的ST公司的STM32L073微控制器具有超低功耗的工作特点，32位RISC内核以32 MHz频率运行，集成了高达190 KB闪存、20 KBSRAM、6 KBEEPROM，还包括USB、ADC和DAC等模拟特性[5]。此微控制器拥有宽范围的功率，极低的能耗非常适合当作本设计的微控制模块。

尽管此微控制器能耗极低，但其基于LORA技术的库函数相对齐全，具备了一般微控制的功能，方便开发人员进行不同功能的开发应用。本设计开发程序是利用KEIL5软件进行编写、调试，该软件是ARM公司的最新软件，满足了本设计对温度采集、温度显示功能的编程需求。

本设计在硬件接口方面用到了串口、SWD、SCL、IIC等接口，IIC接口用于红外温度采集模

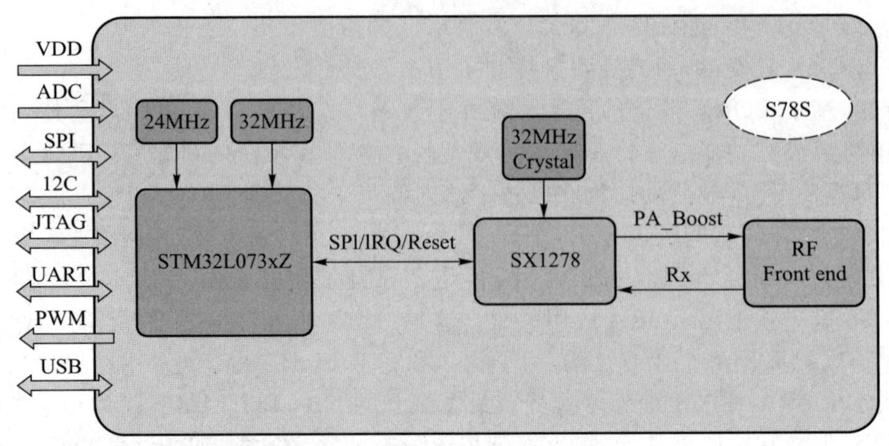

图 2-43 S78S 芯片内部结构

块数据的传输，串口用于温度报文的传输。除用到的 14 个引脚外，还预留了 6 个引脚，以便后续新功能开发的时候用。

3. SX1278 射频模块

SX1278 模块具有高抗干扰、超远距离扩频调制通信以及超低电流功耗的优点。其工作频段在 300～500 MHz，本设计在通信中的传输频率为 480 MHz[6]。同时该模块支持多种调制格式：幅移键控调制、频移键控调制、OOK-ASK。

本设计能通过此模块达到低功耗、远距离的目的，得益于 LORA 的扩频技术，能使信号在传输过程中有较强的抗干扰和抗衰落能力；而且终端在接收时的电流仅为 10 mA，睡眠电流低至 200 μA。模块的整体样式如图 2-44 所示。

图 2-44 S78S 集成芯片

4. 红外温度传感器

本设计采用 MLX90614 红外温度传感器来获取体温数据。该模块根据被测量物体的红外辐射能量来计算温度值，非接触式的感应前端不影响待测物体的红外分布场，且具有响应速度快、测量精确、操作简单的优点，可应用于多个场景。MLX90614 红外非接触式传感器的工作电压为 5 V，可测量环境温度：最低为 -40 ℃，最高为 125 ℃；物体温度范围为 -70.01～125 ℃。因此该模块是本设计用于采集人体体温的不二选择。

在数据传输方面，本设计采用的测温模块输出有两种模式，分别为 PWM 和 SMBus，STM32 微控制器也支持这两种协议。MLX90614 模块每次获取温度数据是按照字节一一传输的，S78S 芯片从其获取的温度值的大小是 16 位，由 DataH（高位）和 DataL（低位）两部分组成，再将寄存器的 16 进制数经过公式换算成摄氏度大小。

经过上述分析，此红外温度传感器的工作条件和检测范围符合本设计的要求，并且能被 S78S 芯片中的微控制器驱动。MLX90614 模块实物如图 2－45 所示。

图 2－45　MLX90614 传感器

5. SMBus 传输协议介绍

SMBus 是一种较为常见的通信协议，它是两路的串行协议，所用到的引脚为 SDA 和 SCL 引脚。前者兼有数字输入输出功能，后者用于通信时钟信号，该协议还允许一个到多个的从动器件通信[7]。

SMBus 的读取数据包的结构如图 2－46 所示，写入数据包如图 2－47 所示。

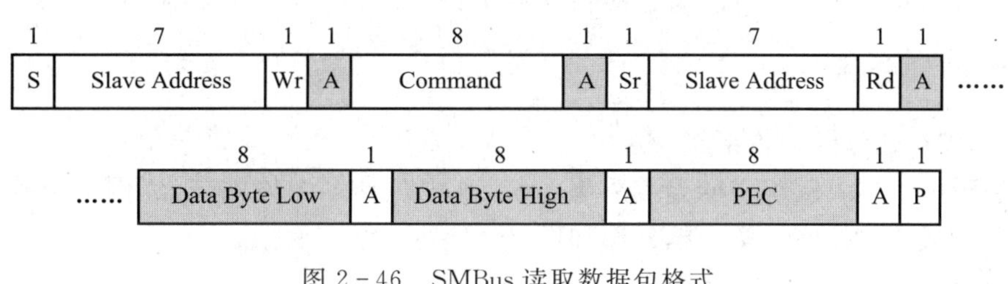

图 2－46　SMBus 读取数据包格式

1	7	1	1	8	1	
S	Slave Address	Wr	A	Command	A	……

	8	1	8	1	8	1	1
……	Data Byte Low	A	Data Byte High	A	PEC	A	P

图 2－47　SMBus 写入数据包格式

图中灰色部分的数据传输方向为从机到主机，白色为反方向。其中 S 为起始位（1b）；Slave Address 为从机地址（7b）；Wr 为写标志（1b，0 表示“写”）；Rd 为读标志（1b，1 表示“读”）；A 为应答位（1b）；Command 为命令字节（8b）；Sr 为重复起始位（1b）；PEC 为校验数据包（8b）；P 为停止位（1b）。

本设计将第一位存储单元设置在 RAM 的 0x05 地址，因此传输时从其往后的两个字节中读取并传输。SCL 控制时钟线，在它上升沿时将地址高位和低位数据读出[8]，在其下降沿时感应新的温度数据。

6. SPI 协议介绍

SPI 协议兼容性较强、简单易用，也是常用的串行接口。设计者能根据协议帧格式设计所需要的协议。本文将 SPI 协议用于微控制器，将温度数值显示在外接的 OLED 屏幕上。

SPI 通信协议具有支持全双工、数据传输速率快的优点。其通信原理也相对简单，它以主从方式工作，这种模式通常有一个主设备和一个或多个从设备，需要至少 4 根线，事实上 3 根也可以单向传输。其中 SDO 接口负责主设备的数据输出[9]，从设备的数据输入；SDI 接口负责主设备的数据输入，从设备的数据输出；SCLK 接口控制由主设备产生的时钟信号；CS 为片选位，而本设计只有一片 OLED，因此没有用到。

7. AES 加密算法

通信传输的安全性是通信中不可忽视的问题，因此本设计增加了 AES 加密算法。以确保信息在传输过程中不被泄露，同时该算法易于各种软件和硬件的实现，与本设计契合。

AES 算法在密码学中的全称为高级加密标准，用来替换原来的 DES 算法。它采用对称分组的密码体制，分组大小为 128 bit；密钥长度有三个选择，分别为 128 bit、192 bit、256 bit。考虑到能耗和处理速度的因素，本设计采用的是密钥是相对短的 128 位。

AES 有 4 步加密过程：(1)字节通过一个 S 盒完成从一个字节到另一个字节的映射。(2)128位密钥长度为 16 字节方阵，可组成 4×4 的字节方阵，此时进行行位移。(3)行位移后进行列的混合变换。(4)最后是轮密码加密过程[10]，任何数和自身的异或结果为 0；加密过程中，每轮的输入与轮密钥异或一次；因此，解密时再异或上该轮的密钥即可恢复输入。

2.3.3 总体设计分析

1. 基于 LORA 的体温采集系统

本设计主要用于各大医院中的温度采集系统，其中包括多个终端节点、网关节点、服务器及后台用于处理数据的数据库。整个框架图如图 2－48 所示。

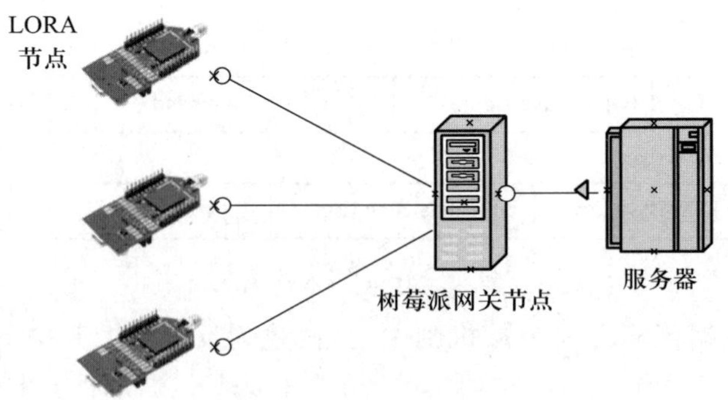

图 2－48 系统框架图

其中 LORA 节点的功能是用 S78S 芯片中的微控制器，通过 SMBus 通信协议将寄存器中的温度值数据，封装在设计完成的 LORA 通信报文中；与此同时，将温度值用连接 SPI 接口的 OLED 设备显示出来，这样医护人员可以读出当前病人体温；最后将报文进行 AES128 加密发给树莓派网关节点。当然，本设计考虑到当多终端节点发送报文时，会出现数据冲突，因此也设计了防冲突解决方案。树莓派网关的作用是接收 LORA 节点传来的报文，并进行 AES128 解密工作。服务器的作用是将病人的体温数据进行存储[11]，以便后续的统计和分析。

本文着重阐述 LORA 节点的工作方式，包括温度的采集和显示、传输中的报文设计、如何检测和防止冲突、通信加密过程。

2. LORA 节点硬件结构设计分析

本设计用到了多个外部设备：MLX90614 温度采集模块、0.96 寸 OLED 显示屏、外部中断按键等。需要为各个外设提供各自的接口，以便进行控制，在硬件结构设计时，应充分考虑各个硬件模块是否符合设计需求，是否能满足本设计节能、易用的设计思想。

本设计主要的硬件结构如图 2 - 49 所示。以 STM32 微控制器为核心，与多个外部设备共同构成本设计的硬件结构。红外传感器感应人体温度，将温度数据传送至 STM32 控制器，控制器根据信号控制滑轨与保护门动作，通过 SX1278 扩频模块将信号传送至网关，实现远距离的基于 LORA 的体温采集。外部中断按钮用来向微控制器传递终端信号[12]，中断信号使温度传感器多次测量温度。

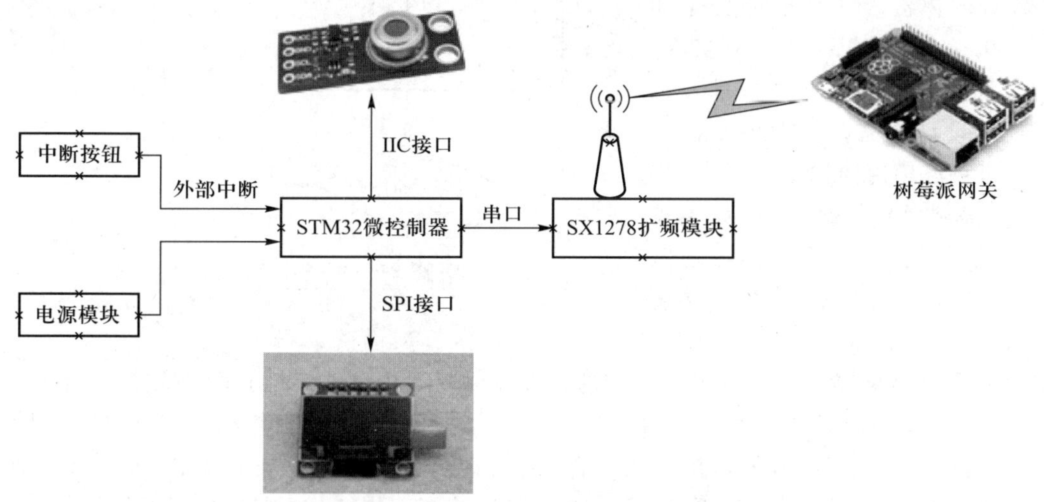

图 2 - 49　LORA 节点总体硬件框图

3. LORA 节点总体软件结构分析

系统的软件流程图如图 2 - 50 所示。待 LORA 模块上电运行后，首先判断是否进入节能模式，若进入节能模式，此时微控制器关闭系统时钟和外设时钟，即处于睡眠状态，等待唤醒电流重新开始工作。模块第一次启动默认不进入节能模式[13]。接着模块进行包括串口、定时器、各外接设备的初始化工作。初始化完成后，外部发来启动信号，便开始驱动 MLX90614 温度传感器进行红外温度采集。这时 MCU 将获取到的温度值，根据温度转换公式转变成摄氏度，再经过 SPI 接口传输到 OLED 显示屏幕；同时将温度数据封装到报文中，报文再用 AES128 算法加密，最终通过射频模块发送至网关。随后网关节点回执报文接收确认信号，第一次温度采集、显示、传输工作完成。再次按下外部中断按钮，以上述同样的过程实现接下来的采集、显示、传输功能。

2.3.4 LORA 节点的实现

本设计由多个模块组成，包括红外温度的获取和显示、网关通信报文的设计、确认重传机制、防冲突的实现、安全加密的实现。具体说明如下：

1. 红外温度的获取

本设计的体温检测部分是通过 MLX90614 传感器实现，该传感器有良好的工作特性以及精确的测温范围。该模块通过 SMBus 通信协议获取温度并传输，微控制器通过 IIC 接口接收，经过换算得到最终的体温值[14]。

本设计的体温显示功能部分是通过一个 0.96 寸的 OLED 显示屏实现。该显示模块功耗低、亮度适中，且显示大小满足本设计的需要。微控制器通过 SPI 接口将温度值传输给显示屏，程序中先写好需要用到的汉字库和阿拉伯数字字库，如“当前病人的体温值”、“1234567890”，再根据采温模块的温度值，最终显示。

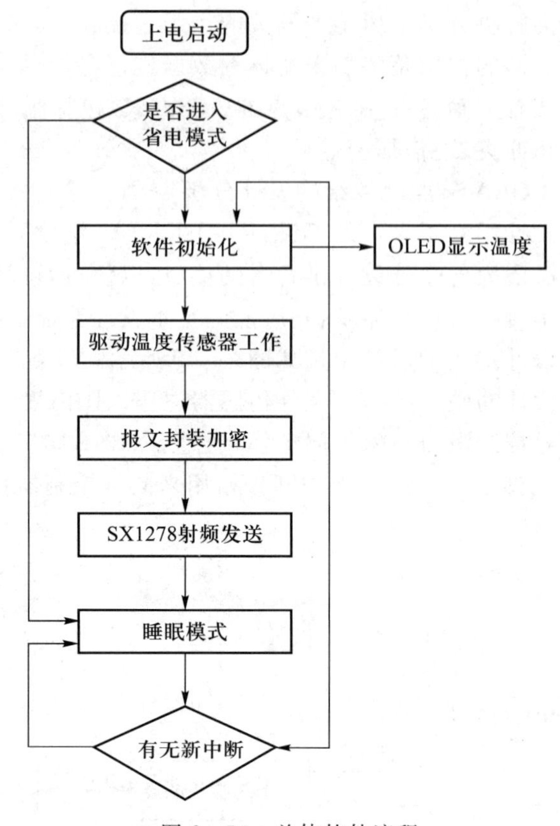

图 2-50 总体软件流程

本设计采用的 MLX90614 红外温度传感器在传输时运用 SMBus 协议，在软件设计方面，首先用 void SMBus _ Init()函数对红外模块进行初始化，初始化的内容包括：(1) 连接 SMBus 引脚的初始化，设置集电极为开漏输出模式。(2) 对传感器的初地址进行初始化，本设计将 RAM 的初地址设置为 0x05h。(3) 设置 GPIO 的传输速率的范围(10 MHz～35 MHz)。(4) 将 SMBus 所用到的 SDA、SKC 引脚与本设计用到的微控制器匹配。这四个过程用到的关键函数为

```
GPIO_InitStructure.Pin=SMBus_SCK | SMBus_SDA;
GPIO_InitStructure.Mode=GPIO_MODE_OUTPUT_OD;
GPIO_InitStructure.Speed=GPIO_SPEED_FREQ_VERY_HIGH;
HAL_GPIO_Init(SMBus_PORT,&GPIO_InitStructure);
SMBus_SCK_H();
SMBus_SDA_H();
```

接下来的设计是让 MCU 从我们规定的初地址读取数据。由于测温模块每次获取温度数据是按照字节一一传输的，整个温度数据占两个字节。根据协议设计[15]，倘若前一字节的数值(即低位)未能正确接收，下一个字节(即高位)是无法继续传输的。也就是说，模块先每次发送完一个字节后会先确认对方是否产生应答，如果收到应答确认信号则继续发送下一个字节的温度数

据。如果没收到应答信号的确认就会再次发送，如果多次重发后，仍然没有对方发来的应答信号，则停止发送。这能保证测温数据的正确性。

在软件设计方面，先用 SMBus _ SendByte()获取低位数据，然后进入循环直到通过 SMBus _ ReceiveByte(ACK)函数得到确认接收成功的信号[16]，才能继续调用接收函数，进一步获取高位数据。若没有收到 ACK 信号，则还需继续发送低位数据。在程序的逻辑循环中，发送字节的流程如图 2－51 所示。

此时，从 MLX90614 中取出的高位和低位数据并不是实际的温度值，需要用温度换算公式把它换算成常用的以摄氏度为单位的温度数据。调用 SMBus _ ReadMemory(SA，RAM _ ACCESS|RAM _ TOBJ1)＊0.02－273.15 函数，其中两个形参为高位地址数据与低位地址数据。

整个 MLX90614 获取温度的逻辑框图如图 2－52 所示。

最后，在整个工程的主函数里调用 SMBus _ ReadTemp()函数，其返回值类型为 float 型，这便是最后的精度在 0.01 的体温值。

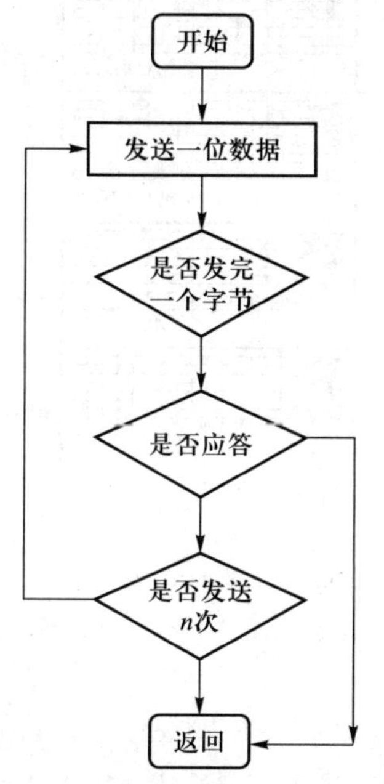

图 2－51　传感器发送一字节数据

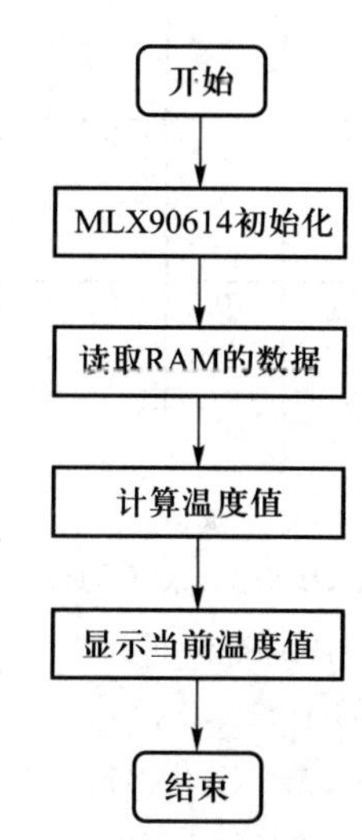

图 2－52　测温模块运行逻辑图

2. 红外温度的显示

本设计考虑到让使用者直接看到温度数据，加置一块分辨率为 128×64 的 OLED 屏幕用来显示。该 OLED 模块用的六个引脚：VCC、GND、SCL、SWD、DC、CS，通过 SPI 传输协议来传输。

在软件实现方面，首先用 OLED _ Init()函数进行初始化，初始化内容包括对 GPIO 口时钟信号的使能作用、设置 50 MHz 的传输速率和延时时间、设置连接引脚的推挽输出、在第一次显示时的清屏操作。用到的关键函数如下：

```
GPIO _ InitStructure. GPIO _ Pin=GPIO _ Pin _ 0|GPIO _ Pin _ 1|GPIO _ Pin _ 8;
GPIO _ InitStructure. GPIO _ Mode=GPIO _ Mode _ Out _ PP;
```

```
GPIO_InitStructure.GPIO_Speed=GPIO_Speed_50MHz;
GPIO_Init(GPIOB,&GPIO_InitStructure);
GPIO_SetBits(GPIOB,GPIO_Pin_0|GPIO_Pin_1|GPIO_Pin_8);
```

下面介绍 OLED 的点阵点亮方式，如图 2-53 所示，要显示“P”，首先写入 0x1f，则第一列显示一个竖杠，之后控制器自动水平右移到下一列，再写入 0x05，则出现两个小横杆，这两个横杆就是 0x05 中 00000101 中两个 1 所处的位置，写完第二列后，控制器自动跳到第三列，再写入 0x07，第四列写入 0x00 后，“P”就显示出来了。这也说明，即使只想在一列的最上端显示一个小点，也得控制写入一个 8 位的二进制数据，将其他不想用的位置设置好，即写入 0x01。因此不能一次性控制一个点阵，只能一次性控制 8 位点阵，即一列点阵。这也决定了字模选择的取模方式要为“列行式”[17]。汉字显示与此同理，运用取模软件能方便地得到汉字对用的 16 进制数。如“温度”这两个汉字显示如图 2-54，其对应的数值为

0	0	0	1	1	1	1	1	MGL673
0	0	0	0	0	1	0	1	MGL674
0	0	0	0	0	1	1	1	MGL675
0	0	0	0	0	0	0	0	MGL675

图 2-53　OLED 的点亮方式

```
{0x10,0x60,0x02,0x8C,0x00,0x00,0xFE,0x92,0x92,0x92,0x92,0x92,0xFE,0x00},
{0x00,0x00,0x04,0x04,0x7E,0x01,0x40,0x7E,0x42,0x42,0x7E,0x42,0x7E,0x42},
{0x42,0x7E,0x40,0x00},/*"温",0*/
{0x00,0x00,0xFC,0x24,0x24,0x24,0xFC,0x25,0x26,0x24,0xFC,0x24,0x24,0x24},
{0x04,0x00,0x40,0x30,0x8F,0x80,0x84,0x4C,0x55,0x25,0x25,0x25,0x55,0x4C},
{0x80,0x80,0x80,0x00},/*"度",1*/
```

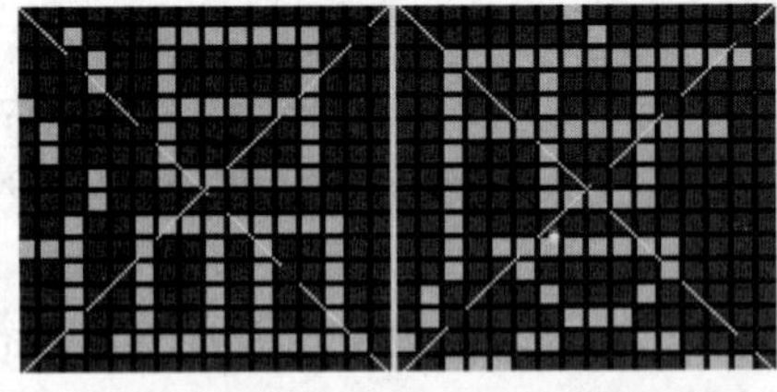

图 2-54　“温度”在 OLED 的显示

将需要显示的汉字写成字库并寻访在头文件中，此时在初始化显示模块后，调用 OLED_ShowAndPrint(u8 x,u8 y,u8 no)函数即可。其中形参分别表示显示的起始位置和终止位置，利用 OLED_Set_Pos(x,y)确定位置后，再通过 for 循环不断增加列数，最后达到显示的目的。

3. LORA 通信设计

当温度数据能从传感器正确采集后，设计可靠性高、安全性好的 LORA 通信过程，变成了确保系统达到预期效果的重中之重。

本设计考虑到整个系统允许多个 LORA 节点同时工作，这样可以大大提高医护人员采集病人体温的工作效率，但与此同时也会存在着报文冲突以及冲突后的重传问题。接下来详细介绍本设计是如何解决这些问题的。

采温模块获得的温度数据不能直接发送给网关，因为这既不能确认该数据是否正确传送，也不能达到安全的目的[18]。因此本文设计了两种报文，分别是发送报文和回应报文。其结构如图 2-55、图 2-56 所示。

字段大小	4字节	4字节	4字节
字段内容	设备号	序列号	温度

图 2-55　发送报文

字段大小	4字节	4字节	4字节
字段内容	设备号	序列号	确认标志

图 2-56　回应报文

发送报文的字段包括设备号、序列号、温度。设备号即作为发送端的唯一标识，在发送前填充上发送端的设备号，让接收端能够知道是哪一块 LORA 向它发送数据。序列号用来识别发送的是第几个数据，主要是用来实现下面的重传机制和确认机制。最后一个字段才是我们所要传输的温度。

回应报文的字段包括设备号、序列号、确认标志。前两个字段的功能和发送报文相仿，不同的是传输过程中将确认标志位置 1，即表示已经接收到对应设备号和序列号对应的模块发送的温度数据。

4. 报文的封装和发送

设计中，用结构体来封装报文，其中的信息与上述设计的发送报文、回应报文一致结构如图 2-57 所示。

```
typedef struct _msg
{
   int dev;//设备号
   int count;//序号
   int in_temp;//温度
}msg;

typedef struct _ack
{
   int dev;//设备号
   int count;//序号
   int ackflag;//确认

}ack;
```

图 2-57　结构体格式的报文

在传输的过程中，将结构体通过 memset(decrypted, 0, BUFFER_SIZE)函数转化为字符格式，目的是方便后续的加密算法加密和网关节点的解密。相当于字符串作为通信的中介，无线传输时用的是字符串，网关拆包后再合成结构体。

本设计先借鉴了两节点间的 ping-pong 通信来了解 LORA 通信的过程。当模块通电工作后，首先进行一系列的初始化工作，包括对串口引脚的初始化、射频模块的初始化操作，具体函数是 void BoardInitMcu()中的 SX1278IoInit()和 UartIoInit()以及 board.h 头文件中的 Radio.Init(&RadioEvents)。

无论是传输字符数组还是封装后的报文，都需要通过串口发送到扩频模块，之后由 SX1278 模块射频发送。值得说明的是，本设计定义了 5 个串口状态：

```
RadioEvents. TxDone=OnTxDone; // 发送完成
RadioEvents. RxDone=OnRxDone; // 接收完成
RadioEvents. TxTimeout=OnTxTimeout; // 发送超时
RadioEvents. RxTimeout=OnRxTimeout; // 接收超时
RadioEvents. Error=Error; // 异常状态
```

在串口的通信过程中,通过调用 uart _ read=UartScan()和 void OnRxDone()函数发送串口数据,其形参为转化为字符串的通信报文,随后通过 UartPrint()函数可打印串口信息,方便后续开发和调试。

简而言之,熟悉单点通信的过程后,本设计在此基础上设计多方通信。需要增加之前设计的发送报文和回应报文来替换上述的 ping - pong[19] 信息,以及通过后续设计的机制来确保报文正确、安全的传送。

5. 报文确认重传机制

本设计通过前部分所示的报文结构,设计了简单的重传机制。LORA 节点只有在确认上次的报文数据发送到达后,才会对下一个数据进行封装和发送。软件设计方面,利用循环判断 if(recv _ data. dev = =DEV _ NUM&&recv _ data. ackflag= =1&&recv _ data. count= =data. count),即报文中设备号、序列号是否相同、报文中是否包括了 ACK 确认信息。若是,循环内 data. count 的值自增 1,且不用重新发送。若否,则表示上次数据没有正确发送,需要重传。这一过程,显示了报文确认重传机制的成功运作。此外还带有超时重传发送,利用 mydelay(rand()%r)函数判断延时时间,超过规定的阈值便进入循环,再次发送。该机制保障了本设计在无线通信中的可靠性,流程图如图 2 - 58 所示。

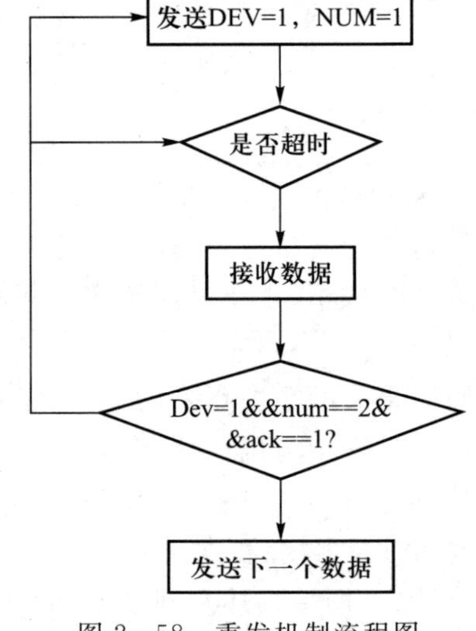

图 2 - 58　重发机制流程图

6. 报文冲突重传机制

本设计考虑到多个 LORA 节点使用同一个信道通信,一定会出现冲突的情况,这样导致传输的可靠性降低。为了解决这一问题,设计了冲突后的重传机制。

对于避免接收端冲突的工作方法是:接收端收到 LORA[20] 节点传送的报文时,首先检查该报文是否和所设计的格式一样,即通过 if 语句中的"recv _ data. dev= =DEV _ NUM &&recv _ data. ackflag= =1&&recv _ data. count= =data. count"判断语句检查。若不是,则认为发生了冲突并向发送端告知,UartPrint("clash\n")函数可告知发生了冲突。

对于发送端而言,首先可以判断是否接收到了"clash"冲突告知;其次检测到设备发送的数据;因为每个设备发送的数据都有打上自己的设备号,所以只要判断数据包是不是本设备的设备号,就可以识别数据包的发送端。

再者,采取冲突延时达到三重保障,该方法借鉴二进制退避算法,限定冲突发生后多久能再次发送。所调用的关键函数为

```
r=pow(2,delay _ count)/1; // 利用二进制退避算法计算延时
```

mydelay(rand()%r)；//调用延时函数，之后重新发送报文

7. AES128 加密报文的实现

加密报文的方法是 AES128 加密方式，详细的理论基础可参考前文。aes.h 头文件中提供了三个接口，分别是密钥生成、密钥加密、密钥解密。在 LORA 节点将结构体报文用 memset() 转换为字符串后，调用 aes.h 头文件中的 int AES _ set _ encrypt _ key()、int AES _ set _ decrypt _ key()函数，用来生成密钥和进行加密。设计中，加密的 4 步骤分别用下列函数实现：

ShiftRows(state)//行位移

MixColumns(state)//列混合

AddRoundKey(round)//轮密钥加

SubBytes(state)//字节变换

本设计的采用的密钥长度为 128 位，安全强度较高，对 LORA 的无线通信过程提供了安全保障。

节能这一功能调用 demo _ enter _ stop _ mode()函数，使 S78S 进入省电模式，以此避免不必要的能量损失。此时 MCU 关闭系统时钟和外设时钟，而 RTC 始终存在，以此确保能等待叫醒信号的传送或唤醒电流，防止一直在待机的省电状态。

同时软件的设计可以转换是否采取省电模式，可以改变相应参数来转换。因为考虑到当需要温度采集模块在一段时间内频繁工作，省电模式会影响使用者的工作效率。

POWER _ SAVING _ DEMO：1//使用 Power - Saving 模式

POWER _ SAVING _ DEMO：0//关闭 Power - Saving 模式

程序运行流程图如图 2 - 59 所示。

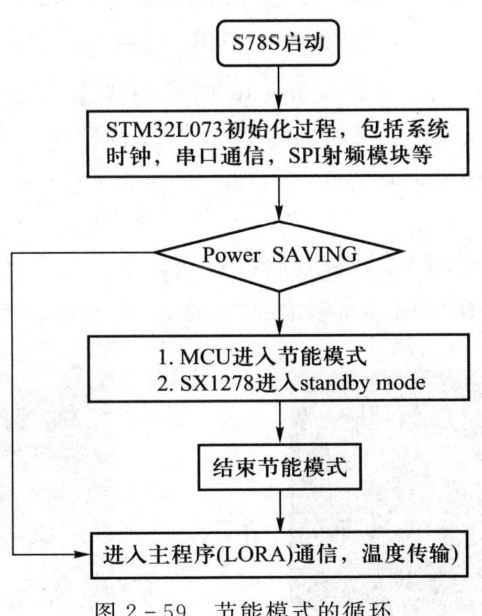

图 2 - 59　节能模式的循环

2.3.5　系统调试与运行

1. LORA 模块的传输范围测试

本设计考虑到医院的建筑结构，病房和网关节点可能相距较远，并且会存在楼层间隔。为了

测试本终端的通信效果，测试时设置发送 100 个数据包，变换距离和楼层间隔来测试丢包率。测试结果如图 2-60、图 2-61 所示。

组数	距离/m	接收数据数据包	丢包率
1	20	100	0%
2	50	100	0%
3	100	100	0%
4	500	90	10%
5	1 000	85	15%
6	1 500	72	28%
7	2 000	60	40%

图 2-60　表：随距离间隔增加的测试结果

组数	楼层间隔	接收数据数据包	丢包率
1	2	90	10%
2	3	78	22%
3	4	75	25%
4	5	72	28%

图 2-61　表：随楼层间隔增加的测试结果

由实验结果可得，当相距距离大于 2 000 m 后会有明显的丢包，而对于楼层间的传输，该 LORA 模块表现得还不错。对比理论数据，本设计的传输效果不尽如人意，原因可能是非工业级别模块的不稳定性和测试环境的误差。

2. 红外温度的显示

LORA 模块将报文发送至网关，解封装后查看获取的体温数值，测试结果如图 2-62 所示。

通过 OLED 显示屏幕可让使用者直观看到温度值，显示结果如图 2-63 所示。

```
count: 3, recv buf: 23
read from dev: 30.31
Opened database successfully
count: 4Records created successfully
count: 4, recv buf: 24
read from dev: 30.23
Opened database successfully
count: 5Records created successfully
count: 5, recv buf: 25
read from dev: 30.17
Opened database successfully
count: 6Records created successfully
count: 6, recv buf: 26
read from dev: 30.39
Opened database successfully
```

图 2-62　温度采集结果

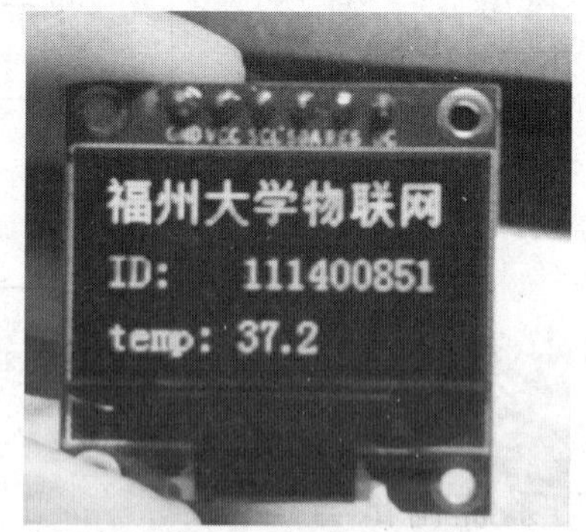

图 2-63　温度显示结果

3. 多方通信故障检测

测试多方通信时，选用两个 LORA 发送节点，发送端和接收端的结果如图 2-64、图 2-65 所示。

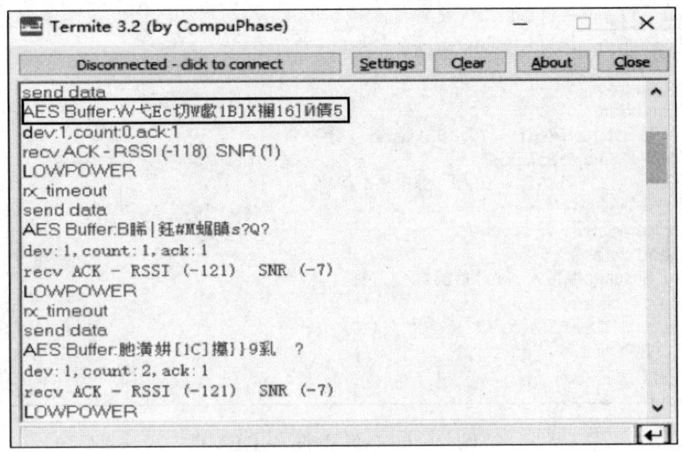

图 2-64　发送端加密结果

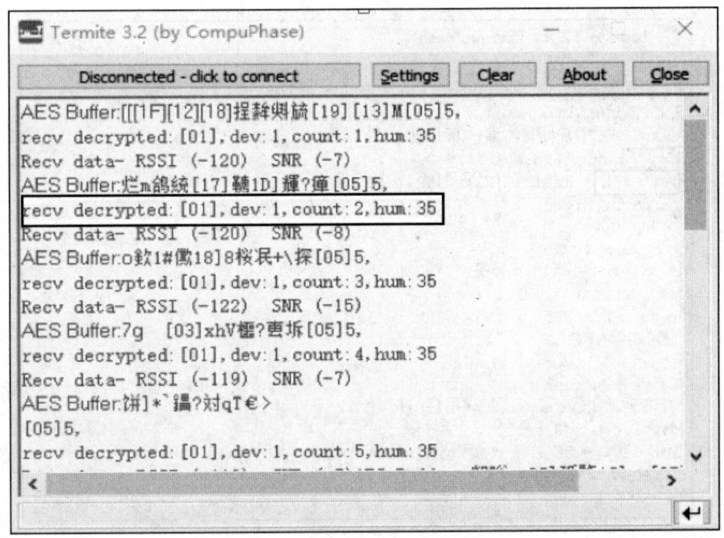

图 2-65　接收端解密结果

其中 AES Buffer 中显示的是加密后的密文，在接收端才可查看明文。rx _ timeout 为超时重发提示，后面为重发数据。

当两设备同时发送时，可在发送端观察报文中的设备号区分以及接收端返回的 ACK 报文，如图 2-66、图 2-67 所示。

在接收端查看冲突测试结果，如图 2-68。

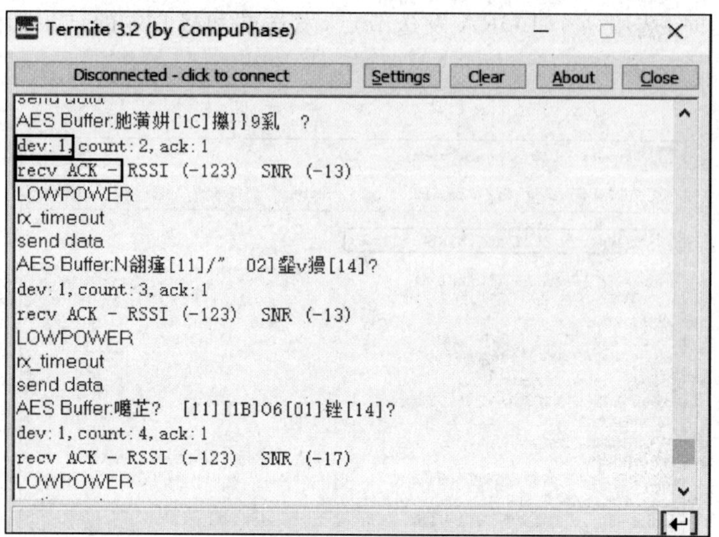

图 2-66　发送设备 DEV1

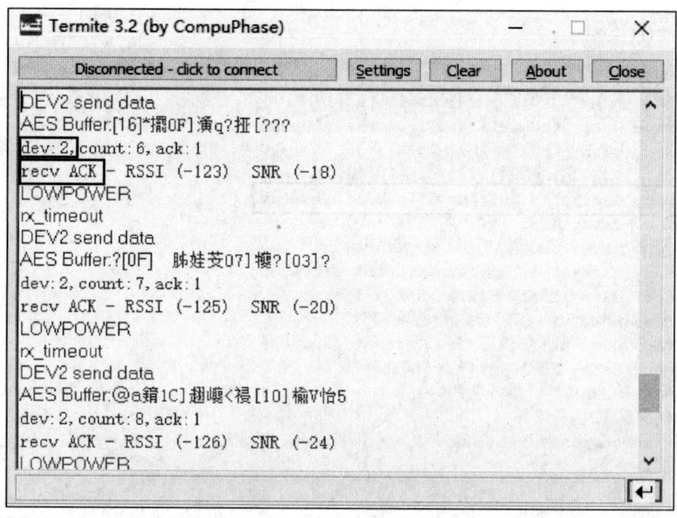

图 2-67　发送设备 DEV2

clash 表示发生冲突并进行延时发送，第二个框内 delay count 表示 2^N(N：冲突次数)，rand 为延时随机数。

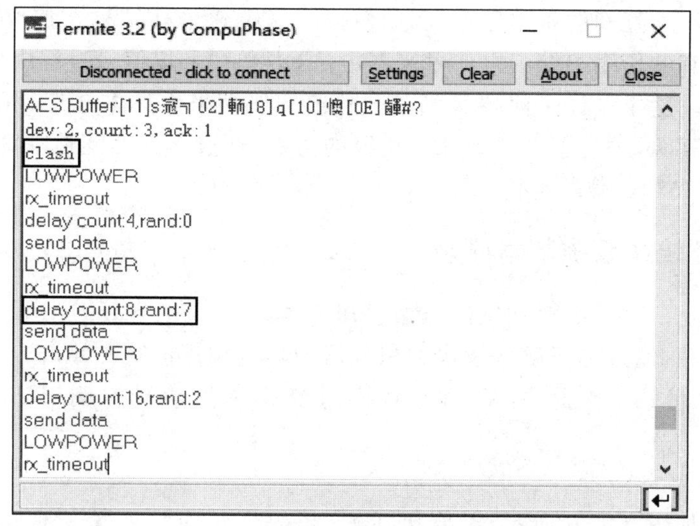

图 2-68　冲突检测

2.4　感知层——案例三　基于压缩感知的心电信号采集电路实现

2.4.1　引言

随着现代信息技术的发展，便携式智能终端已成为医疗仪器设备发展的主要趋势[1][2]。便携式心电监护系统由于其实时性、能够 24 小时不间断地监护等特点，得到了广泛的应用。现有便携式心电监护终端一般首先实时采集用户的心电信号，然后通过无线传输模块远程传输给监护中心，在监护中心对用户的心电信号进行分析和处理。为了满足有效分析的需要，现有的便携式心电采集设备一般采用 250 Hz 及以上的采样率和 12 位量化位宽的 ADC 采集信号。这样的采集方式导致现有的便携式心电采集系统普遍数据量较大。根据文献[3]的研究表明，现有的心电采集系统功耗有 30%用于数据传输。显然，对于便携式心电采集设备，降低数据传输速率可以有效地降低功耗[4][5][6]。

压缩感知 CS(Compressive Sensing)理论[7][8]是近年来信号处理领域诞生的一种新的信号处理理论，由 D. Donoho(美国科学院院士)、E. Candes(Ridgelet，Curvelet 创始人)及华裔科学家 T. Tao(2006 年菲尔兹奖获得者)等人提出。文献[9]首次将压缩感知应用到心电信号采集中，通过实验证明采用压缩感知可以有效地压缩并重构心电信号，证明了压缩感知在心电信号采集系统的可行性。目前，国内高校和研究机构也对这方面展开研究。但是这些方法都是采用先采样后压缩的方式，在离散时间域处理心电信号，没有真正降低心电采集系统的复杂性。

本文拟将根据压缩感知的基本原理，利用模拟信号转化采样结构在连续时间域实时采集心电信号。相对于现有的压缩感知心电信号采集方法，本文在采集信号过程中压缩信号，可以有效地降低系统的功耗。这里设计了前端 R 波信号检测的压缩采样具体电路，用 MIT－BIH 心电数据库的信号作为仿真源，进行了系统级和电路级的仿真，通过正交匹配追踪算法和基于小波变换的 R 波检测算法完成对信号的重构。

2.4.2 模拟信号转换系统基本原理

模拟信号转换是一种连续时间域的压缩感知方法。2006 年 Sami Kirolos，Jason Laska 等人根据压缩感知的原理，通过随机解调模块和积分器构建可实现的观测矩阵，从而将离散时间压缩感知推广到连续时间域。因此，模拟信号转换系统又称为随机解调（Random Demodulator，RD）[10－12]系统。

1. 系统架构

随机解调系统如图 2－69 所示，主要包括解调、积分和均匀采样三部分。首先将输入信号 $f(t)$ 与伪随机序列 $p(t)$ 相乘（解调），对输入信号进行离散化处理。然后通过积分电路压缩信号，再由采样率低于奈奎斯特率的 ADC 对信号进行采样，获得一系列观测数据。

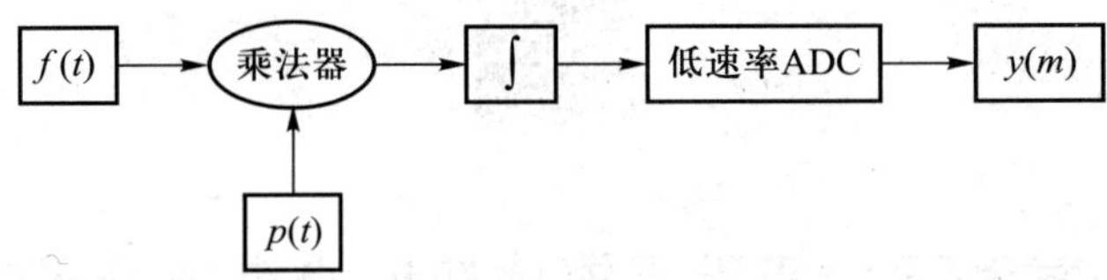

图 2－69 随机解调模拟信息转换系统

输入信号 $f(t)$ 是一个包含 K 个整数频率分量的谐波信号，最高频率不高于 $\frac{W}{2}$，可以表示为

$$f(t)=\sum_{\omega\in\Omega}a_{\omega}\mathrm{e}^{-2\pi\mathrm{j}\omega t},t\in[0,1) \tag{2-37}$$

其中，Ω 是一组 K 个整数频率集合，它满足 $\Omega\subset\{0,\pm1,\pm2,\cdots,\pm(W/2-1),\pm W/2\}$；式（2－37）中 a_{ω} 为幅值，有 K 个不为零的值。根据奈奎斯特采样定理，如果对输入信号 $f(t)$ 进行采样，其采样频率应大于等于奈奎斯特率 W。然而输入信号只有 K 个有效频率点，其值远远小于 W。根据信号模型公式（2－37），其携带的信息量只有 $R=0\left(K\ \lg\left(\frac{W}{k}\right)\right)$ 比特。因此只要获得 R 比特的信息量，就可以重构原始信号[13]。

2. 数学模型

在理想的状况下，RD 系统是一个线性系统。它将连续时间域的信号映射到一系列的离散值。为了便于理解，我们将这个过程用矩阵模型来表示。根据压缩感知的基本原理，随机解调的积分处理是一个求和的过程，则可以应用均值思想将信号描述为离散时间形式如式（2－39）。

$$x_n=\int_{t_n}^{t_n+1/W}f(t)\mathrm{d}t=\sum_{\omega\in\Omega}a_{\omega}\left[\frac{\mathrm{e}^{-2\pi\mathrm{i}\omega/W}-1}{2\pi\mathrm{i}\omega}\right]\mathrm{e}^{-2\pi\mathrm{i}\omega t_n} \tag{2-38}$$

$$n=0,1,\cdots,W-1$$

即

$$X=[x_0,x_2,x_3,\cdots,x_{W-1}] \tag{2-39}$$

伪随机序列与输入信号相乘，则伪随机序列表示为矩阵形式，为 $W \times W$ 矩阵。

$$D = \begin{bmatrix} \varepsilon_0 & & & \\ & \varepsilon_1 & & \\ & & \cdots & \\ & & & \varepsilon_{W-1} \end{bmatrix} \tag{2-40}$$

假设积分时间为 T_S，设系统采样率为 N，每一次积分电路采集的值为 W/N 个的信号 x_n 累加和。如此，积分采样过程可以用 $K \times W$ 矩阵 H 表示，如式(2—41)所示。

$$H = \begin{bmatrix} 1_0 \quad 1 \cdots 1_{\frac{W}{m}-1} & & & \\ & 1_{\frac{W}{m}} \quad 1 \cdots 1_{\frac{2W}{m}-1} & & \\ & & \cdots & \\ & & & 1_{W-\frac{W}{m}} \quad 1 \cdots 1_{W-1} \end{bmatrix} \tag{2-41}$$

可见 $A = HD$ 就是信号 X 感知矩阵，也就是压缩感知理论中的 A^{CS}。信号经过压缩观测后，最终得到信号 X 的有压缩观测值为

$$y = A^{CS}X = \left[\sum_{i-0}^{\frac{W}{m}-1} \varepsilon_i x_i \quad \sum_{i=\frac{W}{m}}^{\frac{2W}{m}-1} \varepsilon_i x_i \quad \cdots\cdots \quad \sum_{i=W-\frac{W}{m}}^{W-1} \varepsilon_i x_i \right]^T \tag{2-42}$$

由该观测值通过正交匹配追踪算法和基于小波变换的 R 波检测算法可以重构信号。

2.4.3　模拟信号转换电路

根据第 2 部分的模拟信号转换采集系统，设计前端相关的具体电路，并进行仿真验证。

1. 采样系统设计

(1) 随机解调电路设计

解调电路采用开关混频来实现，其电路如图 2-70 所示。为了增强电路的抗干扰能力，采用全差分结构。开关 S_1 由随机序列 ϕ_m 控制。ϕ_m 是以周期 $T_C = 1/W$ 时钟作为基准产生数字形式的 PN 序列，表示为式(2—43)

$$\phi_m(t) = \sum_n \varepsilon_n \phi(t - nT_C) \tag{2-43}$$

$\phi(t)$持续时间为 T_C 的基带脉冲波形，也是积分器开关的控制信号，ε_n 值以一定概率在 0 和 1 之间变化。控制信号 $\phi_R(t)$为持续时间为 NT_C 的基带脉冲波形，作为积分器的重置信号。对于间隔 $NT_C \sim (N+1)T_C$，当 PN 序列 ϕ_m 为高电平时，开关 S_{1a}闭合 S_{1b}断开则混频器输出的电压为

$$V_m^+(t) = V_i^+(t), V_m^-(t) = V_i^-(t) \tag{2-44}$$

反之，当 ϕ_m 为低电平时，开关 S_{1a} 断开 S_{1b} 闭合则混频器输出的电压为

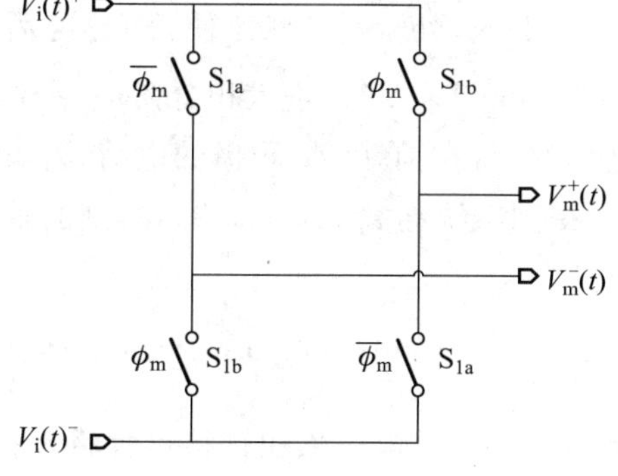

图 2-70　开关混频电路

$$V_m^+(t) = V_i^-(t), V_m^-(t) = V_i^+(t) \tag{2-45}$$

$V_m^+(t)$，$V_m^-(t)$ 作为积分电路的输入。

(2) 积分模块设计

积分电路如图 2-71 所示,采用的是差分结构标准的开关电容积分电路。该电路有三个工作阶段,分别为重置阶段、采样阶段和积分阶段。

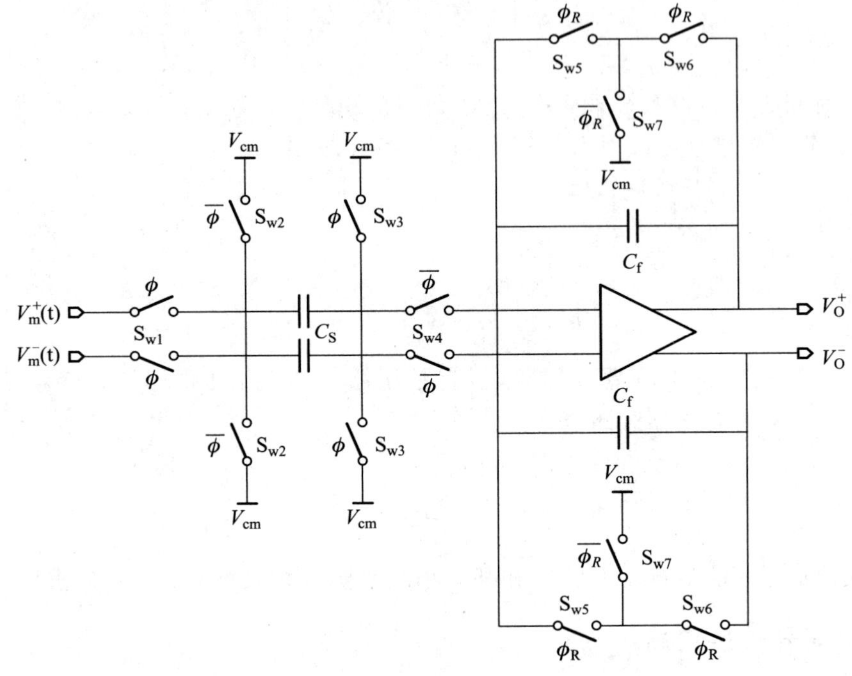

图 2-71 积分模块电路

假设系统的压缩采样时间间隔为 $T_S=NT_C$。重置阶段为高电平时,开关 S_{w5},S_{w6} 闭合,放大器的输入和输出短路,输出电压 $V_O^D(t)=V_O^+(t)-V_O^-(t)$ 近似等于零。当 $t=nT_C$ 为高电平,进入采样阶段,开关 S_{w1},S_{w3} 闭合,S_{w2},S_{w4} 断开,输入信号对电容 C_s 充电,充电电压为 $V_m^+(t)-V_{CM}$。当 $t=nT_C+T_C/2$,采样完成,如式(2—46)。

$$Q_1=C_s(V_m^+(nT_C+T_C/2)-V_{CM}) \tag{2—46}$$

此时,由于 S_{w4} 处于断开状态使得 C_s 与后面的积分电路断开,此时,放大器的输出仍保持为零。当 $t=nT_C+T_C/2$ 时,进入积分阶段,控制信号 $\bar{\phi}$ 变为高电平,开关 S_{w2},S_{w4} 闭合 S_{w1},S_{w3} 断开,此时电容 C_s 将在前 $T_C/2$ 积攒的电荷 Q_1 全部转移到 C_f 中,极性相反,并与电容原有的电荷进行叠加,得到系统在 $t=(n+1)T_C$ 时刻的输出 $V_o^D((n+1)T_C)$。此时根据电荷转移的关系得到式(2—47)

$$C_fV_o^+((n+1)T_C)=C_fV_o^+(nT_C)-C_f\left(V_m^+\left(nT_C+\frac{T_C}{2}\right)-V_{CM}\right) \tag{2—47}$$

由于 $T_S=NT_C$,电荷累积转移过程将被执行 N 次,则可以得到积分电路差分输出两端的电压值分别为式(2—48)和式(2—49)。输出电压差分值为式(2—50)。至此,一次积分完成时对输出信号进行采样,可获得观测向量 y 中一个值。此过程不断重复最终得到观测向量 y。

$$V_o^+(t+NT_C+T_C)=-\frac{C_s}{C_f}\sum_{n=0}^{N-1}\left(V_m^+\left(t+nT_C+\frac{T_C}{2}\right)-V_{CM}\right) \tag{2—48}$$

$$V_o^-(t+NT_C+T_C)=-\frac{C_s}{C_f}\sum_{n=0}^{N-1}\left(V_m^-\left(t+nT_C+\frac{T_C}{2}\right)-V_{CM}\right) \tag{2-49}$$

$$V_o^D(t+NT_C+T_C)=-\frac{C_s}{C_f}\sum_{n=0}^{N-1}\left(V_m\left(t+nT_C+\frac{T_C}{2}\right)-V_{CM}\right) \tag{2-50}$$

$$y=\left[V_o^D((N-1)T_C)\quad V_o^D((2N-1)T_C)\quad \cdots\cdots \quad V_o^D\left(\left(\frac{W}{N}-1\right)T_C\right)\right]^T \tag{2-51}$$

2. 设计验证分析

为了分析开关随机解调电路系统的基本特性，考虑将上式转换到 s 域如式(2—52)

$$H(S)=\frac{V_o^D(s)}{V_m(s)}=-\frac{C_s}{C_f}\frac{1}{e^{sTC}-1}e^{\left[-(N+1)sTC-es\frac{TC}{2}\right]} \tag{2-52}$$

显然，式(2—52)所示系统传输函数与随机解调理论模型的系统函数一致，由此可见本文所涉及的电路能很好地逼近原始随机解调理论设计模型。根据压缩感知的基本原理，在 MATLAB 中绘出理想情况下的系统函数图，如图 2 - 72 所示。

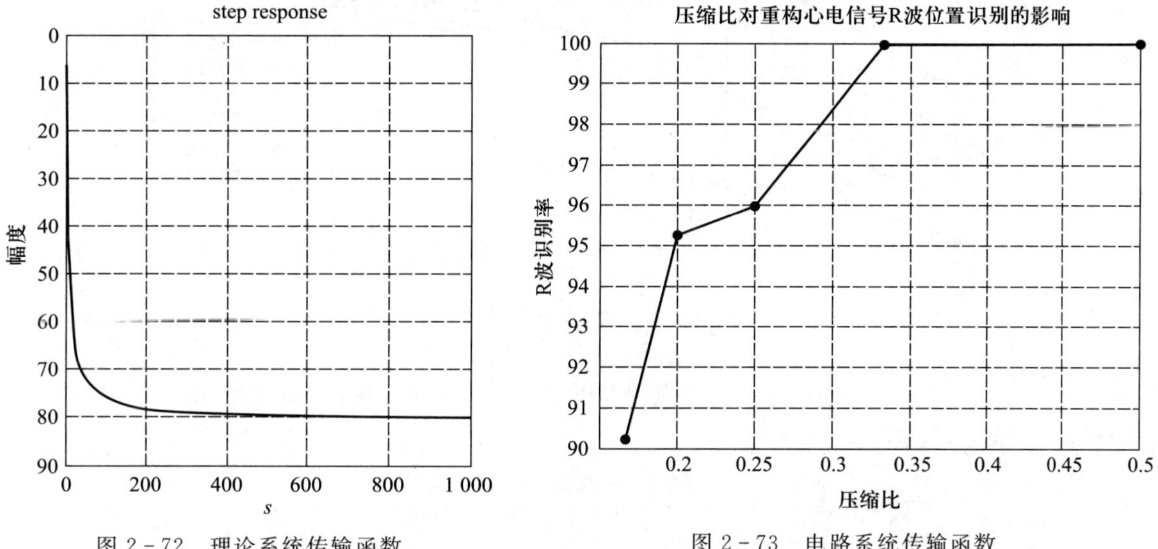

图 2 - 72　理论系统传输函数　　　图 2 - 73　电路系统传输函数

对电路进行电路级的系统仿真，并将仿真结果送入 MATLAB，利用 System Identification 工具箱绘出实际电路的系统函数，传输函数如图 2 - 73 所示。对比图 2 - 72 和图 2 - 73 可以看出电路系统传输函数与理论系统传输函数是一致的，但是在数值上存在一些差异。这是开关混频和开关积分电路存在着开关损耗、电容的漏电及放大器的非理想因素造成的。

2.4.4　仿真分析

为了进一步验证所设计电路的性能，将频域稀疏不同的信号作为输入信号，通过低速均匀采样获得压缩观测值，最后通过正交匹配算法重构出原信号，获得重构信号的信噪比。输入信号仿真参数如图 2 - 74 所示，不同稀疏度和压缩比不同的信号重构后的信噪比如图 2 - 75 所示。

针对心电信号，以 MIT - BIH 心电数据库 100 号心电信号作为仿真数据源如图 2 - 74 所示，来探究设计的随机解调电路对于心电信号进行压缩采集处理的效果。仿真得到不同压缩比下心

参数名称	参数设定
信号奈奎斯特率	1 000 Hz
信号长度	1 000
低速采样频率	200 Hz
压缩比	2,4,5,8,10

图 2-74 表:输入信号仿真参数

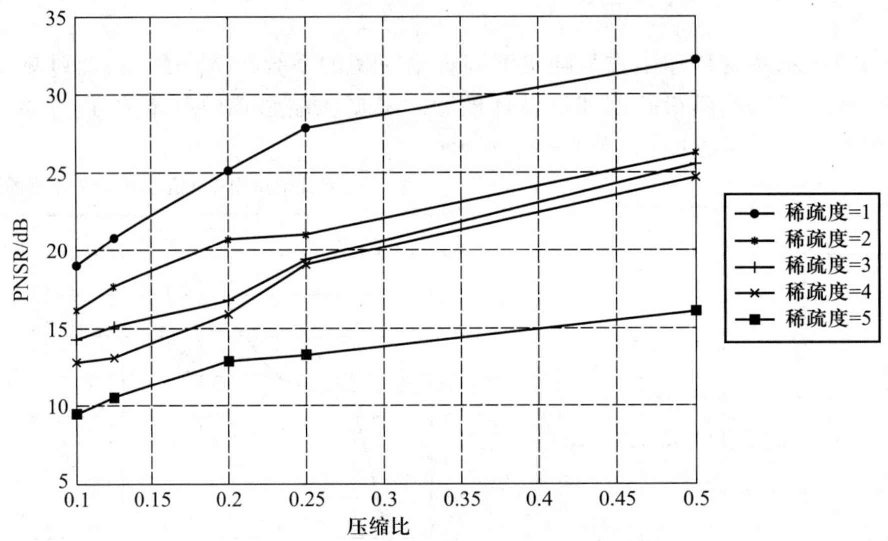

图 2-75 RD 电路不同稀疏度和压缩比不同的信号重构后的信噪比

电信号重构的信噪比如图 2-76 所示。

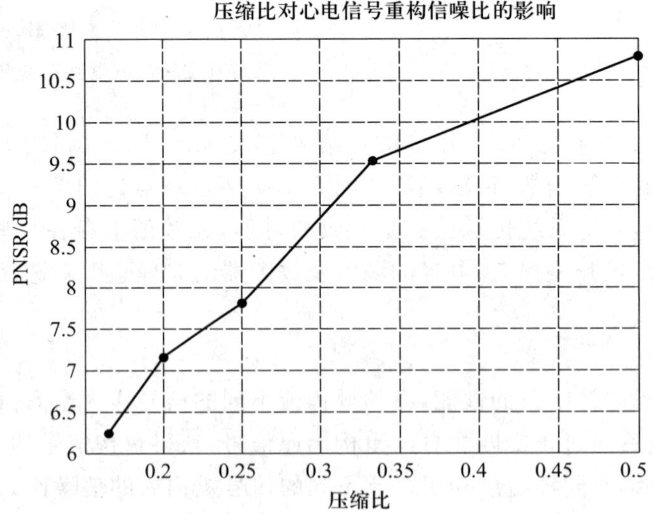

图 2-76 不同压缩比下心电信号重构的信噪比

通过以上仿真分析，本书所设计的电路，对于频域稀疏信号，在性能上表现较好。对于心电信号，在一定压缩比下，心电信号的重构信噪比可以达到 17 dB 并且 R 波检测可以接近百分之百。可见该电路完全可以应用在心电信号的采集。

2.5　本章小结

2.5.1　案例总结

第一个案例主要研究了基于 RTI 的 DFAR 系统。该案例做出的主要研究工作如下：

(1) 研究了基于共稀疏解析的 RTI 成像重构以及定位问题。针对 Tikhonov 正则化算法重构信号噪声大、TV 正则化算法计算开销大的特点，引入了经典的压缩感知理论，并利用共稀疏解析模型构建 RTI 系统模型，采用 GAP 算法求解系统反问题。结果表明，本书采用的重构方法能有效降低信号噪声，提高重构图像质量，减小系统平均定位误差。

(2) 研究了三维模型下的 RTI 人体动作识别问题。针对用于室内外定位的 RTI 系统不能检测目标高度的问题，本案例改无线节点平面部署方式为三维立体部署，同时将 NEM 模型拓展为归一化椭球权重模型。采用共稀疏解析模型下的 GAP 重构算法进行信号重构，通过进一步分解重构信号及提取信号特征向量，达到了检测目标高度的目的。利用目标高度与人体动作之间的联系，实现对人体简单三种动作(站、蹲和躺)的识别。

(3) 实地部署了基于 CC2530 无线传感器网络的 RTI 人体动作识别系统。实验结果表明，本文采用的 GAP 重构算法 FDC 指标较传统 Tikhonov 正则化方法提高了 0.0546，系统平均定位误差降低了 0.02 m，对蹲和躺两个动作的识别准确率分别提高了 0.12 和 0.02。各项系统评价指标表明，本书系统采用的重构算法在基于 RTI 的 DFAR 系统中存在优势。

本案例中的 DFAR 系统有待完善。主要的问题在于只能识别简单静态动作，不能实现对流畅性动作的识别。RSSI 数据测量平台用到了 CC2530 无线传感器节点，它搭载了 TI 公司的 Z—Stack _ Home _ 1.2.2 协议栈，导致扫描周期长。为了实现对连贯性动作的识别，需要扫描速度足够快，所以需要搭建一种扫描速度更快的 RSSI 数据采集平台。

第二个案例从 LORA 通信协议的优势出发，展开了一系列的讨论以及有关研究。通过图书馆、上网查阅以及文献资料等资源，学习了基于 LORA 的终端通信过程，了解到了通过微控制器控制外接模块的方法，掌握了 KEIL 平台对软件的开发和应用，理解了增强无线通信可靠性和安全性的简单设计。设计和实现过程主要涉及以下几个内容：(1) 掌握了 STM32 微控制器、MLX90614 红外采集模块、OLED 显示模块硬件方面的控制和引脚工作方式。(2) 掌握了 LORA 通信协议的报文设计，多种协议的工作方式以及冲突重传的方法。(3) 利用 KEIL5、codeblocks 开发工具，编写基于 LORA 的体温数据采集、显示功能的代码。本设计所取得的主要成果包括：(1) 实现了利用红外温度采集模块获取温度数据。(2) 实现了用 OLED 显示温度数值。(3) 实现了多 LORA 节点在无线通信时，报文重传、冲突重传机制的实现。(4) 实现了对报文的加密工作。

第三个案例是针对便携式心电监测设备数据压缩和低功耗设计的需求，提出一种基于压缩感知心电采集方案，并且设计了前端采集的具体电路。针对心电信号稀疏性的特性，对信号建模，同时也对 RD 系统进行建模，分析其系统特性。采用随机解调的方案来实现心电信号压缩采样，仿真结果表明对于奈奎斯特率为 360 Hz 的心电信号，其采样率仅为 60 Hz，远低于奈奎斯特率。同时采集的信息量比传统的采样电路也低得多。由仿真结果我们可以预知所设计的采样电路得到的观测值能够很好重构。但是所设计的电路还存在开关损耗、电容漏电及放大器不理想因数的影响，使其与系统要求存在一定的差距。后续我们可以从电路设计的方向去寻找补偿方法来提高电路性能。

2.5.2 感知层发展

感知层的发展就是传感器技术的持续进步。其实传感器并非是新兴技术，甚至可以说是一门老学问。比如，体温计通过汞测量我们身体的温度，再以量化的信息让我们可以直观地看到自己身体的温度，可以说，汞就是作为体温计里的传感器来工作的。同样，老式照相机也是一种传感器，它能够把镜头传入的光信号转化为对底片的刺激，最终留下影像。

这些年通过技术的不断进步，我们身边的传感器正不断地变得精准、小巧，而物联网的出现也让这些传感器采集的信息无须再传达给我们，而是通过与其他物体的持续交互与分析处理再进一步地利用，目前大多传感器产生的结果都是可以用数字来计量的。这就代表着，这些传感器产生的信息可以直接用计算机能懂的语言进行传输，而且可被用于数据分析。

对我们人类而言，是使用五官和皮肤，通过视觉、味觉、嗅觉、听觉和触觉感知外部世界。而感知层就是物联网的五官和皮肤，用于识别外界物体和采集信息，感知层对物联网至关重要，是物物相连的基础，是实现物联网的最底层技术，也可以说感知层是物联网发展的“通行证”。

目前，全球物联网感知层创新正在进入爆发期。根据中国经济信息社江苏中心研撰的《2016—2017 中国物联网发展年度报告》显示，全球芯片技术创新突破摩尔定律“天花板”，标志性事件是劳伦斯伯克利国家实验室 1 nm 分子级晶体管研发成功。同时，ARM 等公司推出 32 位微控制器，能更好地适应低功耗和永远在线的发展需求。新一代传感器朝智能化、微型化方向发展，出现了激光雷达、生物发光传感器、复合触摸传感器、汽车指纹传感器、3D 成像传感器等创新型产品。RFID 与传感器、GPS、生物识别等技术相结合，向多功能识别方向发展。

第 3 章 物联网——网络层

3

3.1 网络层概述

网络层是物联网的神经中枢和大脑——负责信息传递和处理。网络层包括通信与互联网的融合网络、网络管理中心和信息处理中心等。网络层将感知层获取的信息进行传递和处理，类似于人体结构中的神经中枢和大脑。网络层上的技术有 GPS、GPRS、WiFi、WSN、ZigBee 等一些网络传输的技术和协议。网络层可以实现更加广泛的互联功能，能够把感知到的信息无障碍、高可靠性、高安全性地进行传送，这需要传感器网络与移动通信技术、互联网技术相融合。虽然这些技术已较成熟，基本能满足物联网的数据传输要求，但是为了支持未来物联网新的业务特征，现在传统的传感器、电信网、互联网可能需要做一些优化。

3.2 网络层——案例一　多模态地图智能配准算法的研究与设计

校园公交一直存在严重的调度问题和等车难、上车难的情况，为弥补该技术的缺失，福州大学物联网工程系提出一个校园公交导航项目，使用福州大学校园三维地图导航，由此引出校园地图配准问题。本课题正是该项目“校园地图配准模块”的延伸。

本设计实现基本的地图操作，提出多种配准算法和技术实现整体地图的配准，并将配准方案放入使用 C# 语言开发的“福州大学校园地图配准系统”。该系统将整合到校园公交导航项目中。

由于研究的问题是福州大学校园三维地图及其映射配准问题，针对性很强，国内外少有相关课题和研究的文献资料，因此本设计的方法可以为其他专用地图配准的课题提供思路借鉴。

3.2.1 基础理论与技术概述

1. 维地图

本设计采用的福州大学校园三维地图其实是一张 2.3 维地图，是将三维模型按一定投影规则映射到平面上的二维地图[1,2]。视图包括如图 3-1 所示两种投影方式，透视视图会使地图变形、坐标扭曲，无法找回经纬度信息，因此通常采用平行视图。

平面地图的经纬度坐标系是平面直角坐标系，而经平行投影得到的 2.3 维地图变成斜坐标系，经纬度沿某两条互不垂直的直线均匀变化。根据正交分解性质，两坐标系存在唯一映射关系。

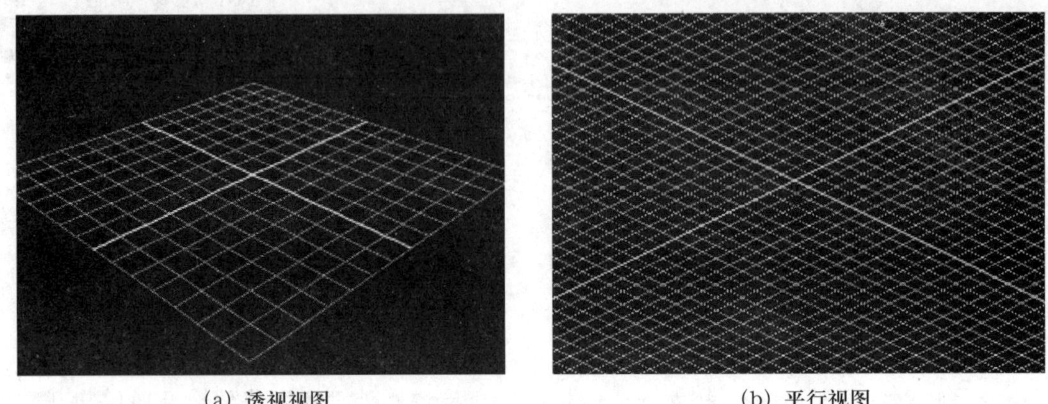

(a) 透视视图　　(b) 平行视图

图 3-1　两种视图的显示效果

2. 经纬度坐标

国内常见的地理坐标系统有以下 3 种：

(1) WGS—84：国际上普遍采用的地心坐标系[3]，为 GPS 的使用而建立。该坐标系的经纬度为“真实经纬度”。

(2) GCJ—02：中国国测局制定，对真实经纬度加入随机偏差以保护国内地理隐私信息。

(3) 其他地理坐标系：在 GCJ—02 的基础上进行二次加密后形成。

校园公交导航项目中采用 GPS 芯片采集真实经纬度，而校园地图的经纬度是 GCJ—02 加密后的。本设计借助手机 GPS 定位功能采集真实经纬度，使用百度地图服务提供的坐标转换接口即可解决两种坐标系的转换问题。

3.2.2　地图配准算法及其技术的研究

1. 基于仿射变换的地图配准算法

仿射变换[4]是一种从二维坐标到二维坐标的线性变换，具有平行线转换成平行线和有限点映射到有限点的一般特性[5]，可以实现从校园地图经纬度到图片位置坐标(x，y)的变换。

如图 3-2 所示，取图片左上角为原点，水平向右、竖直向下为 X、Y 轴，坐标单位为像素点数量，建立平面直角坐标系；取经纬度斜坐标系的坐标轴为 Latitude 轴（纬度轴）和 Longitude 轴（经度轴），坐标单位为度。选取一个作为坐标参考点（非原点），记录经纬度(Lon_0，Lat_0)和位置坐标(x_0，y_0)。

根据仿射变换，坐标变换公式为

$$\begin{cases} y - y_0 = A(\mathrm{Lat} - \mathrm{Lat}_0) - B(\mathrm{Lon} - \mathrm{Lon}_0) \\ x - x_0 = C(\mathrm{Lat} - \mathrm{Lat}_0) + D(\mathrm{Lon} - \mathrm{Lon}_0) \end{cases} \tag{3-1}$$

再找 2 个特征点代入公式计算出映射参数，得到校园地图经纬度到位置坐标的映射变换公式。

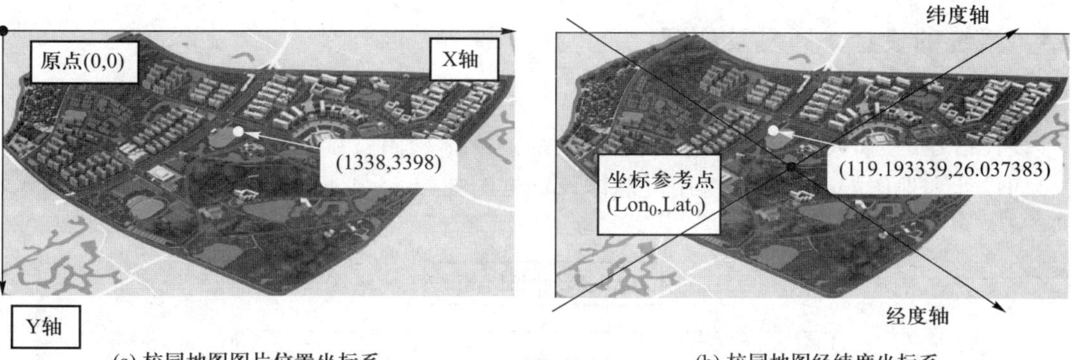

(a) 校园地图图片位置坐标系　　(b) 校园地图经纬度坐标系

图 3-2　福州大学校园三维地图的两种坐标系

2. 非线性地图配准算法

利用基于 B-样条的自由形变模型[6,7]应用于非线性局部配准当中，通过变换控制点的位置(如图 3-3)可得到很好的配准结果。通过调用 IRTK 的开源函数接口即可实现非线性点配准和点变换功能。

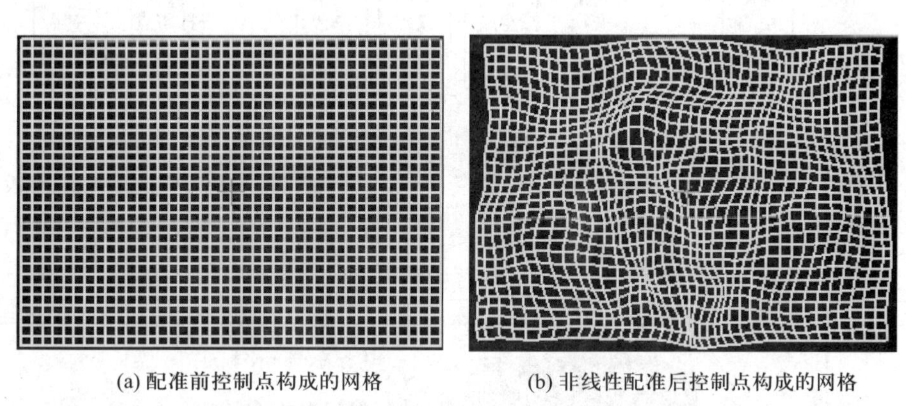

(a) 配准前控制点构成的网格　　(b) 非线性配准后控制点构成的网格

图 3-3　基于 B-样条的自由形变模型的非线性配准

该算法实现真实经纬度到校园地图图片位置坐标的局部配准，能够对全局仿射变换的结果进行精确配准。训练点的待配准数据匹配标准数据得到最佳的非线性配准函数，测试点就能经配准函数通过空间的变形尽可能接近标准数据，从而实现地图配准。

3. 道路显示拟合技术

本设计提出“道路显示拟合技术”，将校园公交的位置坐标往道路上投影，找到距离最近的一点，该投影点将作为系统最终显示的位置点，则校园公交能始终显示在道路正中。

技术的实现分为开发部分(采集校园地图道路网数据)和使用部分(搜索最近投影点)。核心算法可以简单表述为以下四点：

(1) 将校园网道路近似为点与连线；

(2) 遍历已有数据，计算距离，取距离最近的点；

(3) 找到有连线关系的所有点；

(4) 计算点到直线的距离，取最小值，找到投影点。

3.2.3 系统的设计、开发及实现

1. 系统的总体设计、开发

本设计搭建的“福大校园地图配准系统”以福州大学校园三维地图作为显示地图，使用C#实现界面设计和地图配准算法的应用。总体设计框图如图3-4所示。

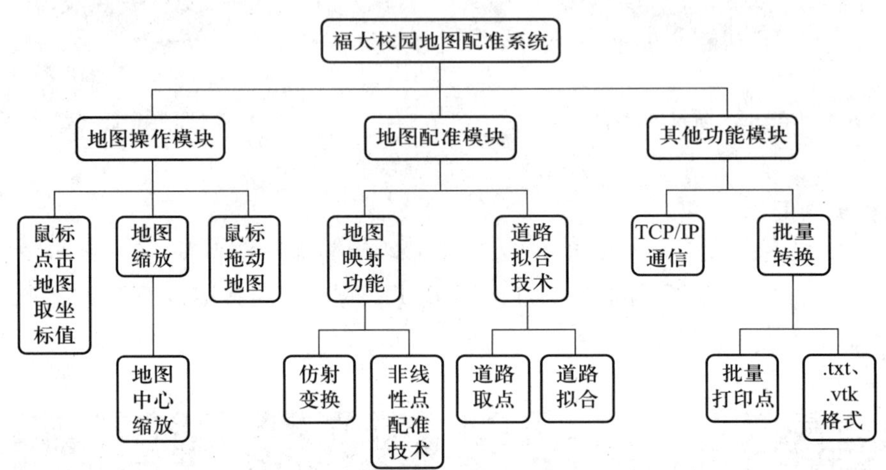

图3-4 “福大校园地图配准系统”总体功能设计框图

系统主界面分为功能界面、地图界面、菜单栏（快速导航功能界面）和标签（显示校园地图坐标），如图3-5所示。

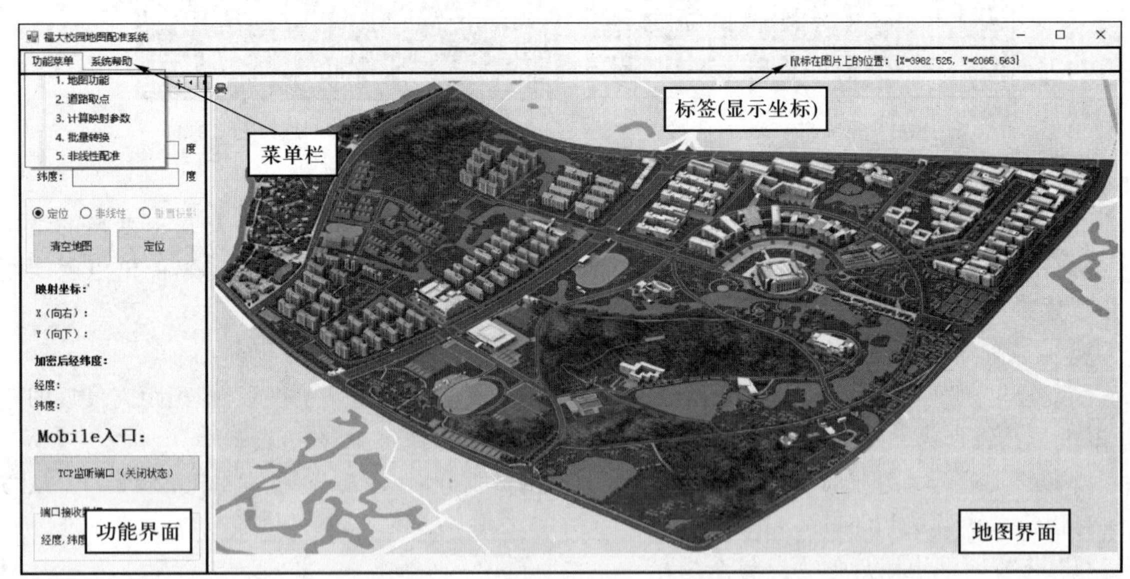

图3-5 系统主界面的内容分布

系统包含3个功能子界面和7个功能模块，最终呈现效果如图3-6和图3-7所示。

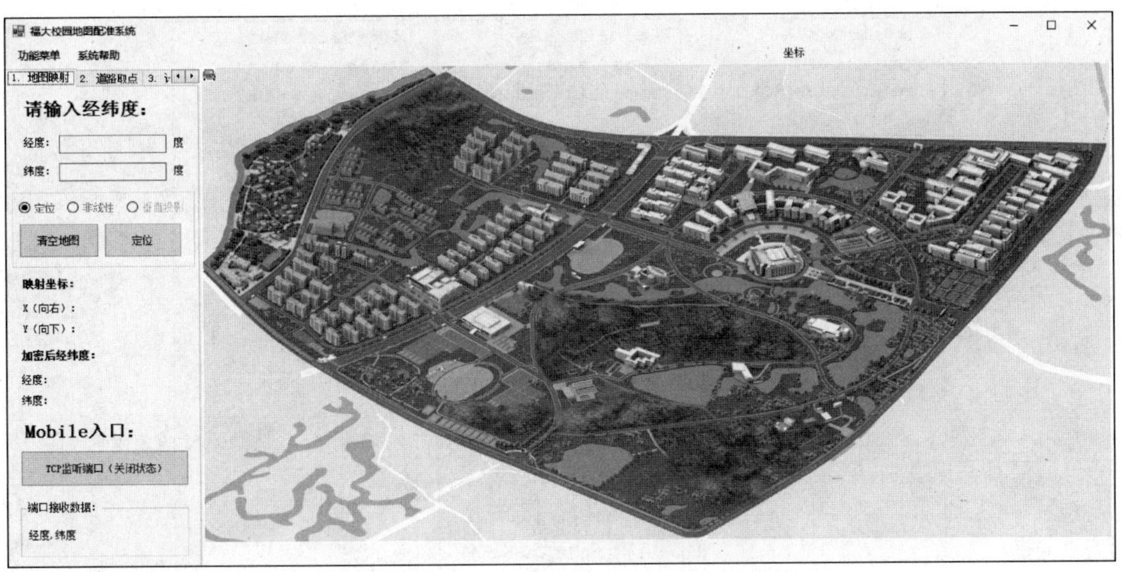

图 3－6　“福大校园地图配准系统”主界面

(a) 地图映射(配准)　　(b) 道路取点

福大校园地图配准系统
功能菜单 系统帮助
2. 道路取点 3. 计算映射参数
坐标参考点:
经度,纬度:
坐标(X,Y):
A点:
经度,纬度:
坐标(X,Y):
B点:
经度,纬度:
坐标(X,Y):
获取映射函数
映射函数:
Y - Yo = A * rLon - B * rLat,
X - Xo = C * rLat + D * rLon;
A:
B:
C:
D:

(c) 计算映射参数

福大校园地图配准系统
功能菜单 系统帮助
3. 计算映射参数 4. 批量转换
批量转换功能:
请选择数据源(.txt文件):
○经纬度 ○图片坐标
导入数据:
(格式应为:"纬度 经度"或"x y")
功能1:经纬度转图片坐标(.txt)
映射转换 存为.txt文件
导出位置:
功能2:图片坐标保存成*.vtk
文件名: .vtk
将坐标保存成*.vtk文件
(注:导出位置默认为Debug文件)
功能3:打印所有点
○白色 ○绿色
○黄色 ○蓝色
○粉色 ○紫色
打印点

(d) 批量转换

福大校园地图配准系统
功能菜单 系统帮助
4. 批量转换 5. 非线性配准
非线性配准:
原始坐标:(Source)
X(向右):
Y(向下):
配准后坐标:(Target)
X(向右):
Y(向下):
确定
非线性配准后的坐标:
X(向右):
Y(向下): button20
功能4:.vtk转换为.txt文件
导入:
导出: 导出*.vtk文件
(注:默认存放在Debug文件下)

(e) 非线性配准

图 3-7 “福大校园地图配准系统”功能界面图

2. 地图操作功能模块

本设计直接编写算法实现的地图操作功能模块,包含鼠标点击地图获取位置坐标、鼠标拖动地图、地图缩放及地图中心缩放四个基本操作功能(如图 3-8 所示)。

(a) 地图原始状态　(b) 地图放大

(c) 地图中心放大　(d) 拖动地图

鼠标在图片上的位置：{X=4762.645,Y=1542.758}

(e) 点击显示坐标值(放大前)

(f) 点击显示坐标值(放大后)

图 3－8　地图操作功能模块中各功能的实现情况

3. 地图配准功能模块

定位功能是最基本的地图配准功能，包含如图 3－9 所示两个定位转换过程。

GPS采集的真实经纬度 → 校园地图经纬度 → 校园地图图片位置坐标

图 3－9　定位功能的实现流程图

(1) 真实经纬度到校园地图经纬度的映射转换：由百度地图服务提供的坐标转换接口实现。

(2) 校园地图经纬度到图片位置坐标的映射配准：根据仿射变换推导出坐标转换关系式，将公式和 4 个映射参数值封装进函数中，调用函数即可得到映射配准后的图片位置坐标值。

整个定位功能的实现情况如图 3－10 所示，数据分析如图 3－11 所示。

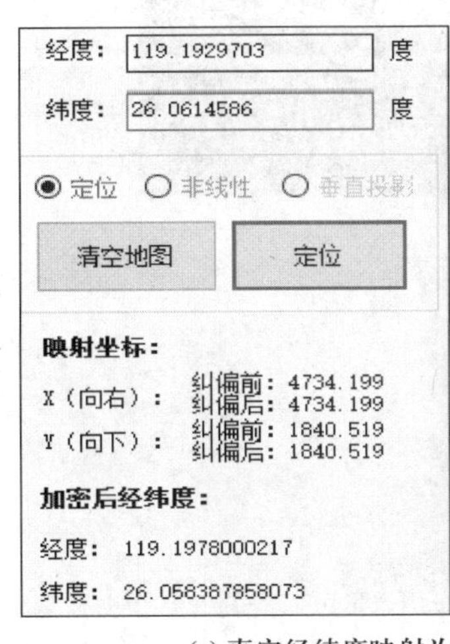

(a) 真实经纬度映射为校园地图图片位置坐标

(b) 真实经纬度映射为校园地图经纬度

图 3－10　地图配准功能模块的整体实现情况

GPS采集数据		图片映射坐标		实际图片坐标		非线性配准前的误差	
单位：度		单位：像素点坐标		单位：像素点坐标		单位：像素点坐标	
实际纬度	实际经度	X	Y	X	Y	X差值	Y差值
26.0614586	119.1929703	4734.199	1840.519	4731	1830	3.199	10.519

图 3－11　表：真实经纬度、校园地图经纬度和校园地图位置坐标的对比

实验结果显示，转换前后的点在校园地图上所处位置及在“福大校园地图服务系统”网页上经纬度所指位置都比较接近，但仍存在一定误差。

4. 道路信息采集模块

该模块是"道路显示拟合技术"的开发部分。对福大校园公交的路线取点，并一一连线，采集情况显示在左侧，如图 3-12 所示。

(a) 整体采集展示

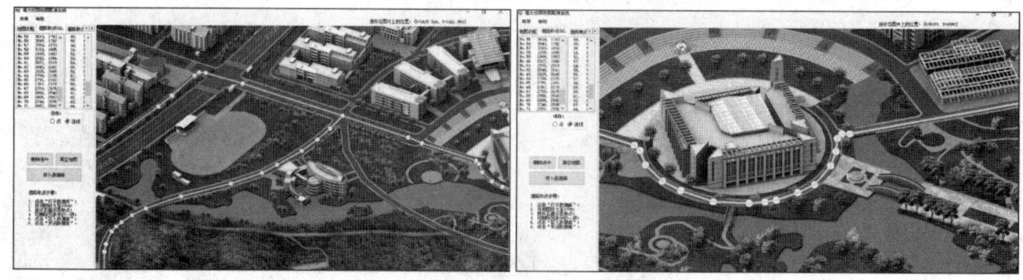

(b) 局部采集展示

图 3-12　地图道路信息采集模块的功能实现情况

将点和连线关系导入 SQL 数据库中，存储情况如图 3-13 所示。

结果　消息

	No	x	y
1	0	1188	1984
2	1	1428	1814
3	2	1450	1811
4	3	1467	1813
5	4	1602	1884
6	5	1630	1892
7	6	1658	1903
8	7	1974	2117
9	8	2316	1946
10	9	2694	1716
11	10	3049	1468
12	11	3114	1415
13	12	3220	1318
14	13	3241	1303
15	14	3273	1305
16	15	3447	1357
17	16	3927	1507

(a) 点

结果　消息

	PID1	PID2
1	0	1
2	1	2
3	2	3
4	3	4
5	4	5
6	5	6
7	6	7
8	7	8
9	7	72
10	8	9
11	9	10
12	10	11
13	11	12
14	12	13
15	13	14
16	14	15
17	15	16

(b) 连线关系

图 3-13　数据库中点和连线关系的保存情况(部分数据)

5. 道路拟合技术实现模块

该模块是“道路显示拟合技术”中的使用部分(搜索最近投影点)。

从数据库中提取道路网的点和连线关系放入内存,最终找到投影点作为校园公交的显示点,保证校园公交始终显示在道路正中。

如图 3-14 所示,经过道路拟合技术的配合后,所有点都能够显示在道路中间,美观简洁。

图 3-14　道路拟合技术的实现情况

6. 批量操作模块

该模块可以快速进行数据处理(如图 3-15 和图 3-16 所示),提供多种颜色显示不同的数据,能够在一张地图上对比数据关系(如图 3-17 所示)。

经纬度.txt - 记事本

文件(F) 编辑(E) 格式(O) 查看(V) 帮助(H)

26.066691	119.196168
26.066781	119.196204
26.067297	119.1959457
26.0674858	119.1960526
26.0675564	119.1959229
26.0677662	119.1958237
26.0681648	119.1958313
26.0682182	119.1955948
26.0685501	119.1957245
26.0687389	119.1953583
26.0689297	119.1955414
26.0686817	119.1949997
26.0687447	119.1945648
26.0686131	119.1944885
26.0685482	119.194458
26.0685444	119.1944199
26.0681438	119.1945801
26.0679646	119.1947861
26.0678558	119.1946945
26.0674534	119.1948013
26.0671635	119.1948776

坐标.txt - 记事本

文件(F) 编辑(E) 格式(O) 查看(V) 帮助(H)

6907.005	1462.33
6939.919	1453.059
7017.058	1332.566
7093.417	1317.668
7081.368	1287.534
7114.164	1239.35
7223.246	1176.313
7181.097	1133.336
7301.428	1098.719
7264.757	1015.205
7359.844	1011.105
7163.638	972.4214
7076.671	899.1788
7023.019	909.2657
6998.202	915.2605
6988.132	910.4012
6918.55	998.1168
6919.516	1056.875
6868.291	1061.048
6785.652	1141.307
6725.77	1199.035

图 3-15　真实经纬度批量映射为图片坐标

图中取点.txt - 记事本

文件(F) 编辑(E) 格式(

```
6939    1469
6961    1448
7049    1348
7094    1319
7097    1303
7145    1260
7222    1177
7197    1141
7305    1096
7288    1034
7363    1008
7131    952
7070    900
7015    887
6966    906
6978    909
```

pointsetQD.vtk - 记事本

文件(F) 编辑(E) 格式(O) 查看(V) 帮助(H)

```
# vtk DataFile Version 3.0
vtk output
ASCII
DATASET POLYDATA
POINTS 65 float
6939 1469 0 6961 1448 0 7049 1348 0
7094 1319 0 7097 1303 0 7145 1260 0
7222 1177 0 7197 1141 0 7305 1096 0
7288 1034 0 7363 1008 0 7131 952 0
7070 900 0 7015 887 0 6978 909 0
6966 906 0 6912 971 0 6935 1060 0
6836 1058 0 6780 1122 0 6714 1196 0
6653 1178 0 6651 1271 0 6578 1354 0
6513 1427 0 6500 1474 0 6387 1494 0
6350 1457 0 6278 1518 0 6179 1537 0
6071 1558 0 6025 1513 0 5973 1527 0
```

图 3-16 .txt 格式批量存为 .vtk 格式

图 3-17 批量打印位置点

7. 非线性配准模块

非线性配准技术需要大量数据支持：采集的真实经纬度转成图片位置坐标作为待配准数据（如图 3-18 所示），通过鼠标点击校园地图系统中的位置数据作为标准数据（如图 3-19所示）。

序号	位置	GPS采集数据		图片坐标（映射函数，纠偏前）	
		单位：度		单位：像素点坐标	
		实际纬度	实际经度	X	Y
1	物信	26.066691	119.196168	6907.005	1462.33
2	物信	26.066781	119.196204	6939.919	1453.059
3	实验	26.067297	119.1959457	7017.058	1332.566
4	草坪	26.0674858	119.1960526	7093.417	1317.668
5	往右	26.0675564	119.1959229	7081.368	1287.534
6	电气	26.0677662	119.1958237	7114.164	1239.35
7	两个	26.0681648	119.1958313	7223.246	1176.313
8	机械	26.0682182	119.1955948	7181.097	1133.336
9	电气	26.0685501	119.1957245	7301.428	1098.719
10	电气	26.0687389	119.1953583	7264.757	1015.205
11	机电	26.0689297	119.1955414	7359.844	1011.105
12	机电	26.0686817	119.1949997	7163.638	972.4214
13	机电	26.0687447	119.1945648	7076.671	899.1788
14	机电	26.0686131	119.1944885	7023.019	909.2657
15	大道	26.0685482	119.194458	6998.202	915.2605
16	路中	26.0685444	119.1944199	6988.132	910.4012
17	机电	26.0681438	119.1945801	6918.55	998.1168
18	机电	26.0679646	119.1947861	6919.516	1056.875

图 3-18　表:部分待配准数据

图 3-19　标准数据(鼠标点击采集)

设置不同的网格间距,使用非线性配准函数对测试点的待配准数据进行纠正,对比配准数据与标准数据找到误差最小的一组数据,实验情况如图 3-20 所示。

结果显示,网格间距为 30 时误差普遍最小,故取为最佳网格间距,使用该网格间距下的非线性配准函数进行配准。

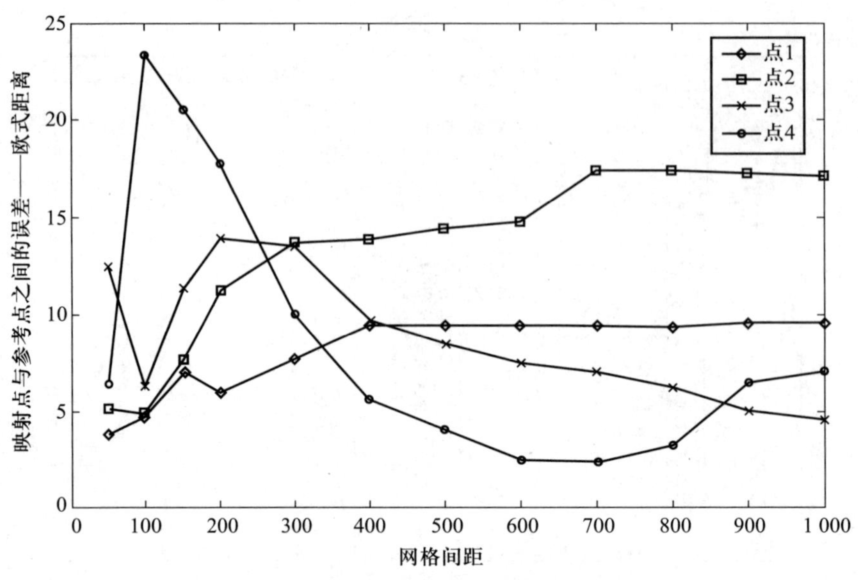

图 3-20 不同网格间距下配准数据的误差折线图

8. TCP/IP、多线程技术模块

实现的功能如图 3-21 所示，手机通过 TCP/IP 协议向电脑端口发送真实经纬度数据，经处理后实时显示在地图上。后台不断接收经纬度数据并显示，不影响前台的系统主界面的操作。

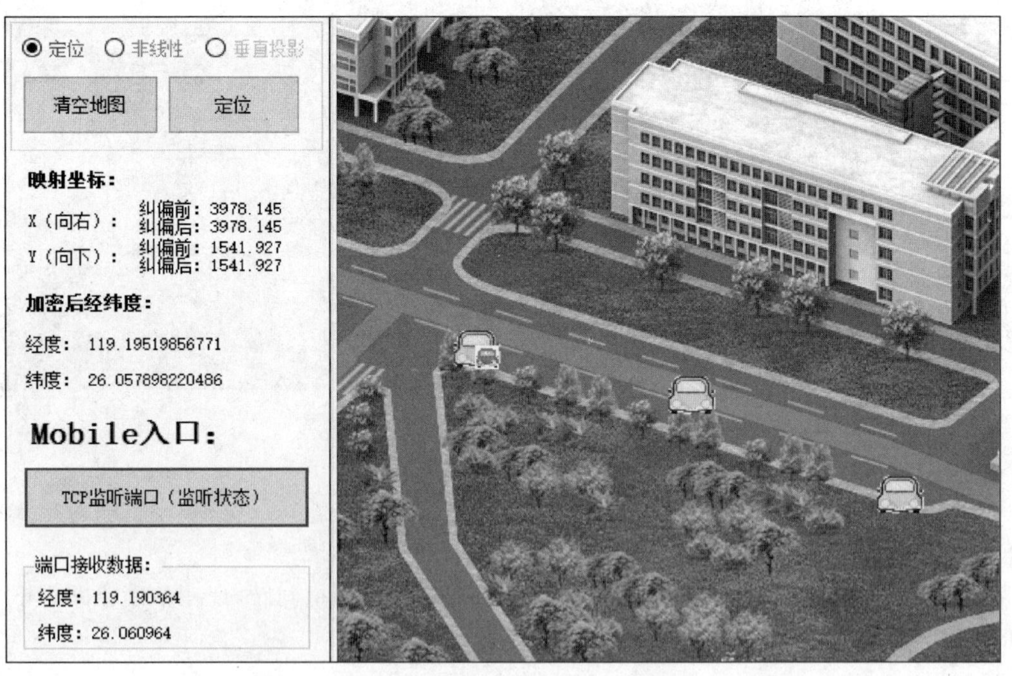

图 3-21 手机采集 GPS 数据并在系统中显示实时位置

3.2.4　系统的实验结果及分析

1. 实验数据源

如图 3 - 22 所示，实验数据源包括：

序号	位置	GPS采集数据		图片坐标（映射函数，纠偏前）		实际图片坐标（目测）	
		单位：度		单位：像素点坐标		单位：像素点坐标	
		实际纬度	实际经度	X	Y	X	Y
1	物信	26.066691	119.196168	6907.005	1462.33	6939	1469
2	物信	26.066781	119.196204	6939.919	1453.059	6961	1448
3	实验	26.067297	119.1959457	7017.058	1332.566	7049	1348
4	草坪	26.0674858	119.1960526	7093.417	1317.668	7094	1319
5	往右	26.0675564	119.1959229	7081.368	1287.534	7097	1303
6	电气	26.0677662	119.1958237	7114.164	1239.35	7145	1260
7	两个	26.0681648	119.1958313	7223.246	1176.313	7222	1177
8	机械	26.0682182	119.1955948	7181.097	1133.336	7197	1141
9	电气	26.0685501	119.1957245	7301.428	1098.719	7305	1096
10	电气	26.0687389	119.1953583	7264.757	1015.205	7288	1034
11	机电	26.0689297	119.1955414	7359.844	1011.105	7363	1008
12	机电	26.0686817	119.1949997	7163.638	972.4214	7131	952
13	机电	26.0687447	119.1945648	7076.671	899.1788	7070	900
14	机电	26.0686131	119.1944885	7023.019	909.2657	7015	887
15	大道	26.0685482	119.194458	6998.202	915.2605	6978	909
16	路中	26.0685444	119.1944199	6988.132	910.4012	6966	906
17	机电	26.0681438	119.1945801	6918.55	998.1168	6912	971
18	机电	26.0679646	119.1947861	6919.516	1056.875	6935	1060
19	草和	26.0678558	119.1946945	6868.291	1061.048	6836	1058
20	电气	26.0674534	119.1948013	6785.652	1141.307	6780	1122
21	电气	26.0671635	119.1948776	6725.77	1199.035	6714	1196
22	物信	26.0671082	119.1946869	6665.247	1180.274	6653	1178
23	物信	26.0667534	119.1950607	6659.163	1291.625	6651	1271
24	物信	26.0663719	119.1951599	6580.189	1367.422	6578	1354
25	物信	26.0660782	119.1952972	6533.928	1434.617	6513	1427

图 3 - 22　表：地图配准实验的部分数据

（1）校园道路网内采集的真实经纬度，记录实际采集地点；

（2）真实经纬度经地图配准得到图片位置坐标；

（3）根据实际地点，在地图上逐个点击采集坐标值，获得实际位置坐标数据。

2. 四种地图配准方案

本设计采用的非线性局部配准技术和道路显示拟合技术是对初次配准后得到的校园地图图片位置坐标进行二次配准，因此有以下四种地图配准方案。其中，黄色点为小车实际位置，白色点、黄色小车、蓝色点分别为经仿射变换、道路拟合、非线性配准后小车所在处。

第一种方案：只使用全局仿射变换，如图 3 - 23 所示，映射点分布在道路周围，比较散乱，有些点甚至落在建筑物上，误差较大。

第二种方案：使用全局仿射变换和道路显示拟合技术，如图 3 - 24 所示，映射点全部显示在道路正中间，但第一种方案产生的误差并没有被消除。

第三种方案：使用全局仿射变换和非线性局部配准技术，如图 3 - 25 所示，相较第一种方案，该方案的点集已经很接近实际位置点集，说明非线性配准算法有明显的效果，但点集仍分散在道路周围，不够美观。

第四种方案：同时使用全局仿射变换、非线性局部配准、道路显示拟合技术三项技术，如图 3 -26 所示，小车已经非常接近实际位置，并且显示在道路正中，说明配准效果很好。

相较前三种方案的结果，第四种方案的点集既与实际位置点集靠近，又能够将映射点全部显示在道路中间，效果最为出色。

图 3-23 第一种方案的实验结果

图 3-24 第二种方案的实验结果

图 3-25 第三种方案的实验结果

图 3 - 26　第四种方案的实验结果

如图 3 - 27 所示，黄色点表示小车实际位置，白色、粉色、蓝色、紫色的点分别表示第一至第四种方案配准后的小车位置。第四种方案综合了前三种方案的优点，不仅有效改善了第一种方案的误差，而且有效规避了第二种方案可能产生的偏差。因此，运用了三项技术的第四种方案是最理想的。

图 3 - 27　四种方案的比较

实验结果表明，经过完整的地图配准技术得到的配准点已经非常接近实际位置点，说明本设计中对地图配准算法的研究和对地图配准技术的开发是比较成功和理想的。

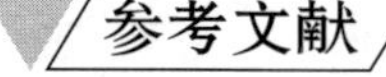

参考文献

3.3 网络层——案例二 基于ARM的车牌识别系统

3.3.1 车牌识别的研究背景

进入21世纪以后,物联网技术的发展有目共睹。车牌识别技术也是物联网高速发展下必须优先发展的技术之一。同时,私人轿车拥有量的急剧增加,保证了车牌识别技术发展的现实意义。单纯依靠加快发展交通基础设施完全无法解决现在已经存在的各种交通问题,虽然世界上的许多国家,依然主要依靠修建更多的道路基础设施,创造完美的道路网络,缓解道路交通不断增长的需求,不过因为城市空间的严格束缚,以及资金和其他方面的压力,建设更多的基础设施必然会受到限制。因此,维持基础设施建设和现代化管理共同发展,在普及交通设施的同时,加大发展现代智能交通系统(Intelligent Transportation System,简称为ITS),已成为需要大量投入的关键项目[1]。车牌识别技术,也就是Licence Plate Recognition,简称LPR。这项技术的核心是自动识别车辆牌照信息,它是现代智能交通中必须重点关注的问题,也一直是主宰现代交通系统的先进性的关键问题。功能完善的车牌识别系统,必然能够自主地摄取车牌图片,并且能够逐步实行车牌识别的各个步骤,来达到智能交通的第一步。并且,伴随着计算机视频视觉技术的快速发展,车牌识别系统在智能交通中的作用越加显得明显。当下能够识别车牌的系统已经广泛地应用在车辆防失窃、门卫、辅助搜寻犯罪等各个方面,这不仅节省了人力物力,还提供了比单纯人类记忆更加可靠的信息证据。因此从事车牌识别技术的研究具有无可比拟的现实意义和无法估量的经济价值。

车牌识别系统中最重要的两个子系统就是车牌定位子系统和车牌识别子系统。对车牌定位系统,各国学者广泛研究了很多年,但是实际效果并没有想象中得好。不过,智能交通系统的不断进步最终一定会对车牌定位的准确性和实效性提出越来越高的规范和要求。车牌字符识别本质上就是对车牌上所有字符信息进行有效而准确的确认。车牌识别子系统更是关键中的关键,其难度也不是其他类似系统能够比拟的。其中最优先的是,环境在其中的作用很大。识别系统一般会受到天气、光照等环境状况的干扰,于是就要求系统拥有全天候稳定运转的高性能,这对系统提出了较高的目标。其次,识别系统也会被车身部分各种凹凸物体干扰,导致车牌识别出的字符和原字符有出入。而且车身不总是理想的,每一种不同的车,其外观总有许多不确定因素,从而影响到车牌图像的识别。同时,车牌污染、缺损导致识别率下降。可见,要保证高的正确率将面临无数的困难,目前车牌自动识别技术还是没有达到完美的程度。字符识别中,汉字识别是一个难点,许多国外的LPR系统也往往因为汉字难识别无法引进中国。自主研制出新的有效的车牌识别技术举足轻重。因此字符识别研究具有很大的价值[2]。

3.3.2 车牌识别理论知识

1. 嵌入式的组成

嵌入式系统是以应用为中心和以计算机技术为基础的,并且软硬件是可裁减的,是能满足应用系统对功能、可靠性、体积、功耗等指标的严格要求的专用计算机系统。它可以实现对其他设备的控制、监视或管理等功能。本部分以最终实现嵌入式系统的软件开发为目的，阐述了一个嵌入式系统的开发过程。嵌入式系统由硬件和软件组成。硬件包括嵌入式处理器和嵌入式外围设备。目前，市面上有多种嵌入式处理芯片，如ARM、Power PC、MC6800、EDSP，而其中ARM处理器的应用最为广泛；嵌入式外围设备主要包括存储器、接口和一些外围的芯片。通常，为了开发的方便，会将嵌入式处理芯片和存储器先做成一个整体，称为核心板；而外围的电路再组合在一起，称为扩展板。这样，如果需要重新设计嵌入式系统，则往往只要将扩张板进行修改，核心板只是软件程序上的改动，大大缩短了开发的周期和提高了系统的可靠性。软件则一般包括boot－loader、嵌入式操作系统、嵌入式文件系统和应用程序。其中，嵌入式操作系统决定了系统的性能。目前，市场上有许多商用的嵌入式操作系统，如VxWorks操作系统、Windows CE操作系统、VRTX操作系统等，这些操作系统在系统可靠性和对用户的技术支持上都有自己的优势，但是由于价格昂贵，让人望而却步。嵌入式操作系统由于其代码公开、成本低且有丰富的软件支持而在实际的开发中应用广泛。嵌入式项目开发和其他的项目开发一样要经历分析、设计和实现三个阶段。在大型项目中还会有测试和维护阶段，后面阶段的工作量直接与前面的分析与设计有着密切的关系。

由于嵌入式系统是一个受资源限制的系统，因此直接在嵌入式系统硬件上进行编程显然是不合理的。在嵌入式系统的开发过程中，一般采用的方法是先在通用的机上编程；然后通过交叉编译和链接，将程序做成可运行的二进制代码格式；最后将程序下载到目标，由目标板启动运行这段二进制代码，从而运行嵌入式系统。一般的PC机的操作系统是Linux操作系统。

2. Linux操作系统简介

Linux是一套免费使用和自由传播的类Unix操作系统，是一个基于POSIX和UNIX的多用户、多任务、支持多线程和多CPU的操作系统。它能运行主要的UNIX工具软件、应用程序和网络协议。它支持32位和64位硬件。Linux继承了Unix以网络为核心的设计思想，是一个性能稳定的多用户网络操作系统。

Linux操作系统诞生于1991年10月5日(这是第一次正式向外公布时间)。Linux存在着许多不同的Linux版本，但它们都使用了Linux内核。Linux可安装在各种计算机硬件设备中，比如手机、平板电脑、路由器、视频游戏控制台、台式计算机、大型机和超级计算机。

严格来讲，Linux这个词本身只表示Linux内核，但实际上人们已经习惯了用Linux来形容整个基于Linux内核，并且使用GNU工程各种工具和数据库的操作系统。

3. 车牌识别基础理论简介

车牌识别系统是智能交通系统的一个重要组成部分，该系统能从一幅车辆图像中自动提取车牌图像，自动分割字符，进而对字符进行识别，得到车牌的号码。车牌识别系统的成功开发必将大大加速相关技术研发的进程。车牌识别系统在交通监管的基础上，引入了数字拍摄技术和计算机信息管理技术，采用先进的图像处理、模式识别和人工智能技术，通过对车辆图像的采集和处理，获得更多的信息，从而达到更高的智能化管理水平。它直接利用每辆合法车辆都配有汽车牌照和牌照的唯一性的特点，不需要在汽车上额外安装条形码或无线电发送装置，从而避免了对现有车辆系统进行大幅度的改造。

车牌识别技术的理论基础是从彩色图像中经过车牌定位、字符分割、模板匹配等步骤提取出有效的车牌信息。这当中的每一步都对后面的步骤会产生影响，所以每一步都至关重要。这也是车牌识别技术的难点和技术突破口。

车牌定位是整个车牌识别系统中第一个重要的部分，它的目的是从一幅车辆图像中将车牌的位置找出来，车牌定位效果的好坏直接影响到后续处理的效果，车牌定位的各种方法的出发点是都是利用车牌区域的特征来判断车牌，将车牌区域从整幅车辆图像中提取出来。车牌特征包括车牌的色彩特征、几何形状特征、灰度特征、纹理特征、频谱特征等。车牌定位方法种类繁多，但总的来说可以分为两大类：一类是基于灰度图像的使用，另一类是基于彩色图像的车牌定位方法。有时可以将两种方法合起来使用。

图像预处理：在进行定位前要对车牌进行预处理，基于彩色图像的车牌定位的图像预处理包括图像亮度均衡和去噪，而基于灰度图像的车牌定位图像预处理包括图像灰度化、图像增强、图像去噪、图像二值化。

目前常用的车牌定位方法主要有以下几类：

（1）基于直线边缘检测车牌定位方法

该类方法是在车牌边框比非车牌区域边界明显的情况下，利用车牌的形状特性来定位车牌的，即车牌边界是由直线段围成的长方形，该方法首先对图像进行边缘检测，然后根据边缘是直线的特点，采用变换等方法来检测直线得到车牌的长方形候选区域，再根据车牌的长、宽以及长宽比信息，对检测到的长方形候选区域进行筛选，得到正确的车牌，此方法对于车牌图像边框的连续性要求较高。

（2）基于数学形态学处理的车牌定位方法

该方法是目前运用最广的方法，该方法是将经过预处理的图像用数学形态学的膨胀腐蚀运算来生成连通区域图像，使纹理稠密的车牌区域形成有别于其他部分的块状区域，根据车牌大小形状的先验知识查找到类似的车牌的矩形区域，然后根据车牌几何特性，如车牌的高、宽和高宽比等，去伪车牌区域。

（3）基于神经网络的车牌定位方法

该方法一般采集各类车牌及非车牌样本进行神经网络训练，然后对待定位的车辆图像进行预处理，把处理后的图像利用滑动窗口分成很多块，把这些块的信息当作神经网络的输入，分类出车牌区域，从而实现车牌定位。

（4）基于行扫描的车牌定位方法

该方法是针对车牌有丰富的字符纹理特征，对车辆图像进行边缘提取及二值化处理，得到车牌字符和车牌底色分离的二值图像，对二值图像进行行扫描，根据车牌区域灰度跳变点的次数远大于车牌背景灰度跳变点的次数，确定出车牌的上下边界，然后在水平定位的基础上，利用车牌的长宽比信息设置一个匹配窗口，滑动窗口，计算窗口下垂直跳变次数，跳变次数最大的区域所对应的即是车牌的垂直区域，完成车牌定位。

（5）基于颜色的车牌定位方法

该定位方法一般将待处理的彩色图像转换到其他颜色空间，通常是从颜色转换到颜色空间，然后采用神经网络或模糊逻辑等方法进行图像的色彩分割，并根据车牌的几何特征除去伪牌照。

车牌字符的字符分割是进行下一步车牌字符识别的基础，车牌分割主要是完成车牌区域图像的切分，从而得到单个字符的图像。分割质量的好坏和正确与否将直接影响后面的识别结论是否正确。车牌字符切分目前常用的方法有如下几类：

（1）基于投影法的字符切分技术

投影分割方法的原理是首先将车牌图像转换为二值图像设为白色，黑色，然后将车牌像素灰度值按垂直方向累加，即所谓的垂直投影。由于字符区域是白色，而字符之间的间隔处为黑色，也就是车牌的投影会在字符处形成波峰，而字符之间的间隔处为波谷。通过寻找两个波峰之间的谷点，将其作为字符分割的位置，完成字符的分割。此方法很常用，实现起来也很容易，程序执行时间也很短，但要求处理的二值化车牌的噪声要少，无字符粘连或断裂情况。

（2）基于聚类分析的字符分割

基于聚类分析的字符分割原理是按照属于同一个字符的像素构成一个连通域的原则，再结合车牌字符的高度、宽度、字符间距等先验知识，来分割车牌图像中的字符。该方法的准确度比较高，而且分割精确。同时如稍有改动，也适用于字符非横向排列的车牌。

（3）基于模板匹配的字符分割该方法是根据车牌字符串的结构和尺寸特征，设计一个车牌字符串分割模板，让该模板在车牌区域进行滑动匹配，并结合一个判别准则如最大类间方差准则，确定最佳匹配位置，分割出车牌字符。该方法对匹配模板的设计和判别准则有要求，这两点的好坏决定分割效果。通常为提高模板的适应性，会结合车牌投影特征进行模板设计，这样可以获得最优分割效果。这样能使图片更加便于后面的处理。

通过图像灰度化对车牌定位的方法是多种多样的，归纳起来主要有：利用梯度信息投影统计、利用小波变换作分割、车牌区域扫描连线算法、利用区域特性训练分类器的方法等。这是车牌识别算法中最关键的第一步，效果的优劣直接影响到车牌识别率的高低。

车牌字符识别是车牌识别过程中的主要难点，由于拍摄图像的拍摄角度、光照条件、车牌自身的整洁度倾斜度和车辆运动情况等因素，使得待识别的车牌字符可能出现比较严重的歪斜、模糊、缺损等情况，这些都给车牌字符的识别带来了难度，因此车牌字符识别的研究是车牌识别技术长期研究中的重中之重。

车牌字符识别技术是文字识别技术与车牌图像自身因素协调兼顾的综合性技术。之前已经提出的车牌字符识别的方法主要有以下几类：

（1）模板匹配法

该方法是把输入的字符与字符库中标准的字符模板进行比较，找到相似度最大的模板作为输入字符的类别。匹配规则和输入字符的质量对匹配结果影响很大。特征分析匹配的方法与模板匹配方法类似，只不过模板匹配法是把字符直接与标准的字符原型进行匹配，而特征分析匹配法是对待识别字符先进行特征提取，较模板匹配法，更能体现字符的特征，容易区分相似字符。

（2）神经网络字符识别算法

该方法首先是对采集到的车牌字符样本进行特征提取，然后用所获得的特征来训练神经网络分类器，然后把将待识别字符的特征作为网络输入得到相应输出。其中，字符特征的提取、训练样本数、网络参数等会影响网络训练时间和网络识别率。这些都得根据实际应用进行调整。

（3）支持向量机的字符识别算法

支持向量机是研究小组提出的一类机器学习方法，用于解决二分类问题，车牌字符识别显然是一个多分类问题，因此多分类成为车牌字符识别的方法之一，通常根据车牌识别要求设计不同的分类器，然后将待识别字符进行特征提取送入相应的分类进行识别。和神经网络分类器相似，分类器参数的选择也很重要，会影响识别效果。

3.3.3 软件设计

本次设计使用的硬件是主频 400 MHz、内存 128 MB SDRAM、存储 256 MB Nandflash、操作系统为 Linux、Windows CE、核心板尺寸 37 mm×74 mm 的 AMR9 开发板。ARM 板用于后期移植代码并显示车牌识别结果用。

软件设计部分依次执行了车牌定位、字符分割、字符识别等工作。

软件设计部分是整个系统的核心部分，其关键步骤如下：

(1) 对摄像头采集到的车牌图片进行预处理，包括对图片进行灰度化、二值化、高斯滤波以及 Sobel 边缘检测等处理，为车牌定位做准备。

(2) 利用预处理后车牌字符区域纹理丰富的特点对车牌字符区域进行定位，去除周围环境中与车牌字符无关的信息，精确提取车牌字符区域。

(3) 采用了一种基于投影特征和先验知识的字符分割方法来提取单个字符。

(4) 采用特匹配车牌识别法对车牌字符进行识别，然后将识别结果和识别时间存入数据库实现停车计时收费。整个设计过程如图 3-28 所示。

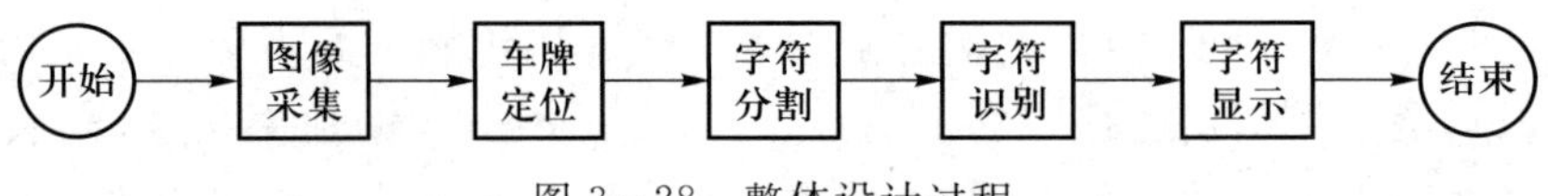

图 3-28 整体设计过程

1. 车牌定位

在车牌识别系统中，各种自然非人为因素都会引起牌照图像的损坏，干扰车牌信息的提取。图像预处理的作用是优化车牌图片的质量，便于后面步骤的进行。它可以将图片上的一些噪声给剔除掉，减少车牌的各种诸如磨损、变形等负面情况的影响，而且可以有效地减少系统对存储空间的负担。研究图像处理，我们可以采取两种方法。第一种，逐个分析每一个分量图像，然后将分析后的分量图像经过合成，得到我们想要的彩色图像。第二种，由于彩色图像有三个分量，所以本质上，彩色图像是一个向量，我们来直接处理这个向量即可[5]。实际上，每一个彩色图像的点，我们都可以用一个向量来表示，公式中 c 的分量是原图中各点的 RGB 分量。图像处理能够用标准的非彩色处理方法去分别处理图像的各个分量。色调是反映彩色图像中色彩信息的重要参数，本书先把图像从 RGB 转化到 HSI 彩色空间，之后维持色调不变，也就是增加 I 分量的亮度同时保持 H 分量的亮度不变。经过这些处理后，图像的质量得到了显著的提升，不会再有模糊不清晰等状况。

大部分原始图像中都含有许多颜色信息，它的每个像素都有三个不同的分量，因此所需的存储空间非常大，降低系统的执行速度。而对于灰度图，只需让它们变亮或变暗，它们的计算工作量就会大幅减少[6]。所以，通常采用灰度化处理，使彩色图像转变为占用内存相对较小的灰度图像。要达到灰度化可以用下面这三种手段：

比较法：令 R、G、B 的值等于三值中最大的一个，即 R=G=B=max(R,G,B)。

平均值法：也就是使 3 个颜色分量的值等于它们总和平均值的方法，即 R＝G＝B＝(R＋G＋B)/3。

加权平均值法：按照重要程度或其他因素来给 R、G、B 赋权值，并使 R、G、B 等于它们的值的加权和平均，即 $R=G=B=(X_1+X_2+X_3)/3$。其中 X_1、X_2、X_3 分别为彩色图像颜色分量 R、G、B 的权值。

研究结果表明 $X_2>X_1>X_3$ 是较为合理的灰度图像。在对输入图像进行灰度化处理时，得到 BMP 位图的信息，应首先判断位图颜色位。在对 24 位的真彩色图像进行灰度化处理时，必须先将它转化成 256 色 8 位图。首先需要合成调色板，之后按照各位图数据的 R、G、B 值由以上三种方法中的一种得到 r 值，从而得到新的位图数据。颜色差异在进行处理之后就被亮度上的差异取代了。亮度是被图像的灰度所决定了。也就是说，亮度越高，说明灰度值越高。所以灰度值是 0 的最暗(黑色)，灰度值是 255 的最亮(白色)[7]。灰度化的过程如下图 3－29 和 3－30 所示：

图 3－29　灰度化之前

图 3－30　灰度化之后

本次图像平滑的目的是为了将对我们有用的部位高亮，所以使用滤波技术来提高图像的质量，降低噪声。像素如果是相邻的，那么它们之间的影响就会十分显著，所以像素的灰度差从某些意义来说可以忽略不计[8]。所以低通滤波是我们优先考虑到的降低噪声的方法。然而低通滤波会使图像中的信息衰弱，客观上就是使我们的图像清晰度降低。显然，我们需要的方法要在消除噪声的同时，保证图像的清晰度。这时候就提到了我们的中值滤波了。它不仅能够有效抑制脉冲、椒盐噪声，还能保护好图像边缘。在平面情况下，中值滤波是一个能够移动的可视化界面，它含有非偶数个元素。这些界面的灰度值用它们各自的中位数来表示。举个例子，这些可移动的窗口的 5 个像元，它们的灰度值依次为{60 40 50 30 70}，现在将灰度值按由小到大排列：{30 40 50 60 70}，它们的中值就是 50。所以中值滤波的作用就是将上面 5 种不同的灰度值用其中间值(也就是 50)来代替。可见，图像中取值为 180 的噪声被抑制[9]。在二维情况下，窗口的尺寸大小比例会对滤波产生的效果造成很大的影响。所以当需求不一样时，要使用的二维窗口形状也会相应不一样。大家会使用到的窗口的尺寸介于 3 与 5 之间，其实际大小要根据滤波的结果来决定图像平滑的效果如图 3－31 和 3－32 所示：

图 3-31 平滑处理前

图 3-32 平滑处理后

我们使用 Sobel 边缘算子，从而便于边缘密集区域的提取。在实行边缘检测处理之后，灰度图像要扫描边缘图来探索边缘密集区域并记录其坐标，然后由所得到的区域坐标在原图像中进行裁剪，得到的小图像被当作车牌备选区域。提取边缘密集区域的方法有以下几种：从左到右扫描，来统计每一行中深颜色像素点的个数总数，如果这一行的深颜色像素点数超过了我们的设定值，我们就可以记下它的坐标，这样依次进行；或者改为从上到下扫描也是可行的，方法同上一步；每一行和每一列都有相应的数组，我们对其进行判定，如果存在连续的行数组或者列数组超过相应的阈值，则将连续行的第一个坐标设置为左坐标，连续列的第一个坐标设置为上坐标，数组的第二个坐标则设置为矩形区域中心对称的坐标，将矩形存入矩形链表，继续进行判断，直至结束。

使用本算法能够从边缘图像中获得几个长方形的密集备选区域。同时，由于我国车牌长和宽的比例是固定的，对于那些明显不符合比例的区域，我们就可以将其删除[11]。下面图 3-33 显示的是原图，图 3-34 显示的是经过 Sobel 算法边缘检测之后的候选区域。

图 3-33 原图

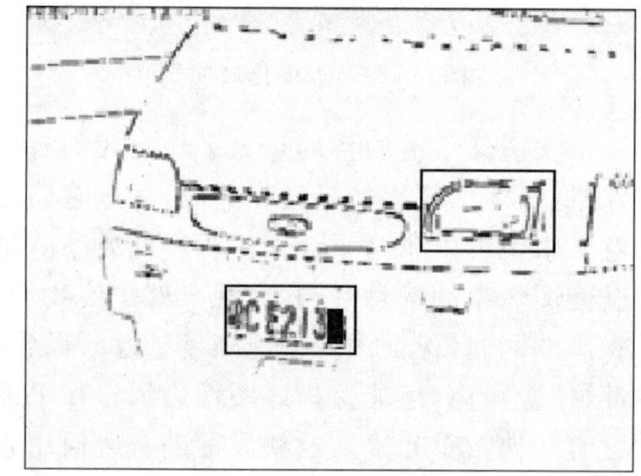

图 3-34 候选区域

图 3-35 是在原图中标记后呈现的车牌区域(不是候选区域)，图 3-36 为车牌候选区在原图像中的裁剪结果。

2. 字符分割

字符分割就是将车牌区域内的有效信息，以单字符为标准一个一个地分开来。这样做更容易使所有字符达到统一的格式标准，方便识别和输出。

图 3-35　在原图裁剪

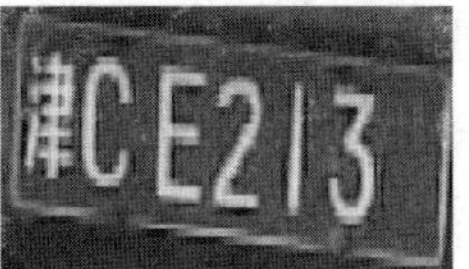

图 3-36　车牌区域

在车牌图像处理过程中，如果能得到二值化之后的图像，就能获得更多有利的信息。二值化后的图像相比灰度化图像，信息量大大减少，因而需要处理的信息也减少了很多，工作量大大地减少。所以二值化是车牌识别系统中很有必要的一步。

一个像素点的灰度为 0，则显示为黑色；而如果一个像素点的灰度为 255，则显示为白色。这就为图像的二值化提供了理论基础。即设定两个接近灰度 0 和灰度 255 的阈值来实现二值化。获得的二值化图像仍然保留了原图的关键信息。二值化后的图像，其性质不再与其他灰度有关，能够更加有效地处理，存储空间也得到了释放。我们一般使用封闭的连续区域来判定图像上的某一片像素区。假如该像素区全部大于阈值，则统一设定为灰度 255，即黑色，否则，灰度值为 0，即为白色，用来表示背景或者其他的物体区域。如果某区域灰度值几乎一致，利用阈值法就能有很好的切分。图 3-37 和图 3-38 分别为二值化前和二值化后的图像。

图 3-37　二值化前

图 3-38　二值化后

经过研究，倾斜车牌图像一般有这几个特点：图像所包含的信息会很复杂，干扰信息非常多；牌照倾斜反映为水平方向变形。当下，车牌倾斜校正研究主要基于 Hough 变换的方法展开：

(1) 可以先用边缘检测来检查车牌，然后用 Hough 得到两条永不相交的平行线，利用平行线来校正倾斜的角度。此办法有很大概率受非边框直线的干扰，检测准确性受到影响。

(2) Hough 能够把最长的那条直线检测出来。然后通过修改这条最长直线的倾斜度，来完成整个车牌的倾斜校正，这就是这种方法的核心思路[13]。

不过实际效果中，由于车牌制作等各种方面的问题，想得到符合标准的最长直线有许多现实上的问题，因此该方法也有其局限性。所以，根据现实情况的要求和目前技术的局限，我们采用 Hough 变换和数学形态学相结合的方法。其大致步骤如下：

第一步，二值化图像，然后细化处理，获得车牌骨架。

第二步，为更加优化图像，要对车牌图像进行膨胀处理，这样可以消除车牌在纵向的各种干扰线条。

第三步，利用 Hough 和相关的逻辑推理来发现水平最长直线，通过它来计算车牌倾斜角度，之后利用我们的倾斜校正算法来将其校正。

图像不是很简单时，Hough 变换的直线查找容易受到不规则线条的影响。因此，在 Hough 变换检测车牌直线之前，先用数学方法来预处理图像，用来获取车牌中的有效线段。

形态学细化处理图像后，可获得跟原来物体区域形状相似的图形。简单说，排除原图中的一些点称之为图像的细化，但我们仍然要保持原图像的形状，经过细化后图像能变成一条有单个像素组成的直线，最终图形化表达出其拓扑性质。

细化操作完成后，图像的纵向方向依然存在对最终结果有干扰的其他无用信息，可以使用水平方向上的腐蚀操作，消除纵向信息。

Hough 检测直线非常准确，这在倾斜校正中非常重要。它可以轻易检测出车牌上下沿中的倾斜信息。若让这些参数合成一个空间，则图像空间的一条直线需要参数空间阵列中一个点。创造的这种直线和点的关系的运算被我们称为 Hough 变换。直线 $y=mx+b$ 可以用极坐标的形式表示为：$r=x\cos\theta+y\sin\theta$，其中$(r,\theta)$定义了从原点到线上最近点的向量[15]。实验结果如图 3－39 所示。

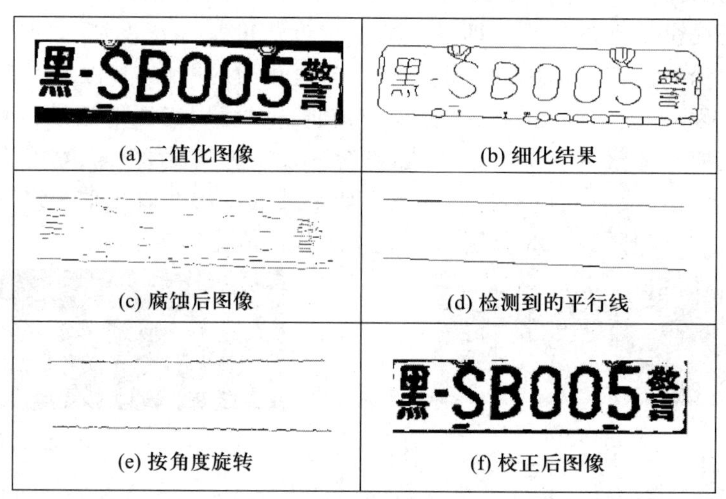

图 3－39　倾斜校正

极端情况时，各种字符的跳变规律如下：

（1）车牌边缘处跳变像素次数是 0 次。

（2）车牌牌钉的跳变次数一般是 8 次。

（3）车牌字符最小灰度的跳变次数经查资料后知道是 18 次。

经过研究车辆牌照的水平像素值的变化特点，可以得到：连接部分与有效字符部分的灰度跳变次数总是会有 6 次以上的差距。通过实际统计的结果，结合噪声的干扰，我们以 13 作为界限，也就是阈值。我们将 13 作为我们判断的标准，来将垂直部分的结合处斩断。

根据字符跳变的规律，我们的去边框算法如下：

（1）依次获取每一行的车牌图像，研究由色浅到色深的跳变以及由色深到色浅跳变的总和。

（2）如果小于 13，则该行并不会使我们感兴趣，即并不是有效的车牌字符部分，要去除掉，也就是说该行全部变为白色。

（3）当大于 13 时，说明我们的努力没有白费，因为这就是我们需要的车牌有效部位，应当保持这部分像素不变。

由于车牌的垂直边框的存在，非常容易造成汉字无法分割。因此，车牌字符正确切分的重要前提条件是垂直边框的消除。由于垂直方向不存在灰度跳变差距，又由于某些车牌汉字本身，如鄂、湘、闽、粤等，字符主体相分开的左边缘和左边轮廓是有很大难度的。并且有部分结构分明的字，例如皖、桂、豫，假如车牌磨损很严重，字符很有可能分裂成两个字，这样对车牌的识别造成了极大的影响。由于车牌本身的污损、拍照质量的不确定性、车辆字符的断裂，所以车牌图像相当大程度上是不能预知的，创造一个鲁棒性好的算法有非常大的必要，所以需要细致分析和精确处理。一个好的处理算法不但要涉及字符的宽高比例，还要充分地考虑各个字符之间的联系。只有 100% 结合字符的高宽比信息、车牌字符距离信息以及汉字结构的特征，才能够令垂直边框的去除问题得到比较满意的解决[16]。图 3－40 和图 3－41 显示了字符分割的效果：

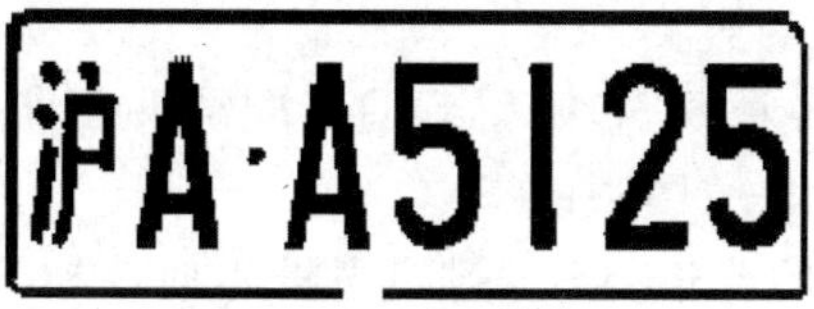

图 3－40　字符分割前

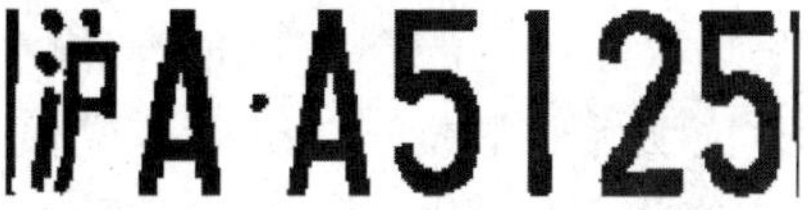

图 3－41　字符分割后

归一化的目的就是将我们手头的字符图像处理成跟标准图像的特性一样，以方便我们识别和输出。因为分割得到的字符图像尺寸大小一般不一样，因此需实行归一化处理，来使分割后的图像达到预先设定的标准，比如 40×30。我们假设 $f(x,y)$ 为未归一化的图像，$g(x,y)$ 为归一化以后的图像。设 (x_0,y_0) 为 $f(x,y)$ 中的任一点，(x_1,y_1) 为在 $g(x,y)$ 中的对应点。其中 h_1 是上坐标，h_2 是下坐标，height 是我们预先设定模板的高度。归一化的公式在下面由点 (x_1,y_1) 可以在 $g(x,y)$ 中找出表示 $f(x,y)$ 中 (x_0,y_0) 的值[17]。图 3－42 所示为字符大小归一化的过程。

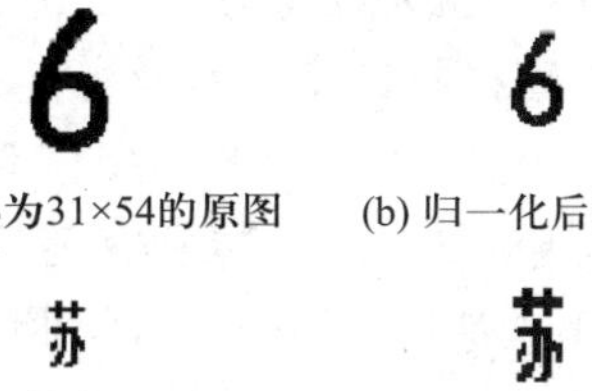

(a) 大小为31×54的原图　(b) 归一化后的图像

(c) 大小为14×36的原图　(d) 归一化后的图像

图 3－42　字符大小归一化的过程

3. 车牌识别

车牌中的字符，除去其中固有的一个小白点，还有字母、数字、汉字三种表现形式。我们对这 3 种字符形式采用不同的处理方法。对数字和字母，使用基于形态学细化处理，利用分类器来识别；对汉字，我们使用网格来统计像素点个数，然后使用模板匹配。研究这些字符的拓扑结构特征，探索它们的骨架之间存在着很大的差异性，能够使用骨架特征来分辨。方向链码将物体的形状用字符串表示，可以精确地表示物体的形状特征，并且高效率地节省存储空间。所以，本系统对于字母和数字的甄别，首先是提取它们各自的骨架结构，依次对这些骨架进行编码，链码特征表达了字符的形态特征，创造链码简约码的思想并表示其特征，选择不同的分类策略进行分类器的设计。

识别首先用二维图像的处理为案例说明一下模板匹配算法。算法的核心思路是：让模板库中的和归一化后的字符二值化图像逐步匹配，依据所有字符与模板字符的相似程度来进行匹配，相似的特征越多就越接近模板，最后相似程度最高的作为结果输出匹配方法的顺序是：(1) 取出所有模板字符，然后让模板字符在固有的四个方向移动，其移动被固定在周围的 5 个像素之内。每朝一个方向移动，就计算出这次的类似程度。我们将五个类似程度中最大的值作为该字符与标准字符的类似程度。(2) 将所有的模板字符与该字符进行匹配操作，直到我们找到符合条件的相似数据为止。也就是要经过下面的条件：假如该类似程度大于我们的设定值，则该字符的识别结果即为我们想要的字符；相反的，假如该类似程度小于我们的设定值，表示相符，则需要重新检测。

该匹配算法的缺点主要有：

(1) 计算工作繁重。很明显，这是一种靠枚举的方法来找出结果。类似现实中逐个输入密码来猜密码的行为。由于车牌中的数字和汉字种类都不是很多，所以原理上这种方法是可行的，但是只是一种很吃力的方法。

(2) 字符的灰度值会对匹配结果的准确性造成很大的影响。

(3) 如果原图中的字符有倾斜、模糊、缩小、浮肿等各种原因，则得到的匹配结果很难满意。

(4) 抗噪性非常差。对结果造成很大干扰的原因就是原图中的噪点。

对于这些不足，相关研究人员提出了许多有创造性的改进算法，例如序贯相似性检测算法、幅度排序算法、分层搜索的序贯判决算法等。这些算法大都只有在原图比模板大很多且图形比较大的情况下，对速度的提高才很明显。此次采用了一种改进的模板匹配方法。

匹配模板的作用前面已经提过了，因此他们的形状尺寸大小必须是相同的。字符模板可以分为三种，也就是前面提到的字母、数字、汉字所对应的三种模板。其中汉字模板是宋体字，英文字母和数字模板的来源都是 OCR 字库。图像尺寸越大，模板匹配需要的时间就长；相反的，假如图像太小，当中包含的有用信息就越少，表达的内容就不足够完整，因此模板需要适中。

字符分割好后，直接和字符模板进行匹配，不仅工作量会大大增加，匹配结果的正确性也得不到保障。因此我们使用九宫格的方法，在图像水平方向上将图像平均分成三个部分，于每一部分中使用一条水平方向从左到右地扫描穿过数字，进行查找；类似的，垂直方向上也要把图像平均分为三部分，在每一部分竖直地从顶部到底部进行扫描，然后查询得到六条线上的信息作为车牌图像的特征。水平方向的特征将数字分成三部分(上、中、下)，在每部分中，首先水平方向的扫描线从左到右横穿数字，接着从顶部到底部扫描，统计每条扫描线与黑色像素区域的交点数。在上部扫描得到的交叉数目我们称之为上部统计数，在中部扫描提取的最大交点数我们称为中部统计数，在下部扫描提取的最大交点数我们称为下部统计数。在数字 2 中，上部统计数为 2，下部统计数为 1，中部统计数为 1。垂直方向，从左侧扫描得到的交点数，我们称为左部统计数，在右侧扫描得到的数值最大的那个交点，我们称为右部总计数，在中间扫描得到的数值最大的数字我们称为中间统计数。根据上述定义，就可以获取所有需要识别的字符的特征值。

模板匹配是算法中的最后一个关键步骤。模板匹配法是利用早已存在的模板和原图像中大小形状相同一片区域进行对比。依次对所有像素点实行相同的操作直到将所有的位置都对比完。这里只需要将提取出的特征进行对比即可。

用原始的模板进行匹配时，343 张图片中正确识别出 254 张，识别准确率为 74.1%，平均识别时间为 0.7 s；在加入一些二值化后的车牌字符后，识别准确率得到了明显的提高。首先进行

ARM 板和计算机的连接，按照指定接法接好线路后，接通电源；然后选择相应图片，可以在 ARM 板上看到经过车牌定位、字符分割、字符识别等步骤后显示出来的车牌信息[19]。

3.3.4　硬件系统平台搭建

嵌入式系统硬件层的核心是嵌入式微处理器，它是由通用计算机的 CPU 演变而来的，在实际嵌入式应用中，只保留和嵌入式应用紧密相关的功能硬件，去除其他的冗余功能部分，这样就以最低的功耗和资源实现嵌入式应用的特殊要求。和工业控制计算机相比，嵌入式微处理器具有体积小、重量轻、成本低、可靠性高等优点。而 ARM 微处理器凭借其强大的处理能力和极低的功耗，在工业控制、交通管理、信息家电、机器人等领域得到了广泛应用，也是目前市场占有率最高的微处理器。ARM9 系列微处理器在高性能和低功耗特性方面提供最佳的性能。它具有 37 个寄存器，它的典型处理速度是 1.1 MIPS/MHz，具有 5 级整数流水线，指令执行效率较高，支持 Windows CE、Linux、Palm OS 等多种主流嵌入式操作系统。

S3C2440 是一款由三星半导体公司推出的高性能、低功耗、高集成度的微处理器，它具有 130 个 GPIO 口和 24 通道外部中断源，集成了外部存储控制器、LCD 控制器、4 通道 DMA、3 通道 UART、1 通道 IIC 总线接口、2 通道 USB 接口等，时钟频率最高可达到 400 MHz。

1. 网络接口

在硬件平台中，以太网接口主要有两个作用：用于传送图像数据和用于系统调试。在调试阶段，通过以太网接口连接硬件平台与 PC 机，系统初始启动期间下载 U-boot 到硬件平台，并且用 U-boot 下载更新内核和文件系统，因此在系统调试阶段并未烧写文件系统到硬件平台，而是使用 NFS（网络文件系统）作为文件系统以便调试应用程序。本设计选用的网络芯片是 DM9000，它是一款完全集成的和符合成本效益的单芯片快速以太网 MAC 控制器。它还提供了和介质无关的接口，可以支持不同的处理器。

2. 串口接口和 JTAG 接口

在串行通信时，要求通信双方都采用一个标准接口，通过它将硬件平台与 PC 主机相连，可以很方便地进行数据传输以及调试等。使用串口时将其一端接硬件平台的串口接口，另一端接 PC 主机的串口接口，通过串口控制软件进行数据传输等操作。

本设计中 JTAG 提供对系统的调试功能。JTAG 是通过先将器件固定到开发板上再编程的，这种在线编程的方式可以使开发速度更快。通过它可以很方便地烧写 Boot Loader 到硬件平台，需要注意的是当不再使用 JTAG 烧写时，要移除 JTAG 连接线。标准的 JTAG 接口是 4 线：TMS、TCK、TDI、TDO，其中 TCK 为测试时钟的输入端，TMS 为测试模式选择端，TDI 为测试数据输入端，TDO 为测试数据输出端，TRST 为测试复位端，低电平有效[20]。

3. 嵌入式 Linux 平台的搭建

一个嵌入式 Linux 系统从软件的角度看通常可以分为四个层次：Boot Loader、Linux 内核、根文件系统和应用程序。Boot Loader 是在系统上电时开始执行的一段程序，它用来初始化硬件设备，准备好软件环境以及最后调用操作系统内核。在嵌入式系统中，通常并没有像 BIOS 那样的固件程序，因此整个系统的加载启动任务就完全由 Boot Loader 来完成。Boot Loader 的实现非常依赖于具体的硬件，而在嵌入式系统中硬件配置千差万别，CPU 和外设可能完全不同，不可能有一个 Boot Loader 能支持所有的 CPU 或电路板，即使是支持 CPU 架构相对比较多的 U-boot 也需要对其进行移植。针对 ARM 架构的 CPU,常用的 Boot Loader 有 U－boot,Vivi,ARMboot,Redboot,Blob 等,而对于 S3C2440 微处理器,U－boot 是比较好的选择,它可以烧写 JFFS2,EXT2 文件系统映像,支持串口下载、网络下载,可以很方便地调试程序。

本系统选用嵌入式 Linux 操作系统作为目标机的操作系统,一方面 Linux 是一款免费的操作系统,在价格上极具竞争力,同时 Linux 适应于多种 CPU 和多种硬件平台,Linux 的开发应用现在已经成为热门,有大量的资源可用于学习与重复应用,并且 Linux 系统具有良好的可移植性和可裁剪性。移植内核首先要下载内核源代码以及该版本针对 ARM 处理器的补丁文件,为内核打上补丁;然后进入内核源码后,先要修改顶层 Makefile,指定目标平台和编译器,使用“arch/arm/configs/smdk2410 _ defconfig”文件来配置内核,生成“. config”配置文件,之后使用“make menuconfig”对内核信息进行编译。编译完成后生成“u Image”内核映像文件,将生成的“u Image”放入 nfs 目录,使用 nfs 下载内核映像文件,烧写映像文件,最后启动内核。

3.3.5 系统测试

系统测试部分:首先进行硬件方面的连接,接通电源。在软件端的程序中,输入采集好的图片的存储路径后,即可依次进行车牌定位、字符分割、字符识别中的各个步骤,最后显示出正确的车牌结果。

首先是车牌图像的选取,由于本系统并没有摄像头装置,因此车牌图片是来源于已经拍摄好的存储在计算机中的车牌图片。图 3－43 为车牌原始图像。

然后就是车牌图像的灰度化处理。灰度化可以将彩色的车牌图像变为灰度化图像,便于之后步骤的进行。灰度化后的图像如图 3－44 所示。

图 3－43 车牌原始图像

图 3－44 灰度化后的图像

一般采集好的车牌图像中会有许多高频段的噪声点。通过中值滤波的方法可以将图像中的噪点去除掉。这一过程称为图像平滑。图 3－45 为图像平滑后的图像。

图像平滑之后,要进行二值化。二值化后图像就变成了黑白色的图像。此时,通过边缘检测,能够在车牌图像中检测出符合车牌大小比例的车牌。这样就完成了车牌定位的过程。图 3－46为车牌定位后的图像。

图 3-45　图像平滑后的图像

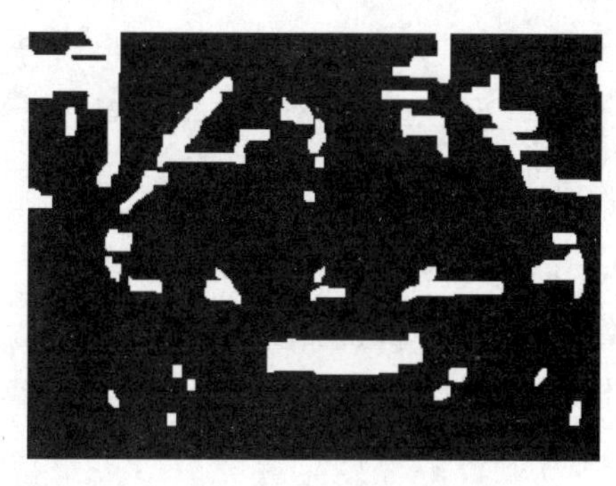

图 3-46　车牌定位后的图像

通过确定矩形区域四个顶点的坐标，就能够在原图中找到车牌区域。在原图中经过裁剪，就能够得到我们想要的车牌区域。图 3-47 为裁剪得到的车牌区域。

最后通过模板匹配算法，即可从裁剪得到的车牌区域中识别出字符信息。图 3-48 为最终得到的车牌识别结果。

图 3-47　裁剪得到的车牌区域

图 3-48　车牌识别结果

综上所述，本系统最终能将采集好的车牌图像经过处理后，成功地显示车牌信息。

具体的过程如图 3-49 所示。

图 3-49　系统实现示例

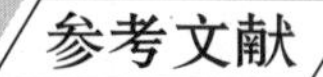

参考文献

附录 车牌识别部分代码(车牌定位)

```
IplImage * background _ img=cvCreateImage(src _ size,IPL _ DEPTH _ 8U,3);
CvMemStorage * storage=cvCreateMemStorage();
CvSeq * contours=NULL;
CvRect rect _ chepai;
CvRect rect;
double contourarea;
float K;
//float rect _ area;
int flag=0;//统计是否检测到车牌轮廓
cvFindContours(erode _ dilae, storage, &contours, sizeof (CvContour), CV _ RETR _ LIST,CV _ CHAIN _ APPROX _ SIMPLE,cvPoint(0,0));
while(contours! =NULL)
{
    rect=cvBoundingRect(contours);
    K=(float)rect. width/(float)rect. height;
    //printf("rect. width");
    //printf("%d\n",rect. width);
    //printf("rect. height");
    //printf("%d\n",rect. height);
    //printf("K");
    //printf("%f\n",K);
    //rect _ area=(float)rect. height * (float)rect. width;
    //printf("rect _ area");
    //printf("%f\n",rect _ area);
    //printf("\n");
    if((K>3. 00&&K<4. 50)&&rect. width>50)//从车牌的宽高比选取轮廓(标准 K=440/140)
    {
        contourarea=fabs(cvContourArea(contours,CV _ WHOLE _ SEQ));//计算感兴趣区域像素点数
        //printf("contourarea");
        //printf("%f\n",contourarea);
        if(contourarea>1000&&contourarea<3000)//从轮廓包围的面积排除非车牌区域
        {
            cvDrawContours(background _ img,contours,COLOR _ RED,COLOR _ GREEN,0,1,8,cvPoint(0,0));//绘制抓取到的车牌轮廓的图像到 bg 图像中 cvNamedWindow
```

```
("background_img",CV_WINDOW_AUTOSIZE);
                    cvShowImage("background_img",background_img);
                    rect_chepai=rect;//保存此时的矩形信息
                    flag++;
                }
            }
            contours=contours->h_next;
        }
        if(flag==0)
        {
            printf("未检测到车牌");
            cvWaitKey(0);
            return 0;
        }
        else if(flag>1)
        {
            printf("检测到多出车牌,不能正确识别");
            cvWaitKey(0);
            return 0;
        }
        //提取出车牌并保存
        cvSetImageROI(src_image,rect_chepai);//设置? ROI
        IplImage * chepai_img=NULL;
        CvSize sizerio;
        sizerio.height=rect_chepai.height;
        sizerio.width=rect_chepai.width;
        chepai_img=cvCreateImage(sizerio,IPL_DEPTH_8U,3);//用来存放车牌图片
        cvCopy(src_image,chepai_img);
        cvNamedWindow("chepai_img",CV_WINDOW_AUTOSIZE);
        cvShowImage("chepai_img",chepai_img);
        cvResetImageROI(src_image);//取消设置 ROI
```

3.4 网络层——案例三 基于LORA的医疗数据采集网关设计与实现

3.4.1 研究背景与意义

健康与每个人都息息相关,每个人也都难免有身体不适需要就医的时候,能有一个完善的医疗体系显得尤为重要。随着信息化的发展,对医疗设备进行创新改革是一个能够切实造福大众的途径。

医疗体系目前正向无纸化、高效化、智能化发展,本次设计和研究也是本着这一理念进行构思。在对多家医院现有状况进行了实地观察后,我们发现在医院的日常体温的采集方面仍有提高和发展的空间。现有的对病人的体温的测量方式还是过于繁杂。体温测量是一个日常的工作,体温对检测病人身体的实时状况有着很大的帮助,可以方便医护人员对每个病人的情况进行了解,以便做出合理的调整。护士每天至少对每位病人要进行三至四次的体温测量,而且还是采用纸质的记录方式。

为了减轻医护人员工作压力,将体温数据无纸化,方便将数据纳入整个智能医疗体系中,让医护人员和患者都能够轻松查阅,我们对体温测量的方式进行了优化。对于温度的数据测量方面,我们放弃了传统的水银体温计,而是采用红外传感模块。红外传感模块能够通过一个按钮就实现了体温测量。传统的温度计,需要长时间夹在腋窝下,这样的测量方式,无疑是种低效有延时性的数据采集。而且,传统的玻璃体温计容易破碎,又是基于重金属的水银设计的,存在安全隐患,特别是对于老人和儿童来说,这种对体温的采集方式是有一定的危险性的。我们采用红外传感测量方式将这种危险的可能性降低,是具有可取性的。而且,红外传感体温检测的电子显示相比于传统水银体温计密密麻麻的刻度也容易查看。最为重要的是它将采集到的体温数据信息化,这使得数据传入云端成为可能。

解决了源头数据的采集,我们更为期待的是能够将数据有效传输,合理统计,不需要再通过医护人员一笔一画记录。在LORA模块构建低功耗传感网中,传输距离是可以得到保证的。LORA作为这几年兴起的技术,它无论是基础设备还是终端节点的成本都是比较低,而且容易部署[1]。我们实现的目标是让体温数据传输到云端服务器,并保证在传输过程中,不发生数据的丢失。这最为关键的是网关的设计和实现,网关要搭建起传感网和因特网之间的桥梁,才能保证数据有效地上传到云端,然后云端才可以再对数据进行相应的处理和分析。

3.4.2 国内外研究现状

在体温采集传输方面,目前医院的体温测量过程未实现智能化,总体上处在较为原始的人工测量、记录阶段。

就体温采集仪器而论,排除传统的水银温度计不说,目前市场上有各种新式的采集设备。如电子式体温计,它应用一些物理参数与体温之间的关系,不过检测的精确度容易受到其设备本身的元器件的影响,误差较大,影响因素教多,对供电情况也有着一定的要求[2]。还有一些耳温和额温体温计,这是通过红外线反射回来的情况能够得出精确的体温,而且是非接触性的体温测量计，对于像医院这种人口密集的地方，这种传统接触性的体温计经多人使用可能存在安全隐患，特别是对于一些流行疾病来说不合适。红外温度检测的技术早些时候在一些工业领域已经开始应用了，如航空。但是由于医疗设备的特殊性，对于精确度、卫生等都有自己的要求，直到 20 世纪 80 年代，红外体温测量才渐渐进入医疗的领域。虽然红外体温测量有多种，但它们的形式和原理都大致是相同的。

这几年物联网体系也得到了快速的发展。以前智能终端采集到的数据大部分还是存储在本地的空间中，在本地进行分析处理。现在云计算的优势逐渐显现出来。物联网由感知层、通信层、平台层、应用层这四大架构构成[3]。以前的无线传输方式，大都通过 WiFi、ZigBee、蓝牙等短距离通信的形式，这些设备随着物联网的发展，已经渐渐不能满足现有的需求。而 LORA 的低功耗广域网有着能够实现长距离传输和低功耗的两个特点。这样完全贴合物联网传感网的特点。LORA 主要是在一些非授权频段上运行的，如 433、868、915 MHz 等[4]。LORA 体系的构成涉及终端、网关、服务器、云这四个部分。现在有着众多有能力的 LORA 厂家都能够参与，但还没形成对于市场的垄断。目前 Semtech 公司有着 LORA 技术的专利。Semtech 公司提供的 LORA 产品为 SX127X 系列。国内市场是以 SX1278 为主，SX1278 是采用低频段(137—525 MHz)[5]。Semtech 公司发布了将 STM32 芯片为控制器作为核心模块控制 LORA 模块的参考技术，并准备研制内置 LORA 的微控制器。

目前和 LORA 相关的协议有 LORAWAN。它是由 LORA 联盟推出的一个低功耗广域网的规范[3]。LORAWAN 也是面向物联网中的设计需求，如进行安全通信，本地服务等。LORAWAN 的拓扑是采用较为典型的星形拓扑结构[6]。LORA 网关在这个网络结构中的定位为一个透明的中继，就是将前端的 LORA 设备和服务器链接起来。LORA 网关和服务器连接是采用 IP 连接。LORAWAN 中也是应用了 AES 加密的方式，提供了多层加密，保证了数据的安全性，同时定义了双向通信终端设备(A 等级)、具有预设接收槽的双向通信终端设备(B 等级)、具有最大接收槽的双向通信终端设备(C 等级)三种设备方式[7]。

LORAWAN 协议主要是为了优化低功耗广域网而设计的，也是有助于低功耗广域网的标准化，使 LORA 组成高效的通信网络，而不是简单单纯的数据收发。

LORA 网关就是连接 LORA 设备和互联网的桥梁。现在国内也有许多公司在做 LORA 的网关开发，大都突出 LORA 网关的通信距离，强大的网络转化能力。如四信公司的 LORA 网关 F8916 - L，它能将 LORA 转变为 TCP/IP 协议外，还能够支持全网通/4G/3G/2G 的网络。再如三凡物联网公司的 SF - LRGW01 的转化功能就更为多样化了，除了上面的 LORA、以太网、全网通，还能够支持 WiFi、蓝牙、光纤、卫星，也是采用基于 SemtechSX1301 开发的 LORAWAN 网关，一个网关可以支持多达 5000 个传输节点的接入。

现在对 LORA 网关的开发研究现状还是以基于 LORA 联盟推出的 LORAWAN 协议为基准，在数据连接转化部分还是各取所需，每家公司推出的 LORA 网关在数据传输距离和能够支持接入的网络上还是各有不同。

3.4.3 相关技术研究

1. SX1278

SX1278 是半双工传输的低中频收发器，在接收和发送数据时需要进行模式的切换，采用的是LORA调制解调技术。LORA调制解调器相对于传统的调制技术而言,它可以增强对带内干扰的抗干扰能力并且增加链路预算。LORA调制解调器具有前向纠错和扩频调制技术,在通过对纠错率和扩频因子进行相应的调整,以便在数据速率、带宽的占用、链路预算和抗干扰性之间获得一个较优的选择。符号速率表示扩频信息发送的速度。而扩频因子是码片速率和标称符号速率之间的比值。

SX1278具有较高的灵敏度,而且抗干扰性强,能够去除掉扰乱的信号。SX1278传输的距离可以达到5 km,适用于长距离的通信传输。频率范围在137 MHz到1020 MHz之间,数据传输的速率在180 bps到37.5 kbps之间,带宽范围在7.8 kHz到37.5 kHz之间,能够支持Wireless WMBus,IEEE 802.15.ag协议,有着多种通信方式,如FSK、GFSK、MSK、OOK、GMSK和扩频通信等。

LORA数据包结构有隐式和显式两种数据包格式。显式数据包中主要包含字节数、编码率和是否使用CRC校验等信息。它的数据包的报头比较短小。SX1278中有一个RC振荡器和一个32M的晶振,可以通过SPI接口访问配置SX1278的寄存器,一些重要的参数也都是通过SPI进行相关配置的。SX1278选择LORA模式后,LORA调制解调器提供多种操作模式,对应相关的寄存器访问和所提供的功能。LORA操作模式的功能有下面八种:

睡眠模式:进行休眠,减少了模块的功耗,对于SPI和配置的寄存器可以访问,但对于LORA,FIFO不能访问。

待机模式:关闭其PLL和射频部分,但晶体振荡器和LORA基带模块是被开启的。

FSTx模式:这种模式的主要作用是对于发射的频率合成。射频部分被关闭。选择定的发射PLL处于锁定状态,并且在发送频率上保持活跃。

FSRx模式:这种模式的主要作用是对于接收的频率合成,原理与FSTx模式大致相同。

TX模式:激活这种模式后,SX1278芯片打开发送所需要的所有的模块,打开功率放大器、发送数据包,并且切回到待机模式。

RX连续模式:激活这种模式后,SX1278芯片打开接收所需要的所有的模块、处理所有接收到的数据,直至客户端要求更改到其他模式。

RX单一模式:激活这种模式后,SX1278芯片打开接收所需要的所有的模块,在接收到有效的数据包前保持着这种状态,然后在换回到待机模式。

CAD模式:在这个模式下,设备对已知的信道进行检测,以检测LORA前导码信号。

SX1278还具有超时功能,能够降低模块的功耗,在一个接收序列后自动关闭接收机。

2. CSMA/CA

与有线通信进行比较,在无线局域网中,条件更为苛刻,容易发生丢包、碰撞。在同一个信道发送数据,难免会发生冲突。在无线系统中是没法像CSMA/CD那样,一边接收数据信号一边传送数据信号。所以在无线系统中,不能在发包的同时检测在信道上是否发送冲突,所以没法完全地避免冲突,只能尽量避免冲突的发生,在接收到对方客户端返回的ACK信号时,才能够说明数据已经有效地到达接收端了。

在发送数据前,都先检测信道的状态,等到信道是空闲的时候,再等待一段时间,再次检测信道是否空闲,只有此时信道是空闲,才进行数据发送,否则再随机等待一段时间后,再进行信道检测。

在发送数据前会向对方发送请求传送报文 RTS，然后等待对方回复响应报文 CTS。这样子可以防止接下来的发送的数据不会发生碰撞。RTS—CTS 机制是在 802.11 无线网络协议中采用的，以便减少由隐藏节点所引发的冲突的机制[8]。发送端不能看见与对方节点进行通信的节点就是所谓的隐藏节点。RTS 和 CTS 帧本身很小，它们的长度也分别只有 20 和 14 个字节。这种封装的包很小，不会加大整个的传输的开销。而且发送端与接收端在很短的时间内就进行了 RTS 和 CTS 帧的交互，相当于在通告其他无线节点，这个信道即将被这两个端点所占用[9]。在承载的数据包的负荷比较的大情况下，应用 RTS/CTS 协议可以有效地提高信道的共享的效率。在承载的数据包的负荷较小的情况下，虽然能有效地避免冲突，但是却造成了信道共享的效率大幅度下降，这样得不偿失，使得信道的利用率得不到充分的利用[10]。

但这种 RTS/CTS 机制也存在着漏洞。在这个机制中，NAV 字段在信道的时间分配上尤为重要，只有当节点的 NAV 的值为 0 时，才能够进行数据的发送。攻击者可以伪装成发送一个占据大量时间的字段，阻止其他的节点获得对信道的访问权。只要设置的 NAV 的值有足够大的时候，RTS 帧和 CTS 帧都可以被用来进行非法攻击。

CSMA/CA 采用了三种对于信道的空闲检测方式：能量检查(ED)、载波检测(CS)和能量载波混合检测[11]。能量检测是对接收到的信号的能量进行分析，主要是根据能量的大小进行判断，当功率大于某一个确定的值时，就表示此时信道被占用，否则表现在信道是空闲。载波检测是对接收到的信号和本机的伪随机码(PN 码)进行比较，如果它的值超过某一个极限时，就表示此时信道被占用，否则表示现在的信道是空闲的。能量载波混合检测则是将前两种方式结合起来。

节点采用的退避算法主要是二进制指数退避算法(BEB)，来进行冲突延时。退避算法是用来进行无线节点接入的时候减少冲突的实行的方法。它主要是修正进行退避延时的值，使节点对应的信道的竞争情况得到反映，使得各个节点能在合适的时候抢占到所需要的信道。算法中具有后退次数 NB，每次检测到信道忙的时候就会在该值上加上 1。当信道空闲时，开始发送数据，将退避次数重新初始化为 0，当它超过最大的退避次数的时候，则放弃这次传输。从离散的整数集$[0,(2^{NB}-1)]$中随机取出一个数与单位延时时间相乘得到本次的退避时间。

3. AES 加密算法

在如今的信息时代，每时每刻都有着信息进行传输。信息安全永远都不是个过时的话题。数据的加密技术也是在现在数据传输过程中最为常用的安全技术。它可以保障数据的安全性。以前的 64DES 算法已经不能保证信息数据的安全性[12]。AES 是在现在传输系统中较为常用的加密方式。无线传感网络中，信道和部署环境都是开放的，信息更容易被捕获到，对数据信息进行加密保护是一个不可或缺的环节。

在 ZigBee、蓝牙中都会使用 AES 算法对数据进行加密。在 LORAWAN 协议中的 MAC 帧负载数据的加密也是基于 IEEE 802.15.4、2006 Annex B [IEEE802154]的 AES 加密，使用的是 128 位密钥。

AES 加密在各个平台上也比较容易实现，移植的难度也比较简单。它根据不同的需求提供了三种密钥长度：AES—128、AES—192、AES—256，他们对应的轮数也不尽相同。AES 的加密过程中的代替和替换由四个部分组成，分别为字节代替、行位移、列混淆、轮密钥加。以 AES—128 为例，整体过程如图 3-50 所示。

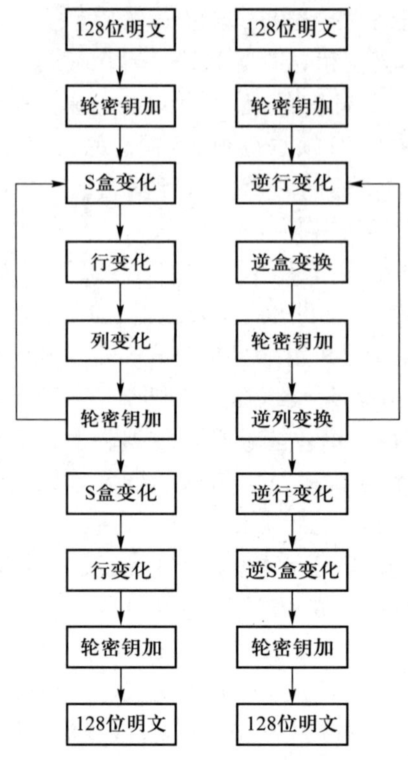

图 3-50 AES 加解密

字节代替：主要是通过 S 盒完成对分组数据的字节进行替换，从一个字节映射到另一个字节，如图 3-51 所示。S 盒中的替换，输入 8 个比特数据，输入的高四位作为 S 盒行的数值，低四位作为 S 盒列的数值，然后从 S 盒中得出对应的 8 个比特数据的输出。S 盒逆变化的原理相类似。

		y															
		0	1	2	3	4	5	6	7	8	9	A	B	C	D	E	F
x	0	63	7C	77	7B	F2	6B	6F	C5	30	01	67	2B	FE	D7	AB	76
	1	CA	82	C9	7D	FA	59	47	F0	AD	D4	A2	AF	9C	A4	72	C0
	2	B7	FD	93	26	36	3F	F7	CC	34	A5	E5	F1	71	D8	31	15
	3	04	C7	23	C3	18	96	05	9A	07	12	80	E2	EB	27	B2	75
	4	09	83	2C	1A	1B	6E	5A	A0	52	3B	D6	B3	29	E3	2F	84
	5	53	D1	00	ED	20	FC	B1	5B	6A	CB	BE	39	4A	4C	58	CF
	6	D0	EF	AA	FB	43	4D	33	85	45	F9	02	7F	50	3C	9F	A8
	7	51	A3	40	8F	92	9D	38	F5	BC	B6	DA	21	10	FF	F3	D2
	8	CD	0C	13	EC	5F	97	44	17	C4	A7	7E	3D	64	5D	19	73
	9	60	81	4F	DC	22	2A	90	88	46	EE	B8	14	DE	5E	0B	DB
	A	E0	32	3A	0A	49	06	24	5C	C2	D3	AC	62	91	95	E4	79
	B	E7	C8	37	6D	8D	D5	4E	A9	6C	56	F4	EA	65	7A	AE	08
	C	BA	78	25	2E	1C	A6	B4	C6	E8	DD	74	1F	4B	BD	8B	8A
	D	70	3E	B5	66	48	03	F6	0E	61	35	57	B9	86	C1	1D	9E
	E	E1	F8	98	11	69	D9	8E	94	9B	1E	87	E9	CE	55	28	DF
	F	8C	A1	89	0D	BF	E6	42	68	41	99	2D	0F	B0	54	BB	16

图 3-51 S 盒变化

行变化：顾名思义是将基于行进行相应的变化，构建成一个 4×4 矩阵。第一行保持不变，第二行向左循环移动一个字节，第三行向左循环移动两个字节，第四行向左移动三个字节。这样我们就得到了所需要的行变换。行变换是种线性变换，主要是和列混淆进行相互配合，在经过这么多轮的变化后，提高数据的非线性性，使得数据得到充分的混乱，降低被破解的可能性。逆行变化只要做相应的反方向的行位移就可以还原原来的数据。

列混淆变化：是在伽罗华域 GF(2^8)上运算，每列中的每个字节被映射为一个新值[13]。这个值是通过该列中的四个字节进行相关运算得到的。

轮密钥加变化：就是和 128 位的密钥进行对应位的异或运算。因为任何数与自身进行异或运算结果都为 0[14]. 在每一轮进行变化的时候将盒密钥进行一次运算，所以在解密的时候也只要再异或上这一轮的密钥，这样就能恢复回原来的数据。

密钥扩展：因为 AES 进行很多轮的运算，只是单单用初始的密钥是不够的，需要进行对密钥的扩展运算。以 128 位为例，首先将密钥对应的字节按照排序转换成矩阵。再转化成 4 个字，分别标记为 w[0…3]；用 NK 表示密钥所包含的对应字数，AES—128、AES—192、AES—256 对应的字数也就分别为 4、6、8。最前面的密钥由原始密钥进行填充。然后每个字 w[i]就等于它前面的一个字 w[i—1]和 NK(对于 AES—128 来说也就是 4)个位置之前的字 w[i—NK]进行异或[15]。并且对于处在 NK 的整数倍位置的字的处理略和前面有所不同。它在异或前要对前面一个字进行变化，将对应的字节进行循环左位移一位，然后再对每个字节进行 S 盒的变化映射[16]。最后再与 1 个字的常量进行异或运算得到最终的扩展密钥。

3.4.4　总体设计

1. 系统功能

本作品是一个基于 LORA 无线传输的体温采集系统，可以将它分为四大部分：采集部分、无线传输部分、网关数据处理部分和以太网传输部分。下面对各部分进行说明，如图 3－52 所示。

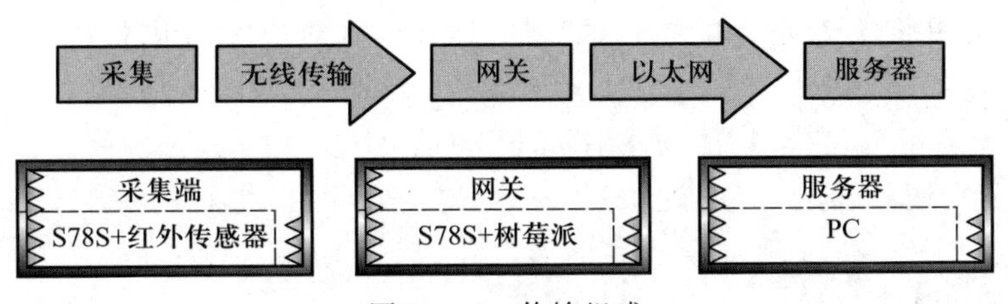

图 3－52　传输组成

对于无线传输部分，它的功能要求有如下几点：

(1) 带有确认机制。

(2) 数据要能够实现加密传输。

(3) 接收端支持多个 LORA 设备接入。

(4) 带有冲突检测和冲突重传。

第一步要实现的功能是单点传输。先保证数据能够通过无线传感网从发送端到接收端，才有可能再做具体的优化，下一步是做到可靠的传输。对于医疗设备，数据丢失是不能被允许的。在无线局域网这个苛刻的环境下，容易受到各种因素的干扰，要能够确认数据能够准确送达到接收端，不发生报文丢失，必须对传输的方式进行优化[17]。为了保证这种无线局域网的可靠传输，传输部分必须具有确认机制和重传机制。确认机制能够使发送端知道接收端已经收入本次传输的数据。重传机制保证数据丢失的时候，发送端能够重新进行传输。

再由单点可靠传输深入到接收端能够对多个设备发送的数据进行接收，也就构成一个简单的局域网。在发送端共同使用一个信道的时候，难免会出现竞争。多对一的无线传感网的主要问题就是解决多设备同时传输时，发生的冲突。要解决冲突涉及两个问题，一是怎么判断已经发生冲突，二是发生冲突后要怎么处理。发送冲突时，发送的数据必然被扰乱，只要设计好固定格式的数据，这样就可以判断接收到的数据是否正常。对于发送端来说，产生冲突之后就要选择合适的算法进行冲突处理，以减少再次发生冲突的概率。

2. 数据处理部分

对于数据处理部分，它的功能要求有如下几点：

(1) 实现 LORA 模块和树莓派的连接。

(2) 能够支持搭载两个 LORA 模块。

(3) 带有数据存储功能。

网关的作用主要是将无线传感网和英特尔局域网连接起来，让数据能够传输到云端。所以一方是网关设备对无线传输设备接收端的连接，另一方是网关设备对局域网的连接，网关起的是中间桥梁的作用。对于前者我们可以选择将无线设备(S78S)和网关处理设备(树莓派 3)搭载在一起，构成一个整体的网关设备。再对网关进行功能上的扩展，它可以提供多个信道的选择，这样可以有效地减少发生冲突的概率，有利于保证传输的质量。

接收端的 S78S LORA 模块可以使用两种方式和网关核心板树莓派构成连接，一是使用串口，二是使用 USB 口。对于单通道的话使用串口有助于产品的美观和一体化。但在使用双通道时，由于只有一个串口接口，在树莓派上要搭载两块 S78S，就得选择其他接口，诸如 USB 口，使用 USB 口的优势在于方便拔插，这样用户可以选择是使用单通道还是双通道。再者为了保证数据的不丢失，以及能够方便在网关查询，在树莓派中做相关的数据存储备份也是十分重要的部分，还需要在树莓派中进行数据库的配置，并将数据导入到对应的存储文件中。

3. 以太网传输部分

对于以太网传输部分，它的功能要求有如下几点：

(1) 实现和云端服务器的 UDP 通信。

(2) 报文构造。

(3) 带有重传机制。

(4) 带有数据加密功能。

对于以太网上的通信传输要求与无线传感网上的有点相类似，它们都是要保证数据的有效传达，不能在传输过程中发生数据丢失，所以也要具有确认和重传机制。数据的保密性，在传输过程中也永远是个不能忽视的话题。合理的报文构建，即可以让传输过程更加规范，也有利于服务器对客户端发送数据的识别，也可以防止其他不符合规定的数据被云端存储。总的来说要保证在以太网上的传输具有可靠性和安全性。

对于树莓派和局域网之间传输的网络协议，比较常用的传输协议有 TCP 传输和 UDP 传输。本作品采用的是 UDP 的方式进行传输。因为本作品传输的数据量只有一个温度数值。UDP 适合这种短消息之间的传输，可以减少网络负担。网关是长时间运行的模块，若使用 TCP 进行一次三次握手连接，也不能够保证连接是一直建立的，也有可能处于连接断开状态，如服务器重启、死机，因此还要TCP进行保活(keepalive)工作。而且这只是对于单个网关而言，若扩展到多个网关向服务器发送数据，要保持多个TCP链接的花销可想而知。UDP则不需要增加这种花销，甚至用单线程就可以实现。只需要对方按照正确的格式发送就能够正确接收。

4. 硬件选型

在无线传输中，对传输方式的选择也是多样化的，其中有WiFi、ZigBee、LORA、蓝牙、公网无线传输(2G\3G\4G)等传输方式。WiFi的覆盖范围很有限，这样的短距离传输显然不能满足作品的传输需求，而且我们对于采集端的设备的设计要尽可能精小。WiFi模块对于这种小型嵌入式的设计也不尽人意。对于公网无线传输方式，这与本设计的保密性理念不相符合，也不做考虑。对于蓝牙设备，它也是适合在短距离上进行传输，一般流行的蓝牙的传输距离在10 m左右，如手机、蓝牙耳机等，只有一些在商业用途上的蓝牙在通信的距离可以达到80～100 m，但这些设备功率大，成本也高，耗电量也不小。ZigBee是无线局域网中较为常用的传输设备。但是LORA相比于ZigBee是个更优的选择，LORA更适合长距离的传输，而且是低功耗设备，穿透性和灵敏度也是很高。综上所述，在无线传输设备上LORA无论从效能，还是设备的大小上会更加贴合这个传输系统。

对核心处理设备选择也要能够符合功能需求。本作品要能够在局域网上建立连接，所以设备上也要携带操作系统，能够支持以太网的连接，并且具有一定的处理能力和数据存储空间。本作品最终选择更为基于微型电脑的树莓派。它具有PC机的基本功能，对于本作品的需求也能够很好地贴合。

树莓派携带的接口也比较全面，有USB口、串口、RJ45、SD读卡器等，这对于我们做模块的扩展也是不可或缺的。树莓派3能够支持64位，使用的是4个Cortex A57内核最高的主频可以达到1.2GHz[18]，还有提供一个100Mbps的以太网接口可供连接，并支持802.11 n无线连接，携带蓝牙4.1连接[19]。这种多样化的连接方式，对于网关设备的选择是更为合适不过了，为以后的功能扩展提供了可能。在GPIO口上，它带有40个引脚接口，这对于本作品搭载的S78S LORA模块也是绰绰有余的(图3-53)。

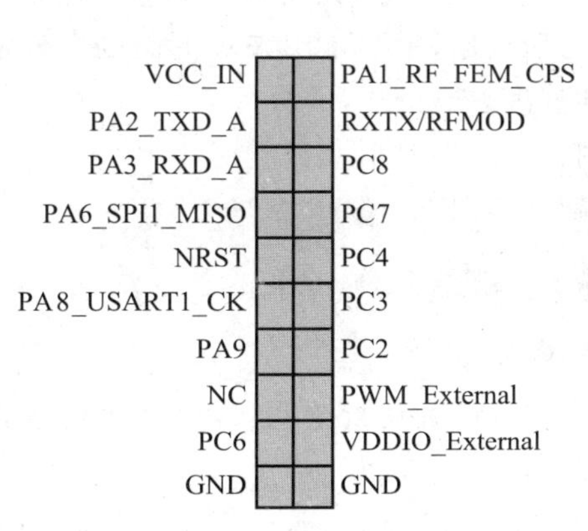

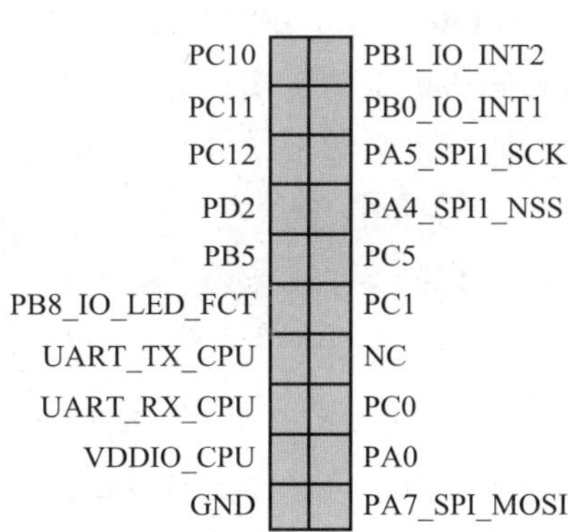

图3-53　S78S LORA模块

3.4.5　详细设计

本节是针对第3章功能的实现进行详细的说明。下面从LORA传输、数据处理和UDP传输三个部分进行介绍(图3-54)。

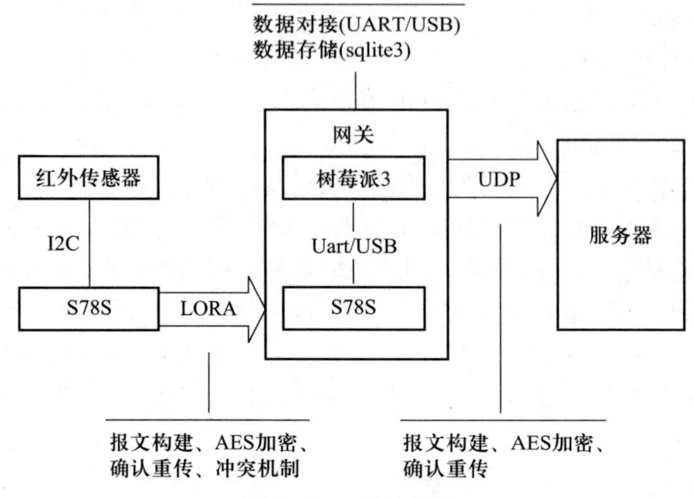

图3-54　系统架构

1. LORA传输

因为采集的数据只涉及温度,所以对于报文的长度分配不宜太长。报文主要分成两种,一种是发送报文,带有温度数据;一种是回应报文,向发送端进行ACK回应,让发送端知道数据已经被接收,可以进行下一个数据的传输。

发送报文的字段分别为设备号、序列号、温度(图3-55)。

大小(Byte)	4	4	4
字段	设备号	序列号	温度

图3-55　表:LORA发送报文格式

设备号即作为发送端的唯一标识,在发送前填充上发送端的设备号,让接收端能够知道是哪一块LORA向它发送数据。序列号用来识别发送的是第几个数据,主要是用来对下面的重传机制和确认机制的实现。最后一个字段才是我们所要传输的温度。

回应报文的字段分别为:设备号、序列号、确认标志(图3-56)。

大小(Byte)	4	4	4
字段	设备号	序列号	确认标志

图3-56　表:LORA回应报文格式

对比LORA发送报文的格式只是将温度替改成确认标志,将确认标志置1,就代表已经接收到对应设备号和序列号发送的本次采集的温度。

报文是采用结构体进行封装,在传输过程中将结构体转为字符格式。拆包也是将接收到的字符格式的数据转换为上述对应的结构,就能获得所要的数据,相当于将字符串作为中介,用于传输的桥梁。

报文解析的过程大致就如图3-57所示。在C语言中结构体相当于自己定义的类型，在报文解析中的所使用的方法，是内存拷贝。发送时将结构体中的内容，拷贝到一块字符格式的存储空间，接收处理的过程也是类似的。

2. LORA传输加密

LORA中传输的加密方式是AES加密，它的实现是基于AES—128。具体可以参考2.3节中的内容，算法流程也基本是在原来的AES加密原理上做出调整。这里强调的是，标准的AES是带有分组加密的，会将数据分为每16个字节为一组进行加密。但本作品发送的报文的总长度也就12个字节，显然是不超过它规定的字节数，这个部分对于本作品相对冗余。于是本作品对AES中的分组判定进行删除简化，尽可能地去提高效率。在程序的分装上，向外提供三个接口，分别为密钥生成、加密、解密。LORA发送端和接收端上运用这几个接口，都带有加、解密功能。加密模块的应用在LORA无线传输程序中的位置如图3-58所示。

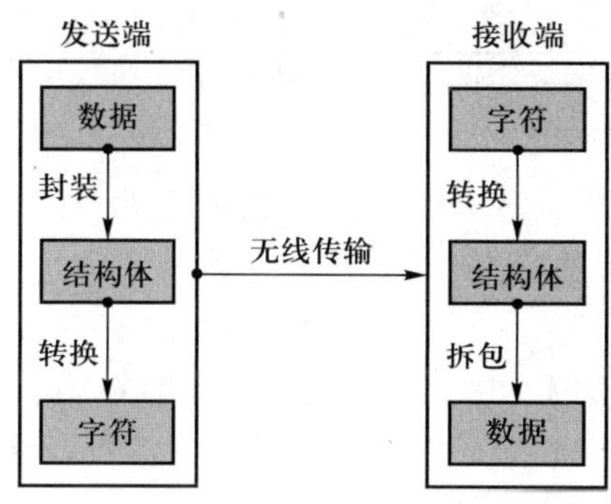

图3-57 报文解析

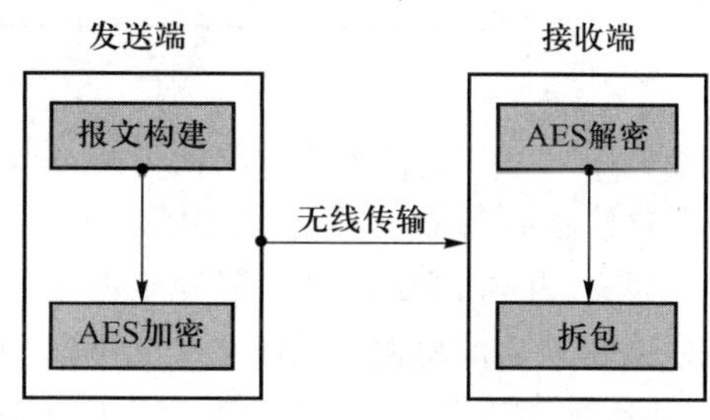

图3-58 AES加密的应用

程序中AES加密的应用是将已经构建好的整个报文都进行AES加密处理，并不是将单独的温度数据进行加密。对应的接收端要先进行AES解密工作，才能够再进行拆包提取出数据。

3. LORA确认重传机制

LORA上搭载着简单的重传机制，只有在确认上次采集的数据发送到达后，才会再对下一个数据进行封装发送。LORA还带有超时重传发送，在一定的时间内没有接收到消息也会进行再次发送。假设设备号(Dev)为1，序列号(num)为2，它的发送端的处理过程如图3-59所示。

发送端只有当接收到带有相应设备号和序列号的确认包，才判定本次发送成功送达。接收端的处理是将温度数据提取出来，再将接收到的数据包的设备号和序列号原封不动回应给发送端就可以了。这样的机制基本保证了本作品在无线传感网络的可靠传输。

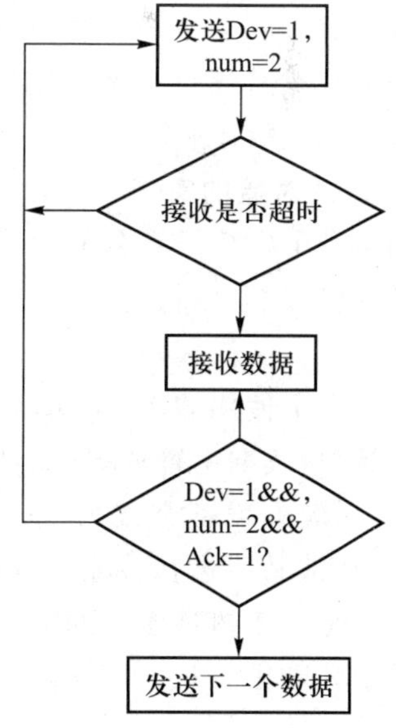

图3-59 重发机制中发送端处理

4. LORA 冲突重传机制

多个 LORA 同时使用同一个信道发送数据，必然会导致数据发生冲突，使得本次传输作废，还会将错误的数据发送给接收端。为了解决这个问题，在作品中增加了冲突检测机制，下面将分三个部分进行说明机制的内容：接收端检测、发送端检测、冲突延时算法(图 3-60)。

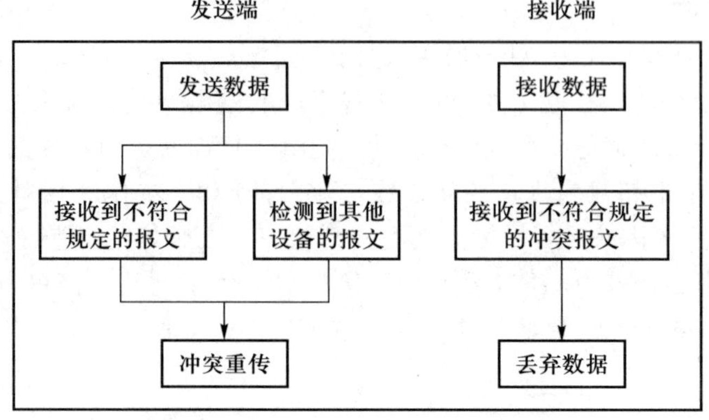

图 3-60　冲突机制

发生冲突必将数据错乱，数据也不会按照原来的格式送达。接收端根据这点就可以进行判断。只要接收到的数据不是按照图 3-55 中的报文格式进行发送的，接收端将一律认为此时数据发生冲突，并告知发送端数据发生冲突。

对于发生端的检测，有两种情况可以判定数据已经发生冲突。一是接收到接收端的冲突告知，二是检测到设备发送的数据。因为每个设备发送的数据都有打上本设备的设备号，所以只要判断数据包是不是本设备的设备号，就可以识别数据包的发送端。

冲突延时采用的借鉴二进制退避算法，用来规定发生冲突后多久可以进行再次发送。算法中最重要的参数是冲突次数(n)，冲突的最大次数不超过 10 次。先写好基本的退避时间，每当发生冲突就从离散的整数集合[0,1,2,……,(2^n - 1)]中随机得出一个整数，与基本退避时间相乘就得到本次的退避时间。

5. 数据对接的实现

网关是由树莓派搭载 LORA 接收端实现的。在 LORA 接收端的传输功能已经在上文中说明过了，这里就不再叙述。本节主要说明 LORA 和树莓派中连接的串口和 USB 的配置、串口使能。

树莓派下使用的是 Linux 系统。Linux 下可以看作万物皆文件。只要找到对应的设备，再根据波特率，读取字符的等待时间就可以对设备中传输的数据用 read()函数进行读出。在作品中，串口对应的设备文件为/dev/ttyAMA0，USB 口对应设备文件为/dev/ttyUSB0。采用的是 115 200 的波特率进行传输。读取第一个字符的等待时间暂定为 100 ms。

首要是对于树莓派 3 的串口进行使能。树莓派 3 中由于官方在设计上将硬件的串口分配给了它的蓝牙功能模块，要使用硬件的串口连接 S78S LORA 模块，就必须关闭蓝牙功能，再使串口使能。

树莓派中有两个串口，一个是本作品要搭建的硬件串口，一个是 mini 串口。硬件接口(GPIO14、GPIO15)默认由蓝牙占据。mini 串口是由内核给它提供时钟，而内核本身频率就是变化的，这样导致波特率十分不稳定。要做的工作就是将硬件串口(dev/ttyAMA0)和mini串口(dev/ttyS0)的映射进行对调。可以在系统/boot/overlays目录下增加pi3—miniuart—bt—overlay.dtb，这个文件的作用就是将蓝牙的映射切换到dev/ttyS0，将GPIO14和15转变为硬件的串口。再通过修改/boot/config.txt文件就可以使这个映射对调文件生效。修改完后串口还是不能正常使用，因为树莓派3的IO引出来的串口默认是做控制台的。所以还要禁止掉串口的控制台，这才是能够正常的使用树莓派3的串口功能。

网关要实现双通道功能，可以接收到多个信道中传输的消息。因为一个S78S LORA模块只能接收到一个信道中的数据，所以我们要实现双通道的功能，就要在树莓派3搭载两块S78S LORA模块。双通道的选择也有助于缓解无线局域网冲突概率(图3-61)。

程序上实现主要使用select函数来实现。由于要接收到两个设备的数据，这两个数据的读取也必须设置成非阻塞模式，这样才能及时读取到所需要的数据。所以就仿造TCP程序中常用到的非阻塞中的构思，将串口和USB对应的设备文件都加入到fd _ set类型的集合中去，用select()函数选择可读的设备[20]，再用read()函数读取相应的设备文件就可以了。在这里我们关心的是温度数据，对于是从哪个信道入口接收到的情况并不关心，所以也就不必做相应的处理。

网关是长时间运行的，会接收到大量的数据，网关接收到温度数据后，有必要对数据进行备份。所以对数据的存储也尤为重要。由于是在嵌入式系统中，本作品采用的是sqlite3这种轻型数据库。它的数据也是贴合嵌入式产品设计的，内容只需要几百kB就可以了(图3-62)。

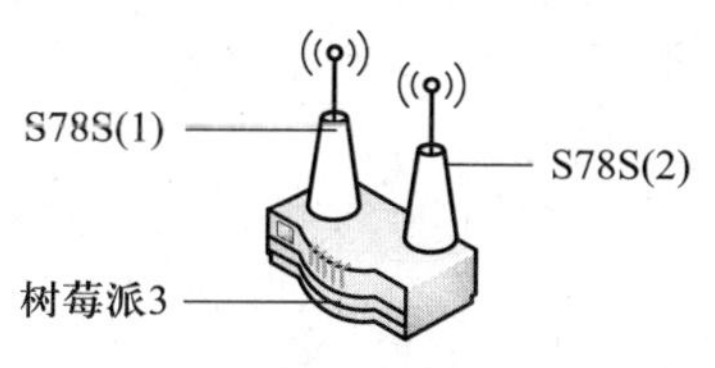

图3-61　网关双通道

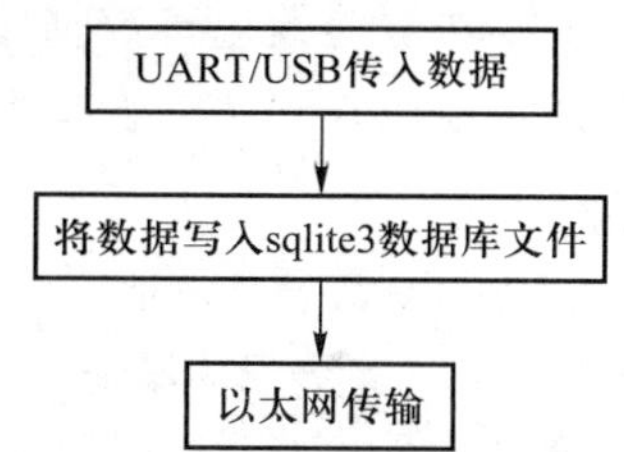

图3-62　数据存储在程序流程中的位置

在Linux上配置sqlite3可以使用sudo apt—get install命令就可以从相应的源中安装好sqlite3数据库。在数据库中存储的元素为温度、时间、序列号。时间是从树莓派上LORA模块传输数据的时间，这个序列号是用于在UDP传输中的数据序列号。

6. UDP传输

在局域网中的传输是采用UDP协议，树莓派端进行UDP客户端的实现。UDP客户端中所带有的功能和无线传感网中相似，也是带有确认重传机制，AES加密。

UDP中的报文设计，分为包头和包体。无论是发送还是接收，数据都是采用这个格式进行传输。

包头的内容为消息格式、序列号、报文长度。目前规定了两种消息格式，一种是发送，一种是回应。报文传输的长度可以告知接收端，以方便接收端分配接收内存的大小(图3-63)。

大小(Byte)	2	5	4
字段	消息类型	序列号	报文长度

图3-63　表:UDP报文包头

包体的设计内容为设备号、温度(图 3-64)。

大小(Byte)	4	4
字段	设备号	温度

图 3-64　表:UDP 报文包体

UDP 客户端是采用 Linux C 语言实现的。客户端总体设计过程如图 3-65,将温度通过对应的 IP 和端口发送向服务器。

UDP 程序的启动首先进行初始化工作,包括对 Socket 的初始构建,其传入的 IP 是灵活的,程序可以根据每次启动时传入的 IP 参数构建对应的 socket 进行 UDP 通信;还有对双通道设备的初始化,以便下面对双通道数据进行读取;剩下的就是个轮询的过程。首先检查双通道的数据,若检测到数据就进行数据存储,之后向服务器发送对应报文。服务器接收到回应后,再准备下一次的数据检测和传输。如果服务器接收到的回应数据异常或者接收超时,就会启动发送函数再次进行传输。

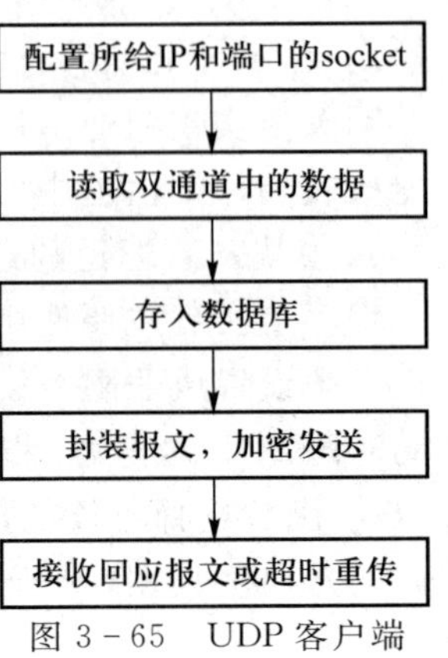

图 3-65　UDP 客户端

3.4.6　测试结果

1. LORA 多对一传输实现

设计两个发送端连续进行数据传输,接收端的数据接收结果如图 3-66 所示。方框中表示接收端可以正常地接收到两个设备发送过来的测试数据。方框内表示接收到的 AES 密文和解密后的明文。

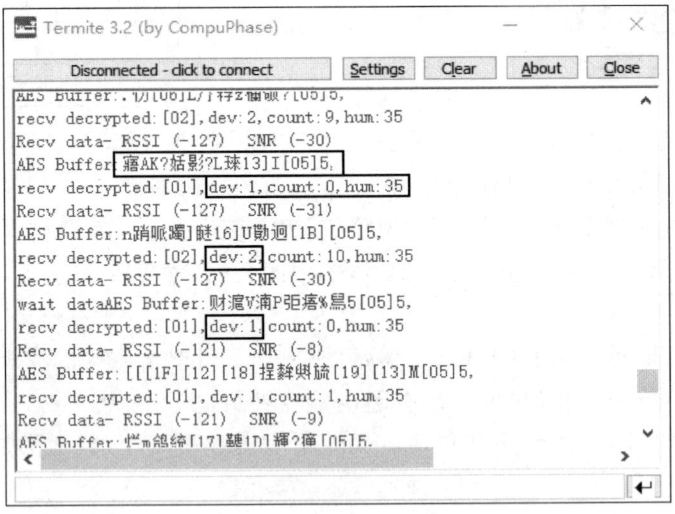

图 3-66　LORA 多对一接收端数据

2. LORA 冲突测试

设计两个发送端同时进行数据传输,其结果如图 3-67 所示。方框中的 clash 表示发生冲突进行延时。Delay count 表示 2^N(N:冲突次数),rand 为延时随机数。

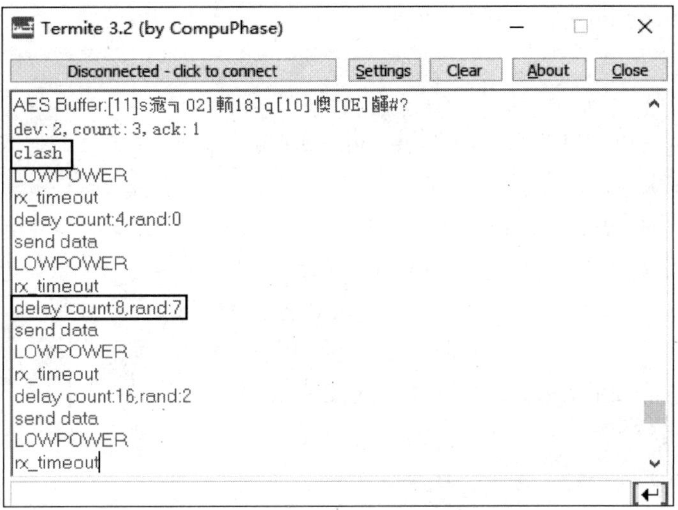

图 3－67　冲突测试

3. 网关数据

Sqlite3 中存储的数据如图 3－68 所示。数据分别为序列号，温度，时间。

UDP 客户端的程序运行如图 3－69 所示。

```
count: 3Records created successfully
count: 3, recv buf: 23
read from dev:  30.31
Opened database successfully
count: 4Records created successfully
count: 4, recv buf: 24
read from dev:  30.23
Opened database successfully
count: 5Records created successfully
count: 5, recv buf: 25
read from dev:  30.17
Opened database successfully
count: 6Records created successfully
count: 6, recv buf: 26
read from dev:  30.39
Opened database successfully
count: 7Records created successfully
count: 7, recv buf: 27
read from dev:  30.19
Opened database successfully
count: 8Records created successfully
count: 8, recv buf: 28
read from dev:  30.05
Opened database successfully
```

图 3－68　数据库表中的数据

```
3|30.05|Thu May 25 11:09:03 2017
4|30.31|Thu May 25 11:09:04 2017
5|30.23|Thu May 25 11:09:05 2017
6|30.17|Thu May 25 11:09:06 2017
7|30.39|Thu May 25 11:09:08 2017
8|30.19|Thu May 25 11:09:09 2017
9|30.05|Thu May 25 11:09:10 2017
10|30.03|Thu May 25 11:09:11 2017
11|30.09|Thu May 25 11:09:13 2017
12|30.05|Thu May 25 11:09:14 2017
13|30.23|Thu May 25 11:09:15 2017
```

图 3－69　UDP 客户端运行界面

参考文献

附录　S78S 模块主函数

```
int main(void)
{
    uint8_t uart_cmd[UART_LENGTH],temp[4];
    uint32_t uart_read=0;
```

```
        bool isMaster=false;
        msg data;
        ack ack_data;
        uint8_t encrypted[BufferSize],decrypted[BufferSize];
        AES_KEY key;
        const unsigned char master_key[16]={
        0x00,0x01,0x02,0x03,0x04,0x05,0x06,0x07,
        0x08,0x09,0x0a,0x0b,0x0c,0x0d,0x0e,0x0f,
    };
    //Target board initialization
    BoardInitMcu();
    BoardInitPeriph();

    UartPrint("\nS7678S SDK V1.3\n");

#if POWER_SAVING_DEMO
        //Enter power-saving stop mode and then back to normal mode.
        UartPrint("Enter Power Saving mode for %ds...\n",POWER_SAVING_INTER-
VAL);
        Demo_Enter_Stop_Mode(POWER_SAVING_INTERVAL,GPIOC);
        UartPrint("Leave Power Saving mode...\n",POWER_SAVING_INTERVAL);
#endif

    //Radio initialization
    RadioEvents.TxDone=OnTxDone;
    RadioEvents.RxDone=OnRxDone;
    RadioEvents.TxTimeout=OnTxTimeout;
    RadioEvents.RxTimeout=OnRxTimeout;
    RadioEvents.RxError=OnRxError;

    Radio.Init(&RadioEvents);

    Radio.SetChannel(RF_FREQUENCY);

#if defined(USE_MODEM_LORA)

    Radio.SetTxConfig(MODEM_LORA,TX_OUTPUT_POWER,0,LORA_BAND-
WIDTH,
```

```
        LORA_SPREADING_FACTOR,LORA_CODINGRATE,
        LORA_PREAMBLE_LENGTH,LORA_FIX_LENGTH_PAYLOAD_ON,
        true,0,0,LORA_IQ_INVERSION_ON,3000);

    Radio.SetRxConfig(MODEM_LORA,LORA_BANDWIDTH,
        LORA_SPREADING_FACTOR,LORA_CODINGRATE,0,
    LORA_SYMBOL_TIMEOUT,LORA_FIX_LENGTH_PAYLOAD_ON,
        0,true,0,0,LORA_IQ_INVERSION_ON,true);

#elif defined(USE_MODEM_FSK)
    Radio.SetTxConfig(MODEM_FSK,TX_OUTPUT_POWER,FSK_FDEV,0,
        FSK_DATARATE,0,FSK_PREAMBLE_LENGTH,
        FSK_FIX_LENGTH_PAYLOAD_ON,
        true,0,0,0,3000);

    Radio.SetRxConfig(MODEM_FSK,FSK_BANDWIDTH,FSK_DATARATE,
        0,FSK_AFC_BANDWIDTH,FSK_PREAMBLE_LENGTH,
        0,FSK_FIX_LENGTH_PAYLOAD_ON,0,true,0,0,false,true);

#else
    #error "Please define a frequency band in the compiler options."
#endif
    memset(temp,0,4);
    Radio.Rx(RX_TIMEOUT_VALUE);

while(1)
    {
        //AcSiP(+),for read UART commands
        uart_read=UartScan(uart_cmd);
        if(uart_read!=0){
            UartPrint("\n>>%s\n",uart_cmd);
        }
            //UartPrint("size:%d,%d\n",sizeof(msg),sizeof(ack));
        switch(State)
        {
        case RX:
                if(BufferSize>0)
                {
```

```
            //UartPrint("AES Buffer:%s,\n",Buffer);
            memset(decrypted,0,BUFFER_SIZE);
            AES_set_decrypt_key(master_key,128,&key);
            AES_decrypt(Buffer,decrypted,&key);
        //UartPrint("recv decrypted:%s,",decrypted);
            memset(&data,0,sizeof(msg));
            memcpy(&data,decrypted,sizeof(msg));
        UartPrint("%d",data.in_temp);
    memset(Buffer,0,BufferSize);

#if  LED_ENABLE
        GpioWrite(&Led4,GpioRead(&Led4)^1);
#endif
            memset(&ack_data,0,sizeof(ack_data));
            ack_data.dev=data.dev;
            ack_data.count=data.count;
            ack_data.ackflag=1;

            memcpy(Buffer,&ack_data,sizeof(ack));
            memset(encrypted,0,sizeof(encrypted));
            AES_set_encrypt_key(master_key,128,&key);
            //128 for 128-bit version AES
            AES_encrypt(Buffer,encrypted,&key);

            DelayMs(1);
            Radio.Send(encrypted,BUFFER_SIZE);
            PongCount++;
        }
    State=LOWPOWER;
    break;
  case TX:

#if LED_ENABLE
            GpioWrite(&Led2,GpioRead(&Led2)^1);
#endif
            Radio.Rx(RX_TIMEOUT_VALUE);
            State=LOWPOWER;
            break;
```

```
            case RX_TIMEOUT:
            case RX_ERROR:
                if(isMaster==true)
                {
                    Radio.Rx(RX_TIMEOUT_VALUE);
                    DelayMs(1);
                }
                else
                {
                    Radio.Rx(RX_TIMEOUT_VALUE);
                }
                State=LOWPOWER;
                break;
            case TX_TIMEOUT:
                Radio.Rx(RX_TIMEOUT_VALUE);
                State=LOWPOWER;
                break;
            case LOWPOWER:
            default:
                break;
            }
              TimerLowPowerHandler();
        }
}
```

3.5　本章小结

案例一中设计的最终成果"福州大学校园地图配准系统"，是一款基于福州大学校园三维地图的地图配准系统，通过算法设计、编写 C# 代码来实现地图的操作功能和配准功能。道路显示拟合技术是本设计中颇具创新性的技术，基于仿射变换的全局配准技术和非线性局部配准技术则是非常实用有效的两种地图配准技术。该案例提出了基于三种配准技术在内的四套配准方案，方案对比的结果显示，三种配准技术同时使用时配准效果最好。

案例二详细介绍了车牌识别技术的研究背景，国内外车牌识别技术的研究现状，以及现有的车牌识别技术的具体内容，包括其特点和局限性。车牌识别的具体过程大致可以分为车牌定位、字符分割和字符识别。车牌定位是车牌识别中最为关键的一步。该案例中的主要工作内容如下：首先要进行灰度化和平滑处理，之后就是通过边缘检测技术来进行车牌定位。字符分割技术是将车牌图像中的字符单个分割成可识别字符的过程。字符分割之前要进行二值化处理，将灰度化字符变为只有黑白两种颜色的字符。随后要进行车牌的倾斜校正处理。倾斜校正是将原图像中倾斜的车牌水平校正的过程。将完成倾斜校正的车牌去除车牌边框，即可进行最后的字符分割。分割后的字符，我们使用模板匹配的方法来进行字符识别。这些就是车牌识别的具体步骤，然后进行硬件平台的搭建，用以将车牌识别程序植入 ARM 开发板。

具体的测试结果是，能够有效地识别出符合标准的车牌图片中的字符信息，并且显示结果。不过，本系统的缺点也是很明显的。在硬件方面的研究还不够，导致硬件方面能实现的功能过少，只是单纯的显示识别结果而已。另外软件部分功能太过单一，并且无法完全识别目前国内种类繁多的各种类型的车牌。

目前的车牌识别系统在快速发展中，虽然已经有一些公司开发的产品了取得实际应用，但是在准确率和识别速度方面仍有很大的提高空间，对算法的研究仍然是车牌识别的一个重点。结合本案例中的不足点，还可在以下几个方面进行深入的研究：

(1) 与摄像头等硬件设备相连接，进一步改进算法，将设计的系统产品化。

(2) 本文中的算法设计还需更加优化，比如在车牌初步定位后对得到的区域的垂直投影进行判断，将不符合车牌区域多个集中峰群特征的区域舍弃，直到找到车牌区域为止；在字符识别模板方面，增加易混淆字符的加权模板，并将识别出的字符作为模板，从而增大模板的数量，使得系统的准确率更高。

(3) 在将来的牌照识别系统中，可以开发出更多的功能以得到更多的车辆信息，比如说：车型、车速等。

(4) 目前的车牌识别系统只能处理单个车牌的图像，对于一幅图像中多个车牌的识别无能为力，本文提出的车牌识别算法也是针对单一车牌图像的。在同一图像中快速准确、鲁棒地识别多个车牌，是车牌识别系统未来发展的方向之一。

案例三是以让医院的体温检测能够更智能化和数据化的目标而设计的。在查阅相关书籍文献，了解医院现有状况后，应用物联网相关技术，通过模型设计、功能规划、程序实现、多次的测试和整改达到预期效果，在本次案例中作者主要负责 LORA 网关模块的设计和实现，涉及的内容以数据传输为主，由两大传输模块组成，分别为在无线传感网上的 LORA 传输和在以太网上的 UDP 传输，并实现数据从无线传感网到以太网上的转换。本作品在 LORA 网关模块设计与实现的功能如下：

(1) 无线传输设备的种类和特点。

(2) 用 LORA 模块成功进行数据的发送。

(3) 对传输的数据进行加密处理和报文封装。

(4) 在多个 LORA 设备发生数据冲突的情况下，设计相应的冲突检测和延时算法，对发送端和接收端做出及时的调整。

(5) 网关的设计，如何将数据从无线局域网传输到因特网。

(6) 通过串口和 USB 口实现 S78S 模块和树莓派之间的数据传输。

(7) 在网关上对相应的平台进行配置，对体温数据实现存储和备份。

(8) 实现对 UDP 客户端的设计，使用 UDP 协议将体温数据传输到服务器。

第 4 章 物联网——应用层

4

4.1 应用层概述

在物联网的三层结构中，应用层位于最顶层，它通过云计算平台进行信息处理，故其功能概括为“处理”。物联网的核心和显著特征，就是最顶层的应用层，而应用层可以对感知层采集的数据进行计算、处理和信息挖掘，进而能够实现实时控制、精准管理以及科学决策。

物联网应用层的核心功能涉及两个方面：一是“数据”，应用层需要完成数据的管理和数据的处理；二是“应用”，仅仅管理和处理数据还远远不够，必须将这些数据与各行业应用相结合。例如在后面的小节中提及的案例：金融数据分析交易软件，利用可视化技术将数据制作成 K 线图导出，系统地分析数据并给出数据总体趋势，同时为用户提供可靠的金融建议。

从结构上划分，物联网应用层包括以下三个部分：

（1）物联网中间件：物联网中间件是一种独立的系统软件或服务程序，中间件将各种可以公用的能力进行统一封装，提供给物联网应用。

（2）物联网应用：物联网应用就是用户直接使用的各种应用，如智能操控、安防、电力抄表、远程医疗、智能农业等。

（3）云计算：云计算可以助力物联网海量数据的存储和分析。依据云计算的服务类型，可以将云分为基础架构及服务（IaaS）、平台及服务（PaaS）、服务和软件及服务（SaaS）。

从物联网三层结构的发展来看，网络层已经非常成熟，感知层的发展也非常迅速，而应用层不管是从受到的重视程度还是从实现的技术成果上，都落后于其他两个层面。但是，应用层可以为用户提供具体服务，与我们关系最紧密，因此应用层的未来发展潜力很大。[1]

参考文献

4.2 应用层——案例一　基于安卓的金融数据分析交易软件

4.2.1 背景

随着大数据应用在金融业的逐步推开，人们对金融数据分析的需求不断增加。本次设计提供一款基于安卓的金融数据分析交易软件，软件使用者可在 Android 智能手机上安装运行。软件通过分析大量的金融数据，并利用可视化技术将数据制作成 K 线图导出，给用户提供可靠的金融建议，用户可以通过手机软件实时查看数据分析结果并发出指令。

Python 有着丰富的扩展库，可以轻易完成各种高级任务，开发者可以用 Python 实现完整应用程序所需的各种功能。Python 语言及其众多的扩展库所构成的开发环境十分适合工程技术、科研人员处理实验数据、制作图表、甚至开发科学计算应用程序。本次设计利用 Python 适合做金融数据分析以及适合编写爬虫抓取数据的特点，可以将 Python 抓取的数据的源代码导出成 java 包，导入安卓环境使用。

本次设计的基于安卓的金融分析软件能够方便地查询用户的账户信息、交易以及收入情况。用户可以通过此软件及时了解自己的交易内容以及收益亏损情况。软件提供 K 线图、折线图、饼状图以及柱状图等金融统计图形，免去了查看计算大量数据的复杂烦琐，通过图形可以主观地得出金融交易的趋势以及股票的涨跌情况，给用户下一步的交易提供了可靠的数据模型。除此之外，软件还提供个性化服务，可以根据用户的需求，对用户感兴趣的股票进行实时跟踪，并将股票的数据推送给用户。

在快节奏的现代生活中，人们不仅仅关注金融的走势，更加关心如何在大量股票以及金融交易中获利，而大量复杂的数据往往给用户带来迷茫感，使其找不到投资的方向。本次设计在数据分析的基础上，能够给出数据分析的结果以及在大量数据分析的基础上给用户提供可靠的下一步交易的建议，真正成为用户的掌上金融专家。

4.2.2 软件系统框架

系统模块说明(见图 4－1，图 4－2，图 4－3)：

(1) 用户信息模块：安卓用户注册后将用户信息存入数据库。登录后，通过用户信息模块查看用户的账号、交易中金额和可交易的余额等信息。

(2) 金融信息模块：用户可以查询实时数据、市场指数、贷款利率等实时金融信息。

(3) 收入信息模块：系统根据用户的交易情况记录用户的总体收入。

(4) K 线图模块：系统根据数据库提供的金融数据进行金融分析，并将所得数据绘制成 K 线图显示出来。用户可以通过 K 线图了解交易的趋势。

(5) 交易信息：系统记录用户的每一笔收入支出情况，用户通过此模块查看自己的交易记录。

(6) 新闻推送：根据用户需求，给用户推送感兴趣的金融信息。根据系统的金融分析结果，系统给用户提供交易指导信息。

数据库
用户信息
用户信息
金融信息
用户信息
币种
收入信息
K线图
交易
消息
安卓手机用户
下载安装 Datavalue
用户登录
安卓手机桌面
程序手机软件管理库
调用程序
运行程序

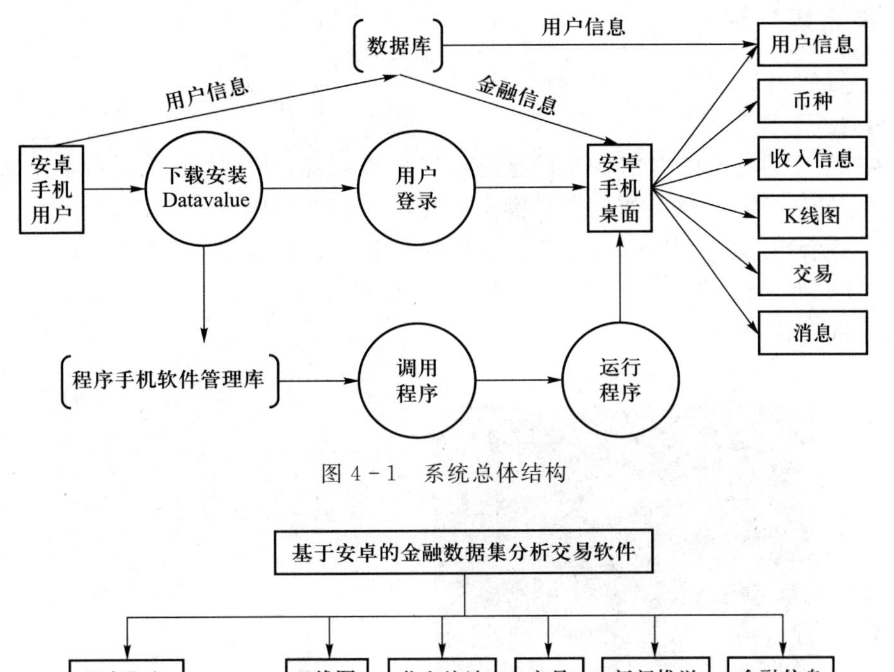

图 4－1　系统总体结构

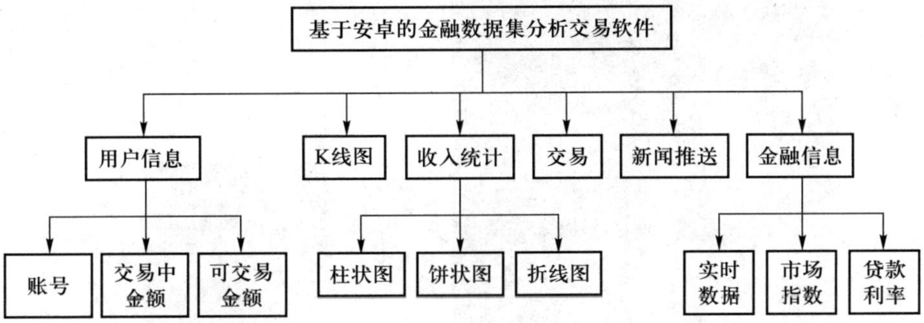

基于安卓的金融数据集分析交易软件
用户信息
K线图
收入统计
交易
新闻推送
金融信息
账号
交易中金额
可交易金额
柱状图
饼状图
折线图
实时数据
市场指数
贷款利率

图 4－2　系统功能模块划分

手机数据库
过滤
手机主界面
用户信息
金融信息
收入信息
K线图
交易
新闻推送

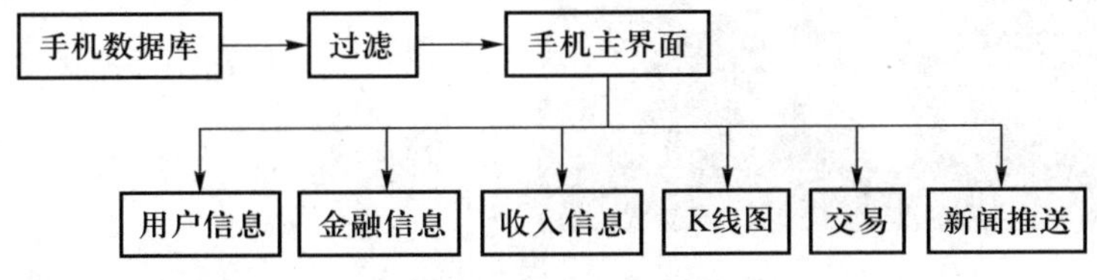

图 4－3　系统结构流程图

设计说明：

(1) 将 Python 抓取的数据的源代码导出成 java 包，导入安卓环境使用；

(2) 编写服务器运行程序，运行抓包以及数据导出功能；

(3) 将爬虫抓取的数据存入数据库，并利用可视化技术将数据制作成 K 线图导出；

(4) 编写安卓客户端，通过客户端可以实时查看导出数据，可以看到 K 线图，并发出指令，对在服务器运行的程序进行控制。

拓展功能：

对实时导出的 K 线图进行 K 线技术分析，发出交易指令。

4.2.3 软件系统实现

1. 软件界面设计

（1）软件图标

设计思路：本项目是一个基于安卓的金融数据分析软件，功能主要为进行金融数据的分析，通过可视化方式展示给用户，并给用户提供金融交易的策略。因此图标的设计围绕金融以及数据，如图 4-4 所示，右边为人民币符号代表软件的主要功能是金融数据分析，左边为饼状图代表数据的分析，背景为笔记图案，代表此软件可以方便地给用户提供金融分析策略。图标的设计使用 Photoshop 进行制作。

图 4-4　软件图标

（2）启动界面/注册/登录界面

设计思路：

① 启动界面为用户登录前的界面，因此简要地概括出软件的功能：to be your financial expert。根据软件的功能将界面的整体的设计风格为商务简约风，将启动界面设置为延时一秒直接自动切换进入登录界面。

② 注册界面设置有 User、PassWord、Money 三个输入框，用户输入相应信息进行注册。系统反馈注册成功/失败信息（图 4-5，图 4-6）。

③ 登录界面设计为用户输入用户名以及密码，点击 LOGIN 登录，并提供 QUIT 退出按钮。

（3）按钮设计：软件具有六个主要功能，即用户信息、金融信息、收入信息、K 线图、交易、新闻推送。利用 Photoshop 给每个功能设计一个可视化图形按钮，并将按钮布局到菜单底端（图 4-7）。

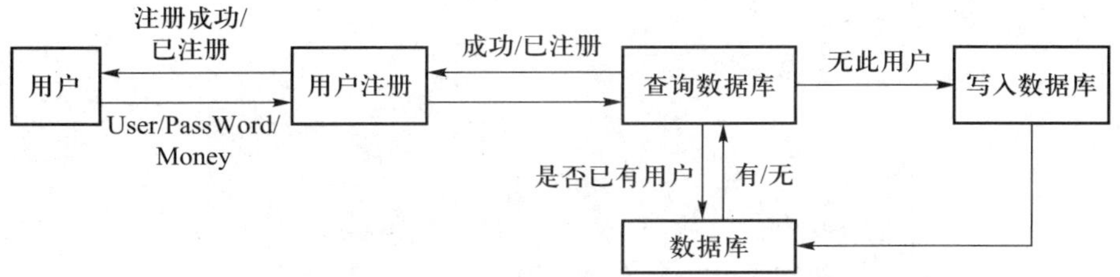

图 4－5　注册流程图

图 4－6　软件启动界面、注册界面、登录界面

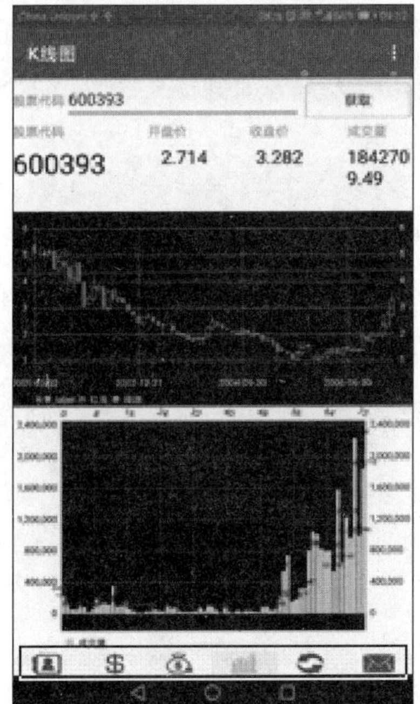

图 4－7　图标效果

(4) 用户信息(图 4－8)

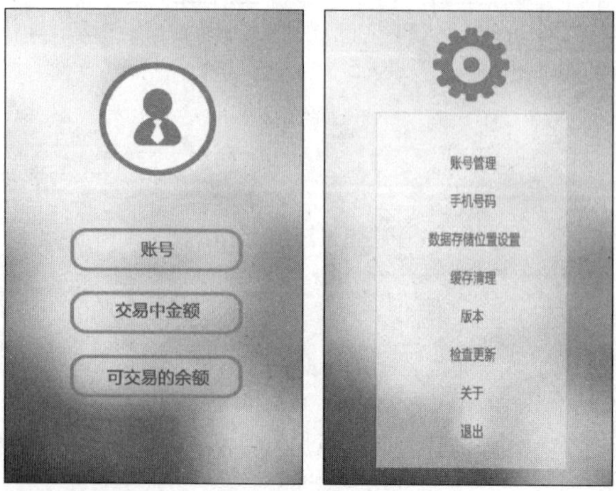

图 4－8　软件用户信息、设置界面

(5) 收入信息

收入统计：给用户提供直观的收入统计情况(图 4－9 和图 4－10)。

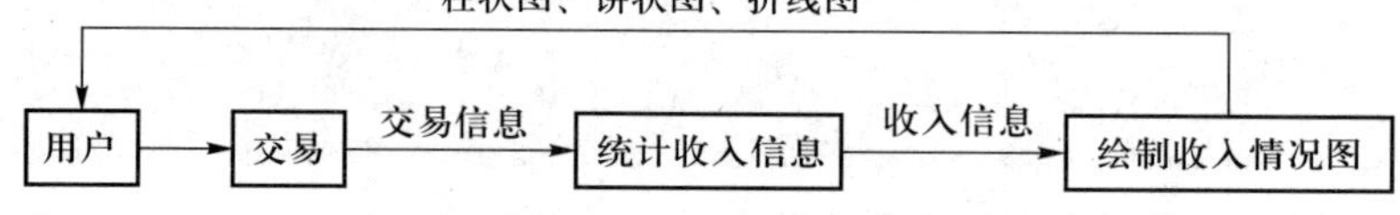

图 4－9　收入信息系统流程图

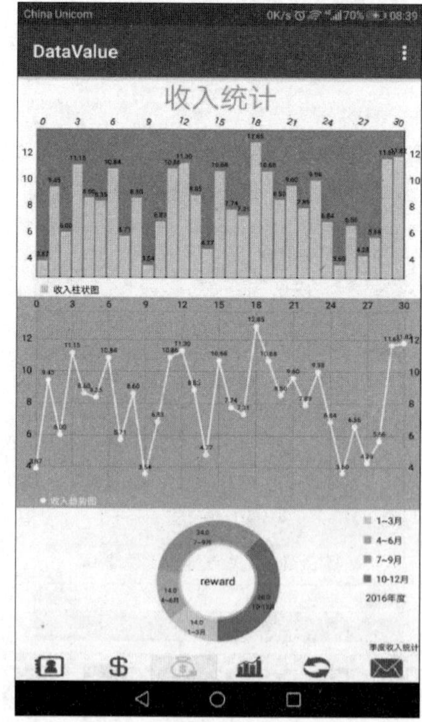

图 4－10　收入信息界面

柱状图:柱状图统计收入。

折线图:折线图统计收入波动情况。

饼图:饼图统计收入所占比例。

(6) K 线图(图 4 - 11)

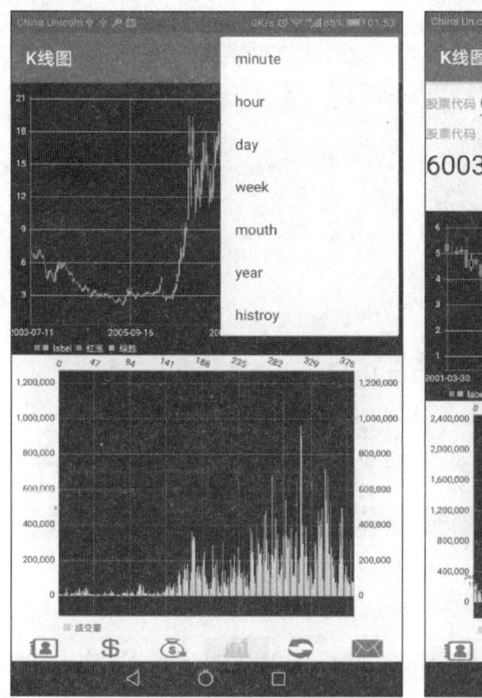

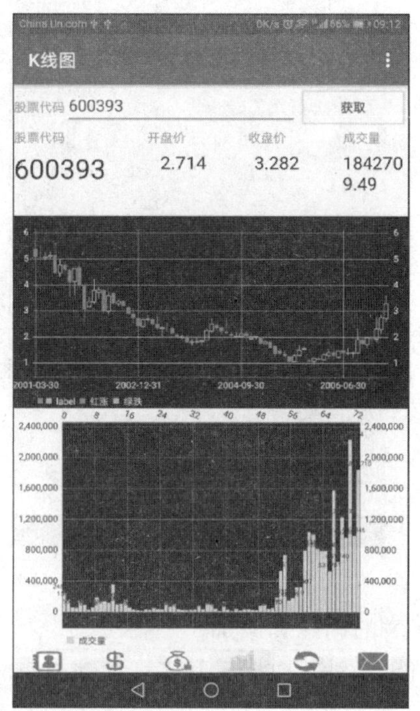

图 4 - 11　K 线图

(7) 交易记录(图 4 - 12)

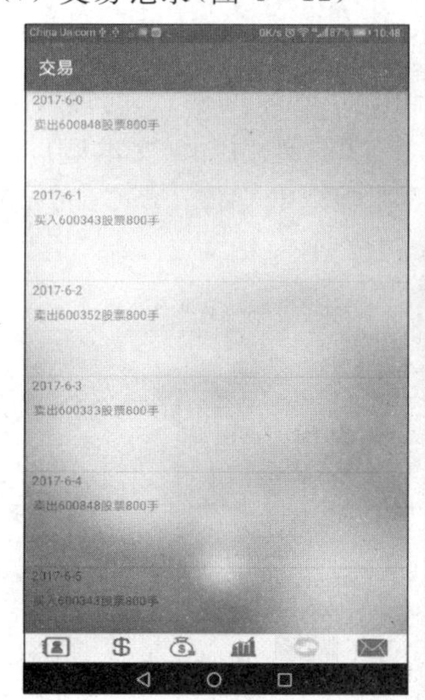

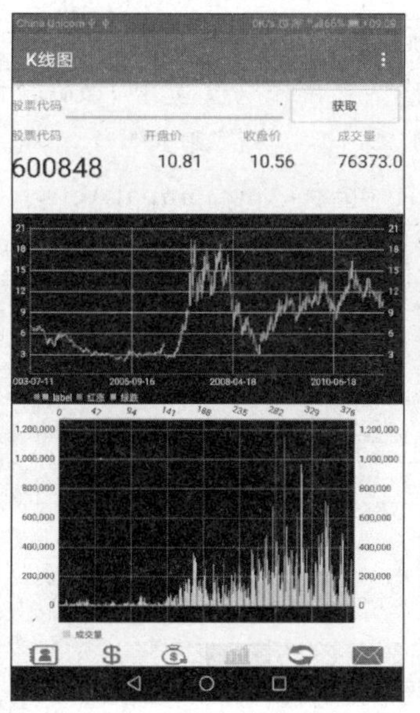

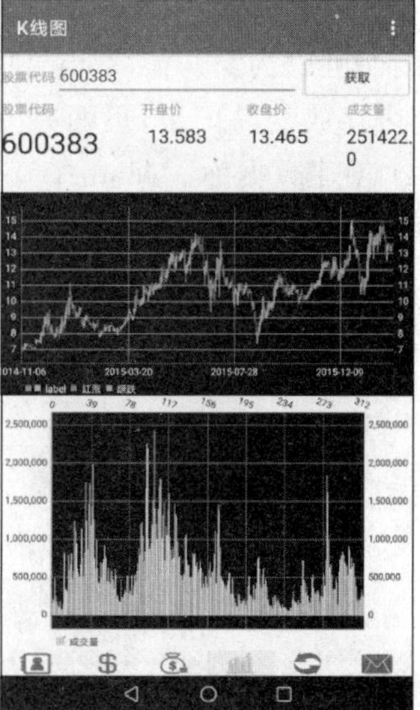

图 4 - 12　交易记录

(8) 新闻推送(图 4－13)

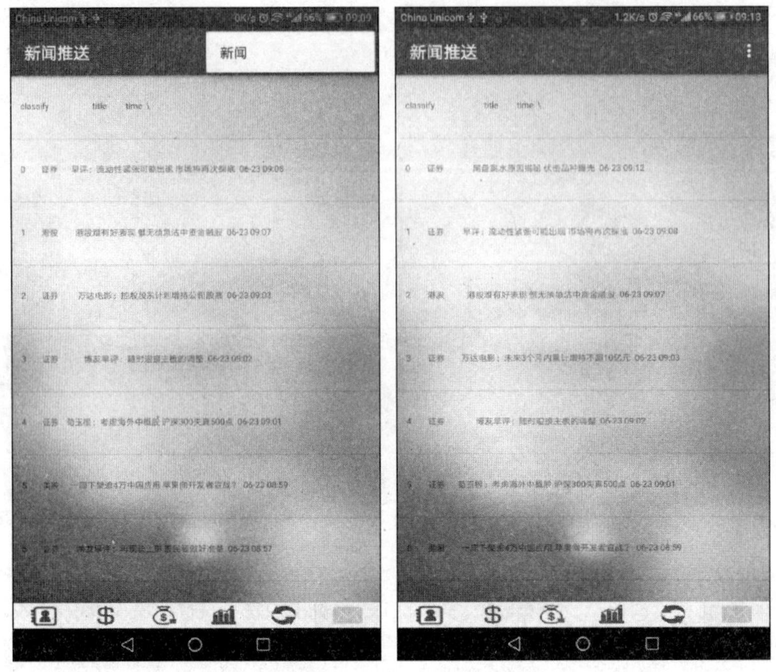

图 4－13　新闻推送

2. 数据库表的创建和添加

模块的功能:设计了数据库和表来存储相应的数据。这包括两个表,其中一个用户(user)信息表用来存放用户的 ID 号(id)、昵称(name)、密码(password)、总金额(total)和交易中金额(using)。每一个用户都有各自的另一张表来存放买卖交易以及交易金额(money)和交易时间(time)。

(1) 数据库表的设计。创建一个 DataBase 类继承 SQLiteOpenHelper 构造块,重写构造方法 onCreate()和版本升级方法 onUpgrade(). 在数据库中创建一个表,里面有 id(整型,主码,自增长,因而可以为空)、password(整型)、name(文本型)、total 和 using(浮点型)。同理可得设计另一个表存放交易记录,里面有 id(与上一个 id 相对应)、money(浮点型)、time(文本型)。

(2) 创建数据库。MainActivity 继承 AppCompatActivity 类创建数据库。onCreate()方法先保存此时 Activity 的生命周期,后新建一个 UserTable1. db 的数据库(图 4－14)。

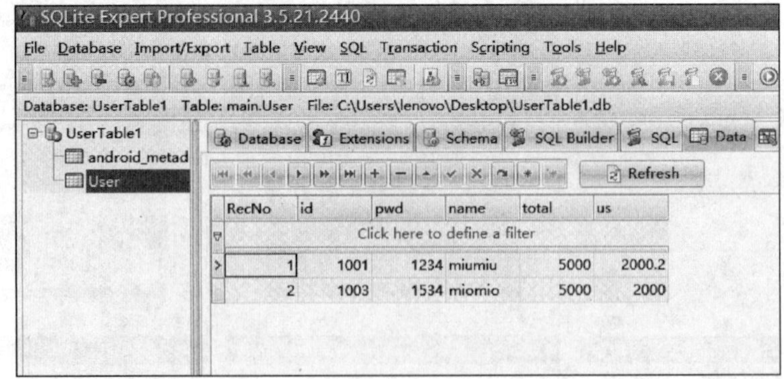

图 4－14　现象图:导出 UserTable1. db(使用 SQLite expert professional 查看数据库表)

(3) 往数据库里添加数据。这里没有写界面，故直接在代码中添加数据。先打开已创建好的数据库，后用 value. put()方法添加数据。

4.2.4 主要代码

```
handler=new Handler()
        {@Override
        public void handleMessage(Message msg)
        {//如果消息来自子线程
            if(msg. what==0x123)
            {dataIndex. clear();
            openPrice. clear();
            closePrice. clear();
            highPrice. clear();
            lowPrice. clear();
            currencyTypeCode. clear();
            value. clear();
            String sting =AccessSDFile. readSDcard("miniData. txt");
            splitFileData=sting. split("\n");
            rowSplitData=
            splitFileData[splitFileData. length - 1]. trim(). split("");
            int totalDataindex=(int)Float. parseFloat(rowSplitData[0]);
            for(int i=1;i<totalDataindex;i++)
            {
rowSplitData=splitFileData[i]. trim(). split("");
=dataIndex. add(rowSplitData[1]);
                openPrice. add(Float. parseFloat(rowSplitData[2]));
                closePrice. add(Float. parseFloat(rowSplitData[3]));
                highPrice. add(Float. parseFloat(rowSplitData[4]));
                lowPrice. add(Float. parseFloat(rowSplitData[5]));
                value. add(Float. parseFloat(rowSplitData[6]));
                currencyTypeCode. add(rowSplitData[7]);}
dataX=(CandleData)getCandleData(dataIndex,openPrice,closePrice,highPrice,lowPrice,to-
talDataindex). get(0);
dataY=(CandleData)getCandleData(dataIndex,openPrice,closePrice,highPrice,lowPrice,to-
talDataindex). get(1);
                mChart. setData(dataX);
                mChart. setData(dataY);
                showCandleChart();
```

```
                barData=getBarData(totalDataindex,value);
                showBarChart(barChart,barData);
                codeView.setText(splitFileData[1].trim().split("")[7]);
                openView.setText(rowSplitData[2]);
                closeView.setText(rowSplitData[3]);
                volumView.setText(rowSplitData[6]);
                ConnectWeb.receiveSecondFlag=0;
                }
}   };
  /*Bing 修改 updata
      名称:My_Select
      作用:根据名字 UserName 查找数据库中相应的信息
      用法:输入 UserName Password 和 Money 若为非 0 值则修改,
           若不为 0 则修改为对应的非 0 值
      String Name 要修改的信息的用户名
      其他:若成功返回 true 失败返回 false
      */
      public boolean My_update(String Name,String Password,String Money)
      {
          if(Password==null&&Money==null)return false;
          String Update_User_info="update User_info set";//语句
          if(Password!=null)//非 0 则执行修改
          {
              String S_Password=String.valueOf(Password);
              Update_User_info+="Password=";
              Update_User_info+=S_Password;
          }
          if(Money!=null)//非 0 则执行修改
          {
              String S_Money=String.valueOf(Money);
              Update_User_info+="Money=";
              Update_User_info+=S_Money;
          }
      String Select_User_info="where UserName=";//限定条件
          Select_User_info+="'";
          Select_User_info+=Name;
          Select_User_info+="'";
     try
```

```
        {
            SQLiteDatabase db=this.getWritableDatabase();//创建或打开现有的数据库
            db.execSQL(Update_User_info);//执行 SQL 语句
            Toast.makeText(mContext,"succeeded",Toast.LENGTH_SHORT).show();//成功
        }
        catch(Exception e)
        {
            //e.printStackTrace();
            Toast.makeText(mContext,"failed",Toast.LENGTH_SHORT).show();//失败
            return false;
        }
        return true;
    }
        /* Bing 查找 Select
    名称:My_Select
    作用:根据名字 UserName 查找数据库中相应的信息
    用法:输入 UserName 返回一个 User_info 的对象,包含 Id PassWord 等信息
    String Name 要查找的用户名
    其他:若成功返回不为空的 User_info 的对象
    */
    public User_data My_Select(String Name)
    {
        //String Select_User_info="select * from User_info where UserName=\"Zhangbing\"";
        String Select_User_info="select * from User_info where UserName=";//SQL 语句
        Select_User_info+="'";
        Select_User_info+=Name;
        Select_User_info+="'";
        User_data User_info_1=new User_data();//新建一个对象,存放返回的值
        User_data.UserName=Name;
try
        {
            SQLiteDatabase db=this.getWritableDatabase();//创建或打开现有的数据库
            Cursor cursor=db.rawQuery(Select_User_info,null);
            while(cursor.moveToNext())//cursor.getCount();获得几组数据
            {
                User_info_1.Id=cursor.getInt(0);//获取第 0 列的值,第一列的索引从 0 开始
                User_info_1.Password=cursor.getString(2);//获取第二列的值
                User_info_1.Money=cursor.getString(3);//获取第三列的值
```

```
            }
            cursor. close();
            db. close();
            Toast. makeText(mContext,"succeeded",Toast. LENGTH _ SHORT). show();//成功
        }
        catch(Exception e)
        {
            //e. printStackTrace();
            Toast. makeText(mContext,"failed",Toast. LENGTH _ SHORT). show();//失败
            return null;
        }
        return User _ info _ 1;}}
if data _ list[0]=='TradeData':
        if data _ list[1]=='HistoryPrice':
            #获取历史数据
            list _ data=ts. get _ k _ data(code=data _ list[2],ktype=data _ list[3])
            list _ data. to _ excel('g:\\DataValue\\Serve\\serve\\gddd. xlsx',sheet _ name='Sheet1')
            read _ data=xlrd. open _ workbook('g:\\DataValue\\Serve\\serve\\gddd. xlsx')
            read _ table=read _ data. sheet _ by _ name('Sheet1')
            file=open('g:\\DataValue\\Serve\\serve\\ng. txt','w')
            for n in range(read _ table. nrows):
for i in range(read _ table. ncols):
                text=str(read _ table. cell _ value(n,i))
                file. write(' ')
                file. write(text)
                file. write('\n')
                file=open('g:\\DataValue\\Serve\\serve\\ng. txt','r')
                for l in range(read _ table. nrows):
                    read _ file=file. readline()
                    conn. send(read _ file)
                    print'你已成功发送数据'
//创建数据库
    protected void onCreate(Bundle savedInstanceState){
        super. onCreate(savedInstanceState);
        setContentView(R. layout. activity _ main);
        dbHelper=new DataBase(this,"UserTable3. db",null,1);
        //创建或打开现有的数据库
        Button createDatabase=(Button)findViewById(R. id. create _ database);
```

```
createDatabase. setOnClickListener(new View. OnClickListener(){
            @Override
              public void onClick(View v){
              try{
                  dbHelper. getWritableDatabase();
                  }
              catch(Exception e)
              {
                  e. printStackTrace();
              }}});
//添加数据
        Button addData=(Button)findViewById(R. id. add _ data);
        addData. setOnClickListener(new View. OnClickListener(){
            @Override
            public void onClick(View v){
          try {
                SQLiteDatabase db=dbHelper. getWritableDatabase();
                ContentValues values=new ContentValues();
              values. put("id",1001);//第一个数据
                values. put("pwd",1234);
                values. put("name","miumiu");
                values. put("total",6000. 1);
                values. put("us",2000. 2);
                //insert()方法中第一个参数是表名,第二个参数是表示给表中未指定数据的
自动赋值为 NULL。第三个参数是一个 ContentValues 对象
                db. insert("User",null,values);
                values. clear();
            }
            catch(Exception e)
            {
                e. printStackTrace();
            }}});}}
public class SplashActivity extends AppCompatActivity {
        private final int SPLASH _ DISPLAY=2000;//两秒后进入系统
        @Override
        protected void onCreate(Bundle savedInstanceState){
            super. onCreate(savedInstanceState);
            ActionBar actionBar=getSupportActionBar();
```

```
        actionBar. hide();
        setContentView(R. layout. activity _ splash);

        new android. os. Handler(). postDelayed(new Runnable(){
            public void run(){
                Intent mainIntent=new Intent(SplashActivity. this,
                    MainActivity. class);
                SplashActivity. this. startActivity(mainIntent);
                SplashActivity. this. finish();
            }
        },SPLASH _ DISPLAY);}}
```

子菜单布局:

```
<LinearLayout
        android:orientation="horizontal"
        android:layout _ width="match _ parent"
        android:layout _ height="59dp"
        android:backgroundTint="#00000000"//设置背景为透明
            android:background="#c6c4c4">//背景颜色
</LinearLayout>
```

4.3 应用层——案例二 基于安卓的智能课堂管理系统

4.3.1 系统总体介绍

本系统功能为,学生端通过传送唯一的 Mac 地址实现唯一点名,杜绝代点。学生端通过数据库与服务器交互,可以获得课表等信息。同时,学生端可以调用摄像头。教师端可以通过数据库与服务器交互,确定上课人数,知道缺课学生的信息。

本项目 Android 端的总体逻辑框架如图 4-15 所示。登录注册后,可传送 Mac 地址实现自动签到,还能点击查询课表,进入上课模式调用摄像头拍摄上课内容。

各模块功能:

(1) 登录注册模块:web 前端,面向管理员提供登录验证和新用户注册功能(图 4-16)。

(2) 课表选择模块:根据课程列表选择的结果自动新建全新的点名表格,并在点名页面中载入。

(3) 实时点名模块:与客户端建立通信,实时响应客户端的点名请求并设置计时,判断是否迟到。

(4) 点名结果显示模块:在完成一次点名的前提下,在“点名结果”页面选择相应的学期和课程,可及时查看该次点名的结果。

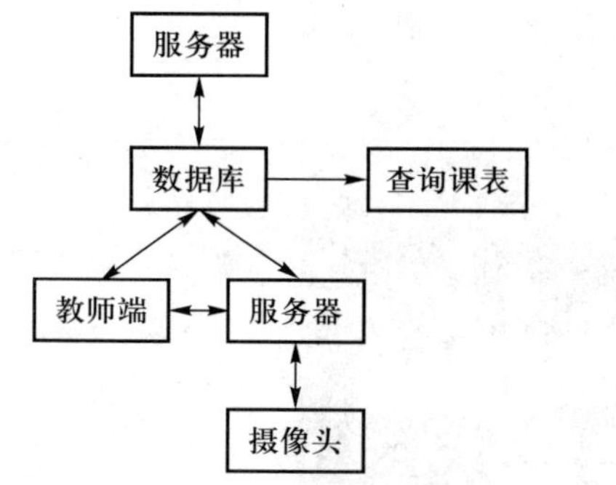

图 4-15　基于安卓的智能课堂管理系统框架

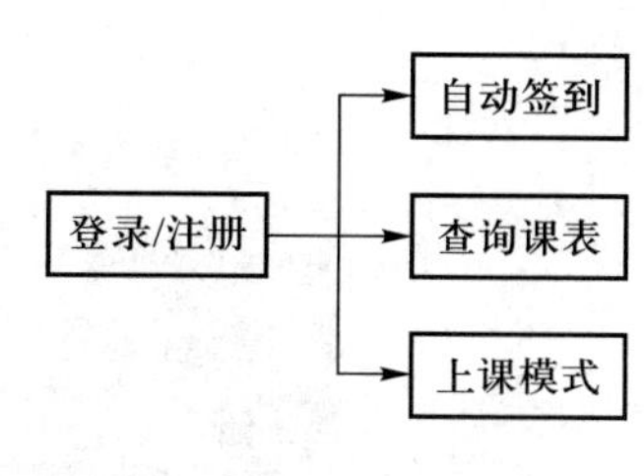

图 4-16　系统功能模块

4.3.2　系统实现

1. 数据库

利用 navicat 搭建数据库，如图 4-17 所示，用于测试的数据库有：Students、teacher、managers、java，分别用于存放学生、教师、管理员和测试课程 Java 的信息。服务器端通过 JDBC 与数据库进行连接。

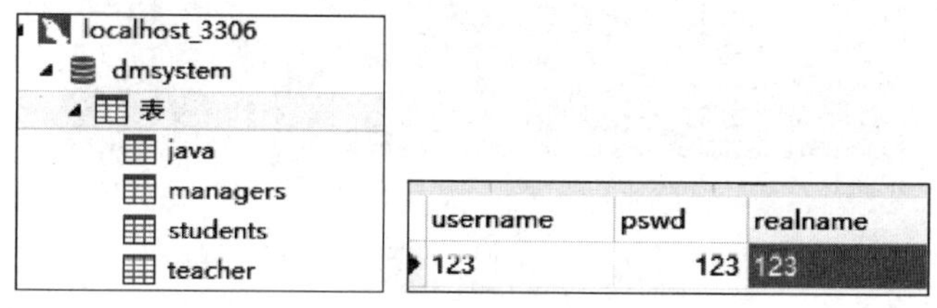

图 4-17　数据库

2. 服务器端

利用 eclipse 的 Jsp 制作 web 前端页面，提供登录和注册功能。登录按键触发 javascript，直接在当前页处理文本信息。注册按键定向到注册界面。Action 提交 form 中的数据到 servlet/LoginAction 中进行登录处理(图 4-18)。

3. 确认选课和点名导出

点名前进入"选择科目"界面，选择班级、科目，通过选择不同的班级、科目调出数据库中不同的点名表(见图 4-19，图 4-20，图 4-21)。

① 建立一个表格<table>，通过<tr>分行，<th>、<td>分左右，左边放文字说明，右边放下拉菜单。

② 建立两个下拉菜单<select>，分别为班级和科目，通过<option>建立不同的选项，默认选择 selected 为"请选择"。

③ 通过<form>表单来获取下拉菜单选中的值，设置方法为 post 进行传递，通过 action 跳转到点名界面。

④ 设置提交按钮，type 为 submit，点击后跳到点名界面。

⑤ 在点名界面中通过 request. getParameter("下拉菜单的 name 值")方法获得选课界面下

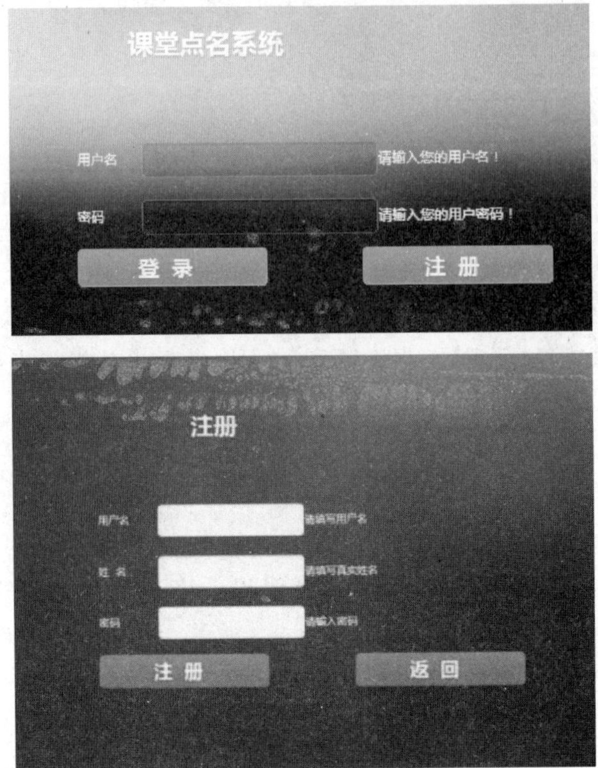

图 4-18 服务器端

拉菜单选中的值，通过 getBytes()转换格式，使用＜％＝　％＞打印出传递的值作为点名界面中的班级和科目名。

⑥ 把传递过来的班级名和科目名作为数据库的表格名，选择数据库中的表格。

图 4-19 登录成功进入点名

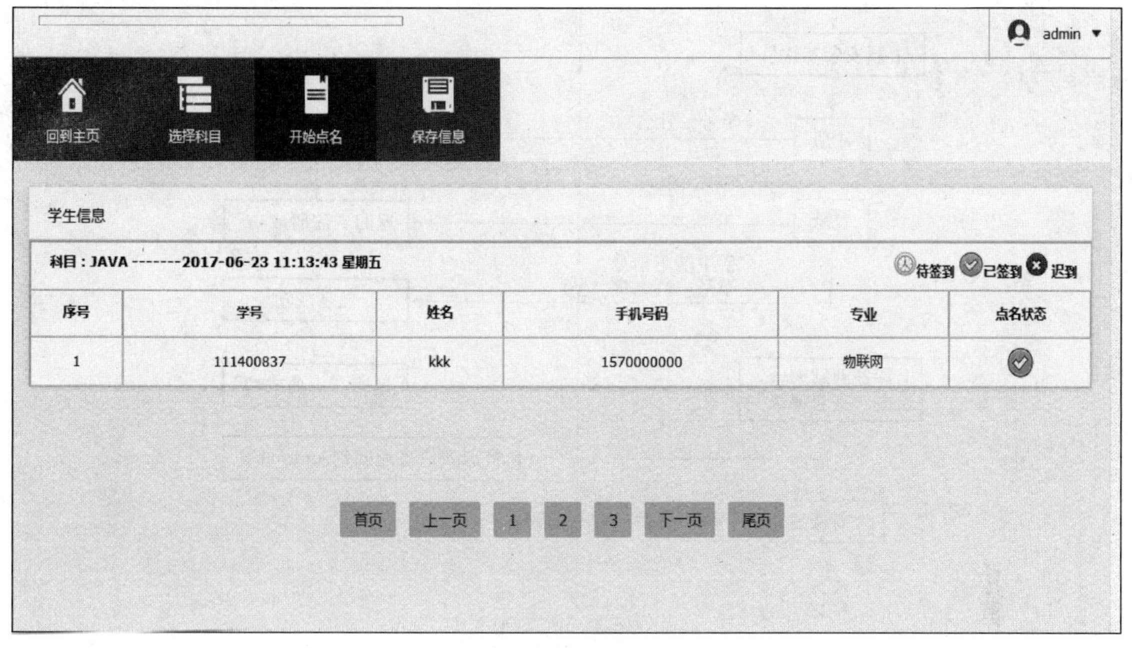

图 4－20　点名主界面，点名状态：ajax

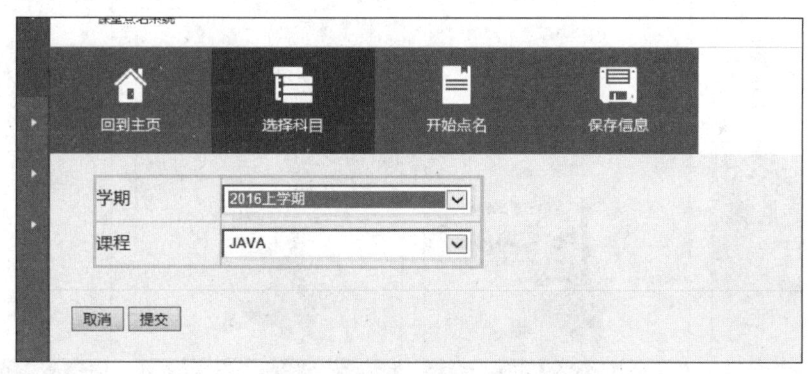

图 4－21　选择科目

4. 界面布局设计

在 Android 端的界面布局设计，主要从网络上搜寻图标，并通过代码实现。

① 登录界面：采用相对布局，按照各子元素之间的位置关系完成布局，较为灵活。

② 学生信息界面：采用线性布局，比较简单，按照垂直顺序依次排列子元素，清晰明了。同时在 MENU 菜单中建立一个 contextmenu 作为下拉菜单，代替 Button 的功能，使程序更加简捷。

③ 学生信息添加模块：采用线性布局，排列同下（图 4－22，图 4－23）。

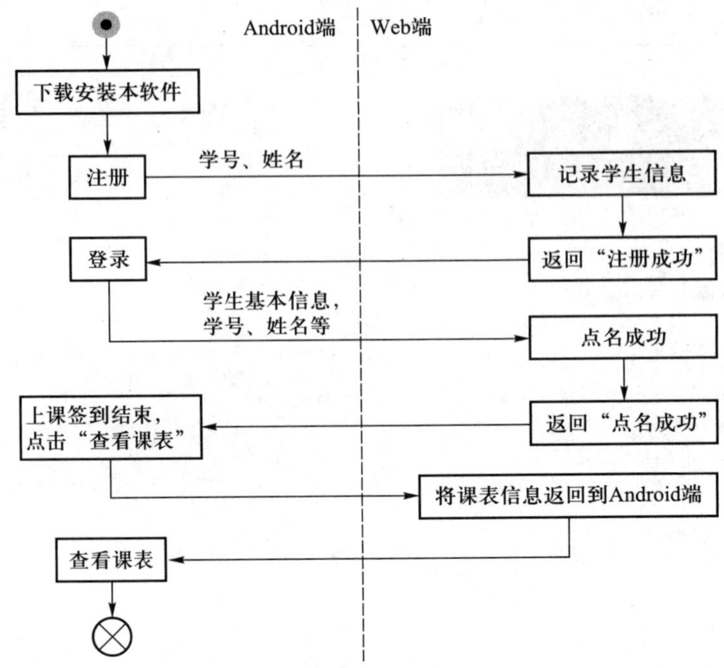

图 4-22 设计流程图

图 4-23 用户界面实现

5. 登录、信息管理等模块设计

(1) 关于登录界面

首先利用 SqlHelper 在当前界面建立一个数据库表，并设置为可写状态。用 rawQuary()方法从 loginhistory 表中获取信息。通过 equals()方法将数据库中的数据和 TextView 中的进行对比。

(2) 学生信息管理界面

点击学生信息栏时，通过先建立一个 Builder，再用 LayoutFlater，最后用 View 使得学生信息可视。使用 BitMap 中的 BitmapFactory. decodeByteArray 可以实现头像的更改。在 MENU

菜单中建立一个 contextmenu，以此来实现此界面中的下拉菜单，使得整个程序更加简捷，代替 Button 的功能。通过复写 onclick()方法，使用 getActionView()来实现查找功能，即输入名字中的某个字就可以搜寻全部信息。

(3) 学生信息添加模块

通过 Spinner 的控件实现学院的选取，学院有哪些是事先添加的，只可以提供选择。用 Calendar 的 getInstance()方法选择年月日，年月日提供默认是当前的年月日。在点击 add _ submit 按钮之后，就会把输入的信息存入数据库表，方便数据的输入和取出。

(4) MAC 地址实现点名模块

用 getRuntime(). exec("cat /sys/class/net/wlan0/address")；进入手机系统底层，再用 InputStreamReader 的 getinputStream()方法取出 MAC 地址，然后用 getText(). toString()方法输出到 TextView 上，最后用 Http 方式发送到服务器端，实现点名。

4.3.3 主要代码

登录功能模块：

```
Cursor cursor1=db. rawQuery(
"select count( * )from user where username='"
                +userName. getText(). toString()+"'",null);
        cursor1. moveToNext();
        int count=cursor1. getInt(0);//设置初始查询位是 0
        if(count==1){
            Cursor cursor=db. rawQuery(
"select username,password from user where username='"
                    +userName. getText(). toString()+"'",null);
            cursor. moveToNext();
            if((userName. getText(). toString()). equals(cursor. getString(0)
                        . toString())
&&(MD5(userPassword. getText(). toString())). equals(cursor
                    . getString(1). toString())){
            Toast. makeText(MainActivity. this,"登录成功!",Toast. LENGTH _ SHORT)
                . show();
                    Intent intent=new Intent(MainActivity. this,
                      StudentInformationManagerActivity. class);
                    startActivity(intent);
                    Cursor cursor2=db. rawQuery(
"select count( * )from loginhistory where name='"
                        +userName. getText(). toString()+"'",null);
                    cursor2. moveToNext();
                    int count2=cursor2. getInt(0);
```

```
                    if(count2==0){
                        ContentValues values=new ContentValues();
                        values.put("name",userName.getText().toString());
                        db.insert("loginhistory",null,values);
                    }
                } else {
                    Toast.makeText(MainActivity.this,"您输入的用户名或密码错误!",
                        Toast.LENGTH_SHORT).show();
                }
                cursor.close();
            } else {
                Toast.makeText(MainActivity.this,"您输入的用户名或密码错误!",
                    Toast.LENGTH_SHORT).show();
            }
            cursor1.close();}
```

学生信息管理模块：

```
sname.setText(students.get(temp).getName().toString());
        ssex.setText(students.get(temp).getSex().toString());
        sxueYuan.setText(students.get(temp).getXueYuan().toString());
        sid.setText(students.get(temp).getId().toString());
        sbir.setText(students.get(temp).getBirthday().toString());
        sphone.setText(students.get(temp).getPhone().toString());
        smore.setText(students.get(temp).getMore().toString());
        Cursor cursor=db.rawQuery(
"select * from student where id='"
                +students.get(temp).getId().toString()+"'",null);
        //知道只有一条记录直接 moveToNext
        cursor.moveToNext();
```

点名模块：

```
try{            java.lang.Process pp=Runtime.getRuntime().exec("cat/sys/class/net/
wlan0/address");
    InputStreamReader ir=new InputStreamReader(pp.getInputStream());
      LineNumberReader input=new LineNumberReader(ir);
        for(;null != str;){
            str=input.readLine();
                if(str != null){
                    mac=str.trim();
                        break;
```

```
}}}
public static boolean save(String mac)throws Exception {
    String path="http://192.168.1.117:8081/xianfengYan/ServletAPPMac";
  Map<String,String>params=new HashMap<String,String>();
 params.put("mac",mac);
    //get 请求方式
  return sendGETRequest(path,params,"UTF-8");
  }
    private static boolean sendGETRequest(String path,

    Map<String,String>params,String encoding)throws Exception {
      StringBuilder url=new StringBuilder(path);
      url.append("?");
      for(Map.Entry<String,String>entry:params.entrySet()){
          url.append(entry.getKey()).append("=");
          url.append(URLEncoder.encode(entry.getValue(),encoding));
 url.append("&");
    }
  url.deleteCharAt(url.length()-1);
 HttpURLConnection conn = (HttpURLConnection) new URL (url.toString ()).
openConnection();
 conn.setConnectTimeout(5000);
 conn.setRequestMethod("GET");
 if(conn.getResponseCode()==200){
return true;
}return false;}
 public void openCamera(){
    Intent intent1=new Intent("android.media.action.VIDEO_CAPTURE");
    startActivityForResult(intent1,1);}
```

短信电话模块：

```
 callstu.setOnClickListener(new OnClickListener(){
          @Override
          public void onClick(View v){
             //TODO Auto-generated method stub
             Intent intent=new Intent(Intent.ACTION_CALL,Uri.parse("tel:"
                +sphone.getText().toString()));
             startActivity(intent);
          }
```

```
});
smsstu.setOnClickListener(new OnClickListener(){
    @Override
    public void onClick(View v){
        //TODO Auto-generated method stub
        Intent intent=new Intent(Intent.ACTION_SENDTO,Uri
            .parse("smsto:"+sphone.getText().toString()));
        startActivity(intent);
    }
});
```

4.4 应用层——案例三 智慧农业系统设计

4.4.1 基于安卓平台的智慧农业系统的设计和实现

1. 绪论

(1) 研究背景

当前,我国主要靠改进品种、施用化肥和公众管理机械化等措施来保持农业发展,在耕地面积不断减少和生态环境持续恶化的基础上,农业高产增收的潜力已然捉襟见肘[1]。未来我国现代农业发展的主要方向是构建转型的智慧农业体系和模式,大力发展现代农业和实现农业信息与生产安全现代化。农业大棚便是十分符合现代农业发展需求的农业模式,通过对大棚内环境因子的监控和及时调整,创造最适合作物生长的环境条件,以获得高质量、高产量的农产品[2]。

正是在国家对发展农业现代化方向的政策扶持以及农业大棚自身的先进性和科学性双重影响下,我国智慧农业的发展才能如此迅速。另一方面,随着移动互联网行业的发展,智能手机已经开始逐步取代传统 PC 进入了人们生活的各个方面,利用 PC 对农业大棚进行监控管理已无法满足管理员的需求,大棚的管理系统被移植到移动端是必然的结果[3]。2017 年 3 月,根据分析机构 StatCounter 从 250 个网站综合约 150 亿次访问数据,Android 全球网络流量和设备超越 Microsoft Windows,正式成为全球第一大操作系统。安卓系统不仅仅是占有率高,其终端价格优势十分明显,相对于一般管理员而言完全能够承受,而系统的操作性简单也降低了使用难度。综合以上几点,本文所设计和构建的智慧农业系统选择采用安卓系统作为智能终端应用系统的开发平台进行课题研究。

(2) 研究目的和意义

针对当前智慧农业大棚在监控、管理和推广方面存在的问题,本文基于安卓平台设计和构建了一套智慧农业系统,实现了管理人员对大棚内环境因子的实时监控和管理。系统能够将农业大棚中原本复杂的数据信息以更加直观的方式呈现给用户,并且带有自动报警功能,简化了农业大棚管理员的操作,降低了管理的操作门槛。同时,系统利用具有良好前景的增强现实(Augmented Reality,简称 AR)技术,设计实现了农作物科普功能,能够帮助管理人员更好地学习作物知识，也能向参观大棚的游客进行趣味科普，达到推广农业大棚的目的。

基于安卓的智慧农业系统的实现，满足了大棚管理人员对移动端大棚管理系统的需求，为管理人员提供了新的管理大棚方式，真正实现了对大棚内环境因子的实时监控和自动警报，对于未来农业大棚的管理方式具有一定的借鉴意义。

(3) 课题国内外现状及发展趋势

国外发达国家的现代温室大棚相对于国内起步早了十几年[4]，主要是从 20 世纪 60 年代开始建设。70 年代以来，西方国家在对温室大棚进行了大力度的扶持，使智能温室大棚得以迅猛发展。荷兰是园艺设施最发达的国家之一，温室面积、规模、水平均居世界前列，早在 1974 年便首度研制出计算机控制系统 CECS。以色列的现代化温室技术十分先进，它根据不同作物对环境的不同要求，利用计算机对环境因子进行了全自动的监测和调控，从而改善了生长环境，实现了作物的高效生产[5]。日本的园艺设施技术十分发达，塑料温室达到普遍应用的程度，设施栽培面积也位居世界前列[6]。进入 21 世纪之后，国外温室发展的重点开始针对节约能源和降低成本，以寻求温室大棚技术上新的发展。

反观国内，自 20 世纪 70 年代以来，中国陆续从国外引进了许多先进的温室大棚技术，在国外技术的基础上，中国科研人员进行了温室内环境因子监控技术的综合研究[6]。在 1987 年中国农业科学院引进 FELIXC—512 系统，并建立了全国农业系统的第一个计算机应用研究机构[7]。到了 90 年代初期，清华大学的郑学坚首先介绍了应用单片机控制人工气候箱的方法和思路[8]；此后，中国农业科学院徐师华报道了 Z—80C 控制温室的软、硬实施方案，以及利用单片机控制气候箱自然光照的模拟实验[9]；1996 年江苏理工大学研制了一套温室环境控制设备，在 150 平方米的温室内实现了温度、湿度、光照以及二氧化碳浓度的综合控制[10]。

近年来随着国家对于农业现代化和信息化发展的不断支持和投入，温室大棚技术飞速发展，大棚面积迅速扩大。如今，我国的温室、大棚面积居世界第一(占 42.8%[5])。我国温室大棚今后的发展方向是集约化、规模化和产业化。

(4) 研究内容

在深入研究学习了安卓应用、HTTP 协议和增强现实技术等开发技术的基础上，本部分对基于安卓平台的智慧农业系统进行了详细的设计和实现。本部分的研究内容主要包括：

设计实现了注册登录功能，防止无关人员进入系统，满足管理员对系统安全性方面的要求。

实现了数据查询功能，包括三个子功能：实时数据、历史数据和当日天气。提供相应环境因子数据帮助管理员判断作物是否在最适合的环境中生长。为方便大棚管理人员，提出了监测报警功能，该功能能够自动检测环境因子数据，当数据异常时通知管理员，以视觉隐喻的方式时时提醒，并记录报警时间与事件。

利用增强现实技术实现了作物科普功能，不仅能帮助管理员学习作物知识以更好地种植作物，还能向大棚内游客做趣味科普，达到推广农业大棚作用。为了让管理员能够随时随地查看大棚内的实时影像，达到防盗的效果，设计实现了视频监控功能。

2. 需求分析与相关技术

本节主要是针对用户的需求进行系统需求分析，然后再介绍基于安卓平台的智慧农业系统在开发过程中的相关理论技术，包括安卓系统平台、增强现实、超文本传输协议(Hyper Text Transfer Protocol，简称 HTTP)[11]传输协议等。

(1) 系统的需求分析

本节将从系统的目标需求、可行性分析、功能性需求和非功能性需求四方面来对基于安卓平台的智慧农业系统进行需求分析。

① 系统的目标需求

当前智慧农业大棚还存在监控管理难度高、缺少推广等问题。为了满足大棚管理人员的需求，基于安卓平台的智慧农业系统需要达到以下目标：

操作简易。系统应该设计为用户通过简单易懂的操作便能完成对农业大棚的监控管理方面的要求。

具有自动报警功能。系统应当具备自动报警功能，当农业大棚中的某项环境因子超过阈值，便提出警告，在意外发生之前提醒管理者，不仅能够及时止损，还能极大地方便管理者。

扩展能力高。系统应该足够成熟，具有较高的扩展能力，方便能在往后的开发中添加其他的功能。

硬件要求。系统对于硬件的要求不应该过高，以此来降低成本。

具有科普功能。系统应带有一定科普功能，不仅是给管理员科普，也能够为大棚内游客进行趣味性科普，对智慧农业大棚的推广具有一定的作用。

② 系统的可行性分析

根据上一节系统的设计目标，需要考虑操作难度、技术实现和降低成本三个方面来满足农业大棚管理员的需求，故将分别从操作性能、技术以及成本来分析此节系统的可行性。

操作难度。系统将会安装在安卓平台的移动智能终端设备上，已经熟悉安卓操作系统的管理人员可以无困难使用。而未接触过安卓系统的管理人员经过简单的培训之后也能够很快地上手，这得益于安卓系统原本的低操作难度。因此从操作难度上来看，本系统的设计和实现是可行的。

技术实现可行性。基于安卓平台的智慧农业系统的开发都是使用当下非常常见的安卓系统APP开发工具和技术，如谷歌发布的 Android Studio 开发环境、JAVA 语言等。这些集成开发环境(Integrated Development Environment，简称 IDE)和语言都拥有大量可靠的技术文档和可参考资料。而在进行增强现实技术开发时，通过对第三方 Vuforia[12] 提供的软件开发工具包(Software Development Kit，简称 SDK)进行二次开发，也能够达到本系统想要实现的要求。因此从技术层面上看，本系统的开发是可行的。

成本可行性。系统运行时需要一台安卓平台的智能终端，以及提供接口和数据的服务器端。服务器端的费用包含于农业大棚当中。而安卓系统平台的移动设备相比于其他平台的移动设备选择多样，价格低廉。并且，目前安卓系统属于开源系统，谷歌官方提供的 IDE 也均是免费的，在开发上无额外负担。所以从成本上分析，系统的实现是可行的。

综上所述，基于安卓平台的智慧农业系统的开发具有可行性，可以进行设计和实现。

③ 系统的功能性需求分析

根据管理人员对农业大棚操作软件的需求，本文通过构建可以实现的功能模块来达成管理员对管理和监控方面的要求。

这里将整个系统分成以下五个模块：用户注册和登录模块；大棚内环境因子的实时数据、历史数据和当日天气查询功能模块；检测到大棚内环境因子超过阈值自动提醒的监测报警功能模块；向管理员或大棚内游客进行趣味科普的作物科普功能模块；利用摄像头对大棚内信息进行监控的视频监控功能模块。

A. 注册和登录模块。注册和登录模块是为了满足智慧农业大棚的安全性需求而设计的，用来实现新用户的注册和老用户的登录验证。

B. 实时数据、历史数据和当日天气的查询模块。在农业大棚的日常管理中，管理者可以通过实时数据的查询来得知当前农业大棚内环境因子的具体数据，以此来判断当前农作物的生长环境是否正常。历史数据的查询则可以帮助管理员判断农作物是否处于最适合生长的环境中。当日天气数据为管理员判断是否进行打开天窗采光或通风等操作，提供关键依据。

当管理员进行查询操作时，系统向服务器发出请求，服务器在接收到请求后，从数据库中取出当前环境因子数据并打包成 JavaScript 对象标记语言(JavaScript Object Notation，简称JSON)格式然后送回给系统，系统在接收到数据之后解析并展示在屏幕上，而历史数据将会是以图表的形式显示。

C. 监测报警模块。监测报警模块能够在管理员忽视大棚内某些环境因子数据异常时，及时地提醒管理员，确保农作物保持在适合生长的环境内，并且能够减轻管理员的工作压力，降低智慧农业大棚的操作门槛。

当系统每次从服务器中获取最新的环境因子数据时，会将各个数据与各自的阈值进行比对，一般果蔬如番茄最适合生长的温度为 13～28 ℃之间，系统将实时温度与 28 ℃、13 ℃分别对比，无论超过 28 ℃或低于 13 ℃，则会向用户推送警报。数据的阈值也可以根据果蔬或花卉的不同特性更改。

D. 作物科普模块。作物科普模块将利用增强现实技术实现对农业大棚内作物的趣味科普，达到推广农业大棚的目的，同时能够可视化数据库中的信息。

当用户将摄像头对准相应的作物图片时，增强现实 SDK Vuforia 将会判断出此图片对应的作物并且将相应的模型显示在屏幕上。而通过对 Vuforia 的二次开发，在显示模型时，系统会向服务器提出请求寻找相应作物的信息，服务器将会从数据库中提出信息并且反馈，最终由系统显示在模型下方。

E. 视频监控模块。视频监控模块使得管理员能够随时随地查看农业大棚内部实时情况，具有一定的防盗作用。

将网络摄像头部署在大棚内部并做好设置，当用户点击视频监控功能时，系统将把大棚内的实时影像呈现在手机屏幕上。

④ 系统的非功能性需求分析

系统的非功能性需求是指用户对软件质量属性、运行环境、资源约束、外部接口等方面的要求或期望[13]。非功能性需求在很大程度上决定产品的质量并影响着产品的功能需求。因此，必须在对系统的分析中加入了对上述需求的了解和分析，通过分析的结果进行设计。下面是对系统的非功能性需求的分析：

性能需求。农业大棚内的环境因子数据关系到植物生长环境，错误或者延时的数据可能会造成无法挽回的损失，故对数据精确度和相应速度要求较高。因此，系统必须具备较快的响应速度，并且反馈正确的数据结果。

可靠性需求。农业大棚内的环境因子等数据需要管理员实时的监控，若系统经常失效或者失效后无法及时恢复,也会对大棚内的作物造成严重的影响。因此要求系统必须有较高的可靠性,失效的频率需要很低,若失效要能及时恢复。

安全性分析。农业大棚的控制只能由管理人员操控,若被不相干人员操控则会带来无法估量的后果。所以系统需要由注册/登录功能,并且在服务器需要有权限控制。而服务器和本系统的数据交互也需要加密后才能进行传输。

易用性分析。系统需要界面尽可能地简洁明了,最好能够将数据图形化,这样可以降低管理者的操作门槛。

环境条件分析。本系统是安装在安卓系统平台的移动设备上的,故运行本系统需要有用联网能力的移动终端,现在市面上的大部分手机都能达到本系统的运行环境,具体的配置信息如下:

移动设备:基于安卓系统平台;

运行内存:1G 或以上;

版本要求:Android 4.3 版本及以上;

网络条件:3/4G 网络或 WiFi 网络;

其他:拥有摄像头。

扩展性分析。智慧农业系统要具有足够多的接口,可以随时添加更多管理员所需要的业务功能,即本系统要有较强的扩展性,为未来可能的传感设备和功能留有接口。

(2) 系统相关的技术理论

① 安卓系统平台

Android 最初由安迪·鲁宾等人开发制作,由谷歌成立的开放手持设备联盟持续领导与开发,主要设计用于触屏移动设备如智能手机和平板电脑与其他便携式设备[14]。2007 年 11 月,谷歌发布了 Android 的源代码,开放源代码给了生产商极大的开发空间,加速了 Android 的普及。

2017 年 3 月,根据分析机构 StatCounter 从 250 个网站综合约 150 亿次访问数据,Android 全球网络流量和设备超越 Microsoft Windows,正式成为全球第一大操作系统。

Android 系统平台能够取得如此成绩,相对于其他智能移动终端设备的系统平台来说,主要优势就是其开放性。安卓平台允许所有开发商加入到 Android 联盟中来,因此给消费者提供了丰富的软件资源。抛开开放性的优势,安卓系统平台还具有以下特点:

丰富的硬件。各类厂商推出了各具功能特色的各类 Android 系统产品,使得消费者在价格、工艺上的选择繁多,选择价格较低的 Android 手机可以有效节约智慧农业大棚的成本。

方便开发。Android 平台给开发者们提供了一个非常自由的开发环境,因此也产生了丰富的第三方开源框架与接口,这一点也方便了智慧农业系统的开发。

Android 系统有着开放程度高、兼容性强、硬件产品价格相对较低等优点,符合农业大棚管理人员对于操作系统上的要求。并且网络上有大量关于 Android 平台 APP 开发的学习资料和文献可供参考,这一点也降低了智慧农业系统的开发难度。所以最终本文选择了 Android 系统作为智慧农业系统的操作系统。

② 增强现实

增强现实是一种实时地计算摄影机影像的位置及角度并加上相应图像的技术,这种技术的目标是在屏幕上把虚拟世界套在现实世界并进行互动。目前对于增强现实有两种通用的定义。

一种是北卡罗来纳大学的罗纳德·阿祖玛于[15]1997 年提出的，他认为增强现实包括三个方面的内容：将虚拟物与现实结合、即时互动和三维。而另一种定义是 1994 年保罗·米尔格拉姆和岸野文郎提出的现实—虚拟连续系统(Milgram's Reality—Virtuality Continuum)[16]。他们将真实环境和虚拟环境分别作为连续系统的两端，位于它们中间的被称为“混合实境”。其中靠近真实环境的是增强现实，靠近虚拟环境的则是扩增虚境。增强现实与硬件、软件以及应用层面息息相关。

如今市面上常见能用于增强现实开发的主流 SDK 有：Vuforia、Metaio、视辰 EasyAR 和 HiAR 等，这些 SDK 所能达到的功能均能满足本系统要求的效果。本系统选择了前高通旗下的 Vuforia 进行增强现实开发。Vuforia 的开发时间较长，目前已有稳定版本，并配有完整的开发者文档，使得开发难度降低，也能够满足本系统的功能要求。

AR 技术不仅展现了真实世界的信息，还将虚拟的信息显示出来，所提供沉浸式体验适合应用于科普工作。并且由于手机游戏“精灵宝可梦 Go”在全球的盛行，使 AR 技术又处于风口之中，使用此技术将带来足够的噱头，对智慧农业大棚的推广有一定的意义。故系统将利用 AR 技术来实现作物科普功能。

③ 传输协议

HTTP 协议即超文本传输协议，是互联网上应用最为广泛的一种网络协议。HTTP 的发展是由蒂姆·伯纳斯-李于 1989 年在欧洲核子研究组织所发起，由万维网协会和互联网工程任务组制定标准并最终发布的[11]。通过 HTTP 或者 HTTPS 协议请求的资源由统一资源标识符(Uniform Resource Identifiers，简称 URI)来标识。而 URI 的最常见的形式是统一资源定位符(Uniform/Universal Resource Locator，简称 URL)。

由于 HTTP 协议简单，通信速度快，且允许传输任意类型的数据对象，适合基于安卓平台的智慧农业系统的通信要求。因此系统决定采用 HTTP 协议来作为与服务器交互的传输协议。

3. 智慧农业系统设计方案

在详细地研究了用户需求之后，本文确定了基于安卓平台的智慧农业系统的设计方案，包括系统的整体框架、功能设计和与服务器通信设计，本章将从这三点入手，进行系统设计方案的描述。

(1) 系统的整体框架

物联网智慧农业大棚系统共有三个子系统，包括智慧农业系统(本文以下统一简称为“智慧系统”)，物联网农业大棚管理平台(简称为“服务器”)和智慧农业大棚传感信息传输系统。如图 4-24 中实线框所示，本文所提出基于安卓的智慧农业系统是物联网智慧农业大棚系统的子系统之一。图中虚线框表示的传感信息传输系统不与智慧系统直接关联，它负责将传感器收集到环境因子数据传输到服务器的数据库中并更新相关数据。另外一个虚线框表示的服务器需要管理数据库，提供相关 URL 接口给智慧系统，并处理智慧系统的各类请求。

① 智慧系统整体架构

通过对智慧系统的需求分析，结合系统所需要实现的功能模块，智慧系统和服务器形成的整体架构上采用了市面上常见的 C/S 架构模式[17]，而服务器部分则为 B/S 架构模式[17]。所以智慧物联网农业大棚管理系统采用了 C/S 和 B/S 混合的架构模式。具体的架构模式图如图 4-24 所示。基于安卓平台的智慧农业系统各个模块是按照其要达成的功能需求所划分的，包括了注册登录、数据查询、监测报警、视频监控和作物科普五个部分。

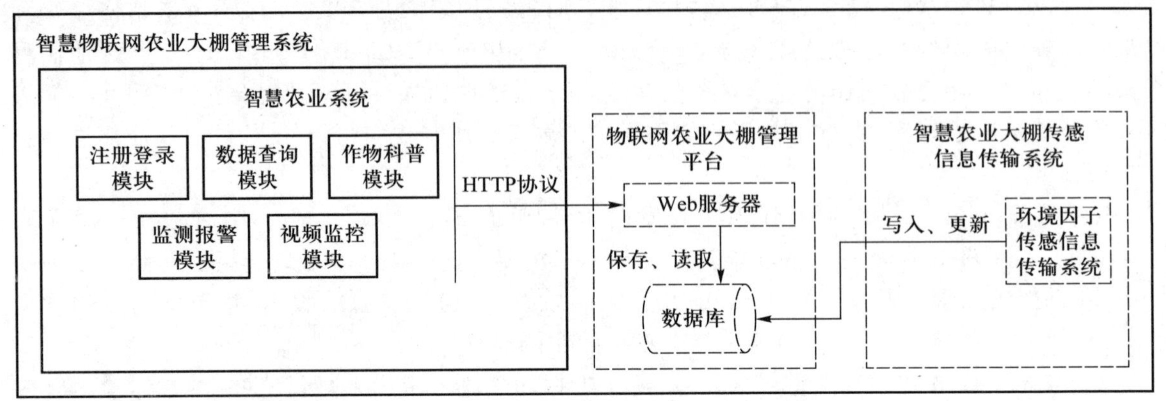

图 4-24 智慧物联网农业大棚管理系统应用架构图

② 智慧系统工作流程

根据上一章当中用户的需求分析以及本节中系统架构的确定，总结出系统的工作流程如图 4-25 所示，启动程序后，用户输入登录信息进行登录验证，验证成功后进入主页面。主页面将直接显示大棚内部的实时数据，也可以调出菜单栏和作物科普功能。通过调出菜单栏，用户可以进行查看报警记录，观看监控画面等操作。系统根据用户操作来访问服务器请求相关数据，接收到来自服务器的数据之后，会将封装后的数据解析再呈现给用户。

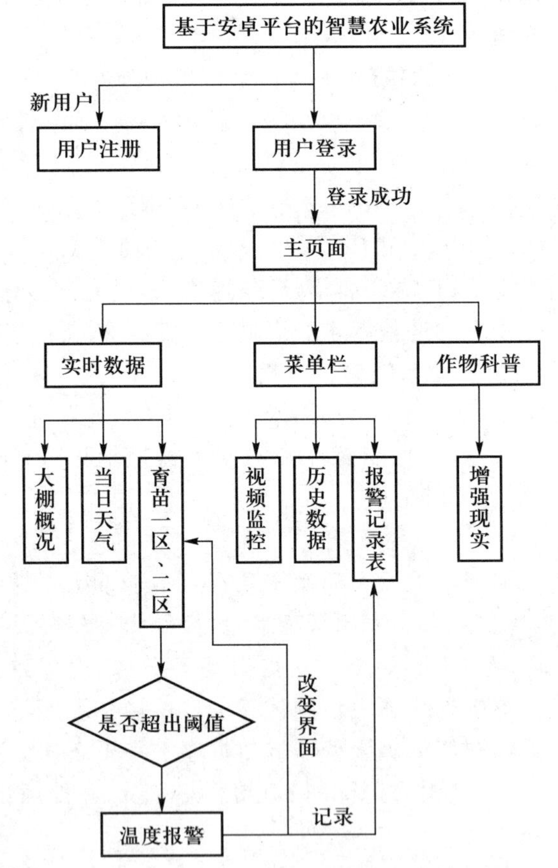

图 4-25 智慧系统工作流程图

(2) 智慧系统功能设计

本节将从系统的功能架构和系统的功能模块两个方面来介绍基于安卓平台的智慧农业系统的功能设计。

① 功能架构

本小节将介绍组成智慧农业系统的各个子模块，以及各个子模块的功能构成。

根据上文对系统需求的分析，基于安卓平台的智慧农业系统的功能模块图如图 4-26 所示，系统分为注册/登录模块、数据查询模块、作物科普模块、监测报警模块和视频监控模块。各个模块都有各自的功能，不同模块之间也会有数据的共享。

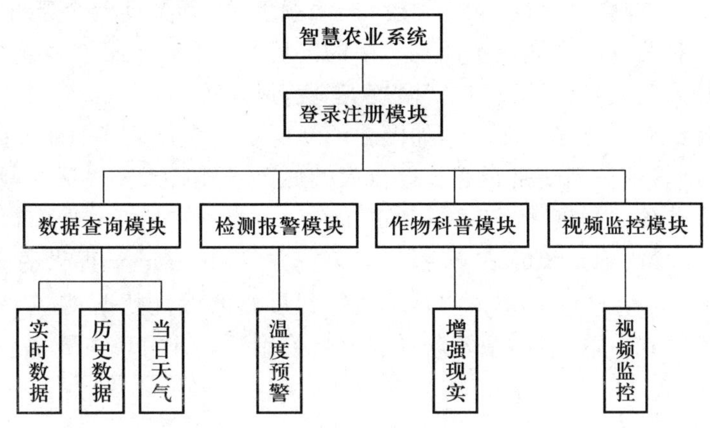

图4-26　智慧系统功能模块图

② 功能模块

本节将逐一介绍智慧农业系统的各个功能模块以及各个模块包含功能的设计情况。

登录注册模块。登录注册模块的功能流程图如图4-27所示，用户在使用智慧农业系统之前，必须通过系统验证登录信息。当用户的信息被核实之后，才能继续使用系统的其他功能。而未注册的用户系统将会提示其注册。此外，若登录时用户信息不够完善，系统也会提示其要填写清楚。

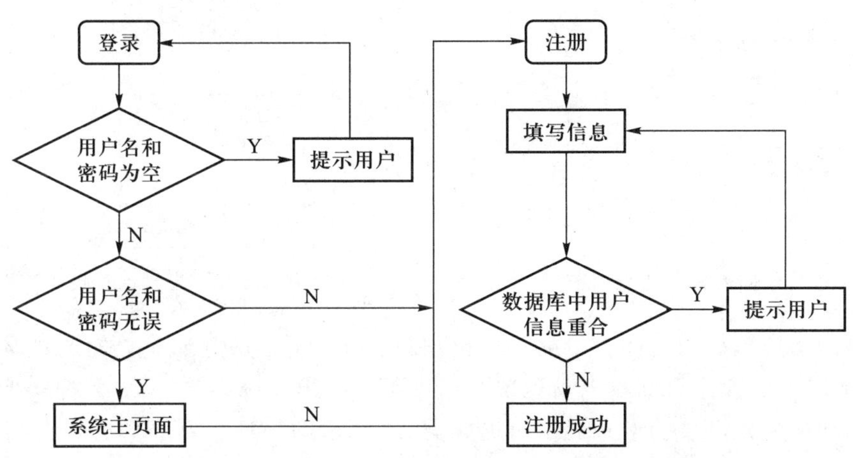

图4-27　登录注册模块功能流程图

数据查询模块。智慧农业大棚管理员可以通过数据查询模块，对大棚内环境因子实时数据进行监控以及对比环境因子历史数据。该模块还加入了当日天气功能，方便管理人员根据当日天气状况进行大棚内通风等工作。此模块包括以下三部分内容：

实时数据。实时数据功能的工作流程图如图4-28所示，实时数据功能会显示当前大棚不同地区环境因子的实时数据。用户成功登录之后系统将会跳转至主页面。主页面内共有四个窗口，进入时会直接显示大棚概况窗口。大棚概况窗口显示大棚的基本情况以及天气状况、今日温度。在顶端有其余三个窗口可以切换，分别是育苗一区、育苗二区和气象站。点击育苗一区窗口切换，将会显示育苗一区内空气温度、光照强度、空气湿度、土壤湿度四个指标，都是从服务器后台实时获取的数据。育苗二区窗口显示的是二区的环境因子数据。而气象站窗口则是从后台服务器获取的当日大棚外天气具体情况，包括温度、湿度、风速等。

当日天气。当日天气功能工作流程图如图 4－29 所示。当日天气功能即主页面“气象站”窗口，此功能主要是帮助管理员判断是否适合进行大棚通风或开启天窗等活动，具体参数有天气情况、温度、湿度、风速、紫外线强度、空气质量和更新时间。当用户切换到此窗口时，系统会访问服务器相关接口，服务器接收到系统的请求后，访问第三方 Web Service 提供的应用程序编程接口(Application Programming Interface，API)，从而得到最新的天气数据，服务器将天气数据封装成方便传输的 JSON 格式后，反馈给系统。系统解析收到数据并呈现在屏幕上。

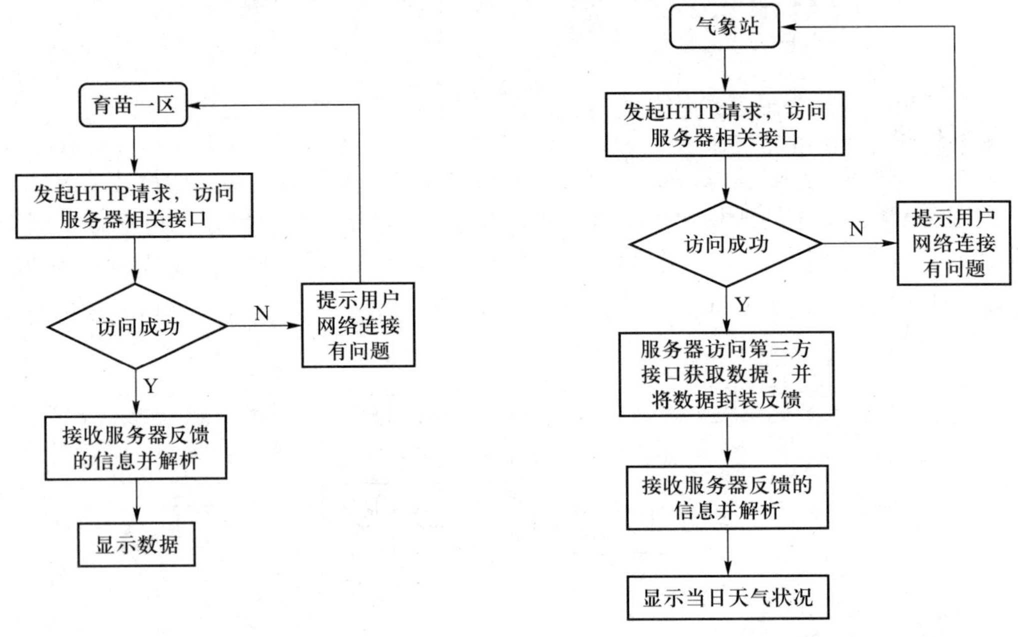

图 4－28　实时数据功能流程图

图 4－29　当日天气功能流程图

历史数据。历史数据功能能够帮助管理员判断农作物是否处于最适合生长的环境当中。流程图如图 4－30 所示，在主页面左上角菜单按钮中可以呼出系统菜单，历史数据功能便在菜单当中。历史数据功能将以图表的形式展示历史数据，从而帮助管理员判断农作物是否处于最适合生长的环境中。由于安卓中的图表无法满足管理员的需求，这里选择将直接显示服务器网页上图表。

监测报警模块。监测报警功能流程图如图 4－31 所示，当用户获取了实时数据之后，监测报警功能便已经启动了，系统便会获取数据当中的温度数据，并与预设的阈值进行对比，温度相比阈值过高或者过低时便会利用通知栏向用户提出警报，当用户下拉通知栏，点击通知时，屏幕会跳转到报警记录表界面。报警记录表记录所有的报警记录，包括时间和地区等，用户可以在菜单中呼出报警信息记录表以查看。

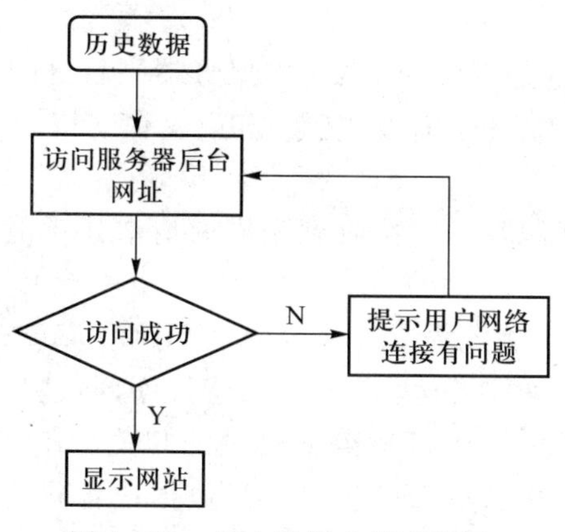

图 4-30 历史数据功能流程图

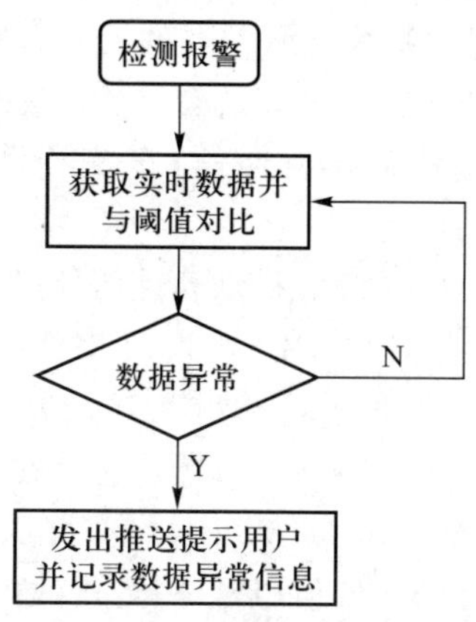

图 4-31 监测报警功能流程图

作物科普模块。作物科普模块如图 4-32 所示，它包括增强现实功能，用户开启此功能后，需要将摄像头对准已准备的作物图片，此时采用第三方增强现实开发工具包 Vuforia 会识别照片并将照片上作物的三维模型显示在屏幕上。用户可以对三维模型进行拖拽等简单操作。通过对 Vuforia SDK 的改写，当识别出作物后，系统还将访问服务器后台，请求服务器将作物相关信息反馈给系统，接收到服务器封装的作物信息后，解析并且显示在作物的三维模型下方。

视频监控模块。视频监控功能流程图如图 4-33 所示，该功能使管理员能够随时随地查看农业大棚内部的实时情况。功能的基础是萤石摄像头[18]提供的视频云服务。当用户打开此功能时系统访问萤石服务器，获取设备的视频流信息将实时监控画面呈现给用户。

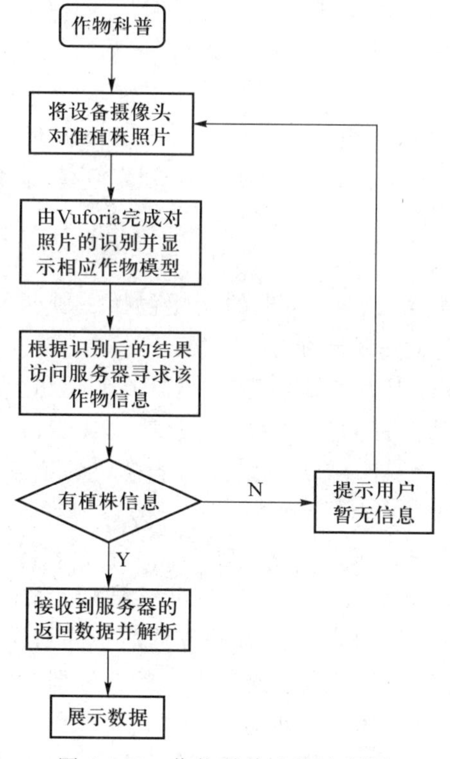

图 4-32 作物科普功能流程图

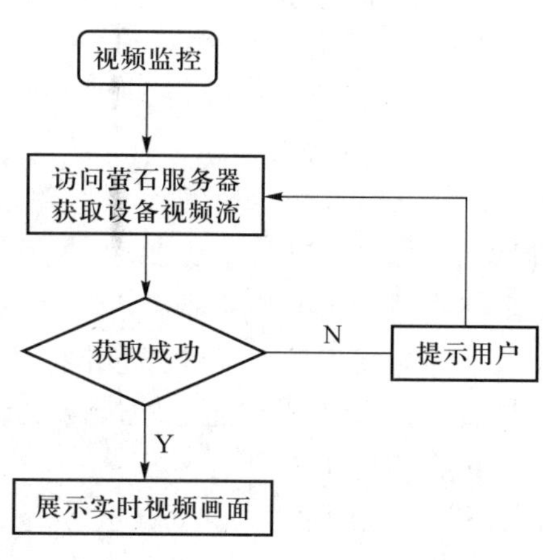

图 4-33 视频监控功能流程图

(3) 智慧系统与服务器的通信设计

根据基于安卓平台的智慧农业系统和管理员之间的通信需求，系统与服务器平台之间采用HTTP 传输协议进行通信，安装了系统的安卓平台智能终端需要连接 WiFi 或者支持 3G/4G通信。

搭载安卓系统的移动智能终端主动发送通信请求后，服务器接收到相应的请求并对请求进行响应，最终将响应的结果反馈到系统，由系统进行解析并展示给用户。安卓平台中进行HTTP 请求有 HttpClient 和 HttpUrlConnection 两种方法。本系统采取的是 HttpClient 方式，利用 Android—Async—Http 这个在 HttpClient 基础上构建的异步 HTTP 连接库，通过实例化一个 AsyncHttpClient，并且编写相关的 get 和 post 方法等，访问服务器提供的相关 URL，根据服务器后台的返回值(JSON 格式数据或 statusCode 数据)，进行解析 JSON 数据或者同意用户登录等相应操作。

4. 智慧农业系统实现方案

之前详细介绍了基于安卓平台的智慧农业系统的具体设计和功能流程。而本部分将结合开发环境、从系统各模块的具体功能的构建入手详细说明系统模块的具体实现方案。

(1) 开发环境搭建

本节主要简单介绍如何在搭载 Windows 系统的个人电脑上，配置开发安卓系统 APP 的 Android Studio 开发环境。配置过程可以分成以下三个步骤：

下载 JDK 和 Android Studio。前往 Oracle 的官方网站下载 JAVA 的 JDK 安装文件，然后前往 Google 旗下 Android Developers 网站下载 Android Studio 的解压包。

安装 JDK 和配置环境变量。安装下载好的 JDK 文件，完成后在计算机的环境变量内新建"JAVA _ HOME"变量并填写 JDK 安装目录，然后在 PATH 变量最后输入"%JAVA _ HOME%\bin;%JAVA _ HOME%\jre\bin;"即可。

解压 Android Studio IDE 并下载 Android SDK。解压下载好的 Android Studio 并运行，打开 SDK Manager，下载 Android SDK，完成之后已成功配置安卓 APP 的相关开发环境，此时在 Android Studio 中新建 Android 项目就可以开始开发工作。

(2) 模块功能的实现

按照上一章对各个模块的设计思路，本节详细说明系统需要实现的功能包括注册/登录功能、数据查询功能、作物科普功能、监测报警功能和视频监控功能的具体实现。

除了满足用户基本的功能需求之外，在系统界面设计上为了做到简洁易懂，在利用尽可能少的字加以辅助的基础上，尽可能利用采用视觉隐喻[19]的图标向用户传达此模块的功能；在页面布局和排版上也应该尽可能遵循清晰的布局原则，使用户一眼就能检索到功能模块的位置并迅速理解其代表的用途。

① 注册登录模块

登录功能的界面如图 4-34(a)所示，注册功能的界面如图 4-34(b)所示。注册/登录界面是管理员使用智慧系统的入口，管理人员需要通过系统的注册功能或者服务器后台注册个人账户，然后利用已注册的账号和密码作为凭证登录系统，每个账号都是独一无二的。注册/登录功能是将登录信息与后台数据库管理员信息做对比，以此判断用户是否有使用系统的权限。

在程序实现方面，注册/登录功能都有各自的 Activity 进行控制和管理，如图 4-34 所示。

在登录功能的Activity当中，利用EditText和Button获取用户的登录信息并反馈到服务器，若通过服务器验证，则利用Intent跳转至主页面。而注册入口与其他的Intent绑定，当用户点击“游客注册”则跳转到注册功能的Activity。注册界面的实现原理与登录界面相似，此处不展开详述。

图4-34　登录与注册界面，其中(a)表示系统登录界面，(b)为系统的注册界面

② 数据查询模块

数据查询模块包括三个部分功能：实时数据、历史数据和当日天气。

实时数据方面，实时数据为用户对育苗一区，育苗二区的环境因子数据查询。成功登录后的主页面如图4-35(a)所示。育苗一区界面如图4-35(b)所示，育苗二区界面如图4-35(c)所示。主页面将会显示大棚概况以及当日天气概况，用户仅需要点击主页面相应的窗口进行切换，便能直接查看大棚内不同区域的环境因子数据。

程序实现方面，以查询育苗一区数据为例。当用户点击“育苗一区”窗口时，系统便会发送HTTP Get请求给服务器的相关接口，服务器接收到请求之后，将数据库中育苗一区的各项数据取出，封装成JSON格式数据并返回给系统。系统接收到数据之后解析，并显示在屏幕上。

历史数据方面，用户需要先点击主页面左上角菜单按钮呼出菜单栏，菜单栏如图4-36(a)所示。在菜单界面在菜单栏中选择“数据中心”，便能查看历史数据。在历史数据功能中，能查看一周之内的环境因子柱状图和折线图。图4-36(b)为一周内的光照强度柱状图，图4-36(c)为一周内的光照强度和湿度的折线图。

在程序实现方面，当用户点击菜单栏中“数据中心”按钮时，系统便会利用安卓中的WebView网页视图访问服务器后台网站上的数据中心，并将得到的页面呈现给用户。

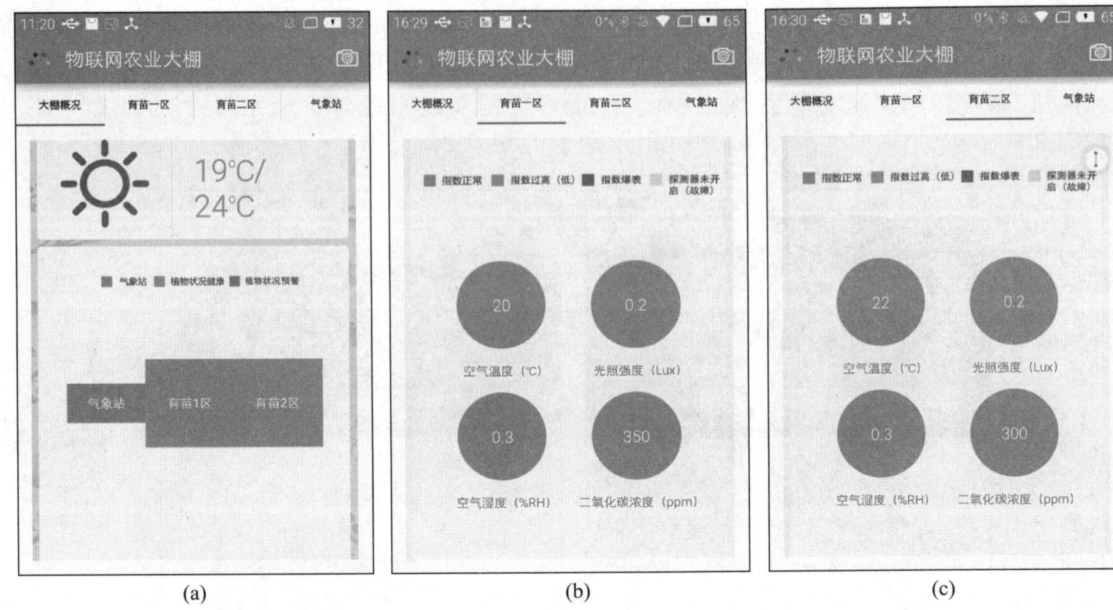

(a) (b) (c)

图 4-35 实时数据界面，其中(a)表示系统主页面，(b)为育苗一区界面，(c)为育苗二区界面

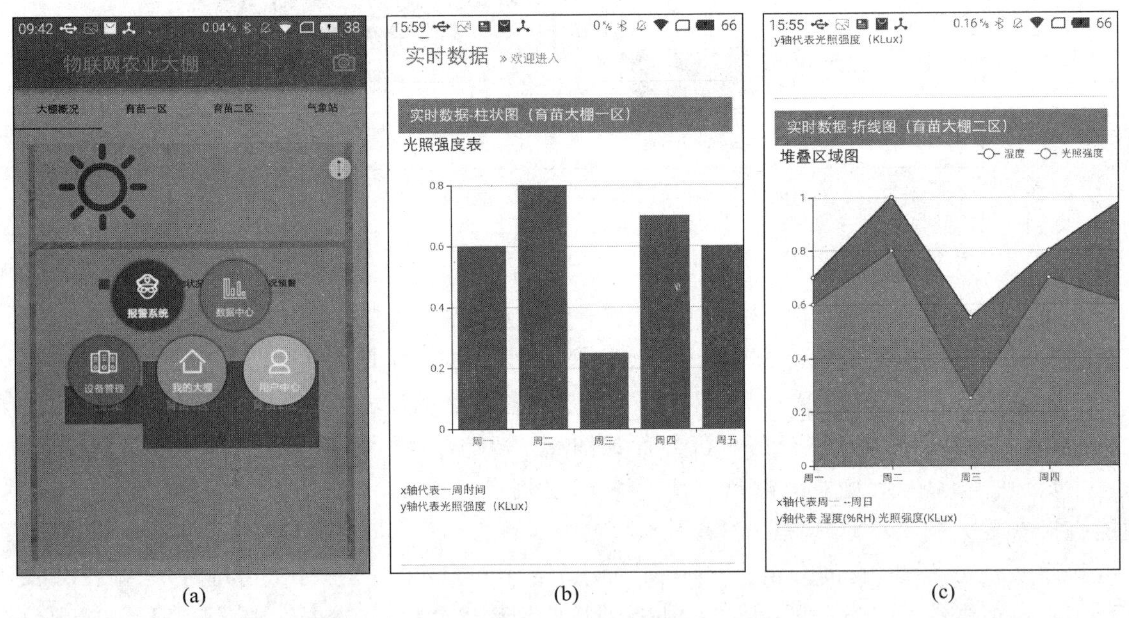

(a) (b) (c)

图 4-36 历史数据界面，其中(a)表示系统主菜单栏，(b)为光照强度柱状图，(c)为光照强度折线图

当日天气方面，当日天气界面如图 4-37 所示，要查看当日天气的界面，需要通过在主页面的窗口切换到“气象站”窗口。界面会具体显示当日的天气参数，包括天气情况、温度、湿度、风速、紫外线强度、空气质量和更新时间。这些数据都是由第三方 web service 提供的。

程序设计上，当用户点击“气象站”进行窗口切换时，系统会利用 HTTP 协议访问服务器相关接口。服务器接到系统的请求后，会访问第三方 Web Service 提供的天气 API，而收到当日的天气数据，再将这些数据封装成 JSON 格式数据并返回给系统。系统接收到数据之后进行解析并显示。

③ 监测报警模块

当系统从服务器获取到了当前实时数据时，监测报警功能便已经启动了。目前的监测报警功能仅针对大棚内温度数值，当温度过高或者过低时，便会利用通知栏提出报警。当用户下拉通知栏，点击通知时，便能跳转到报警系统功能界面。报警系统界面的报警记录表会记录所有的报警记录，包括时间和地区等。而当报警过后，育苗一区窗口的温度数据背景将变为红色，以此来提示管理人员。图 4-38(a)为温度过高时，通知栏推送情况。图 4-38(b)为高温报警后的报警记录表。图 4-38(c)为报警过后育苗一区窗口情况。

④ 作物科普模块

作物科普功能界面如图 4-39 所示，作物科普功能由主页面右上角“相机”按钮呼出，将会调用设备摄像头。当摄像头对准某植株的特定照片时，Vuforia 将会识别出这张照片，并判断其植株

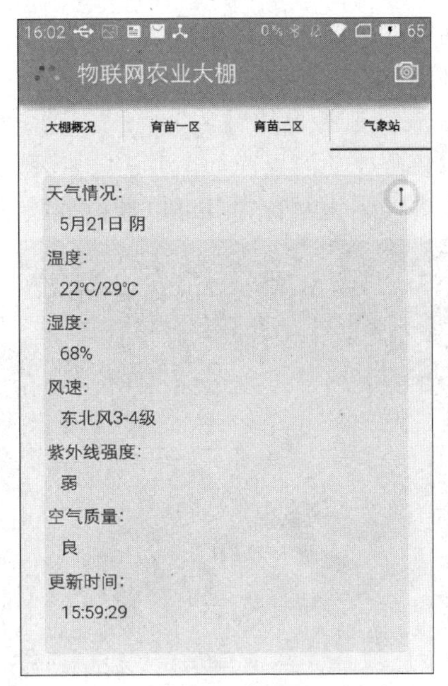

图 4-37　当日天气功能界面

(a)

(b)

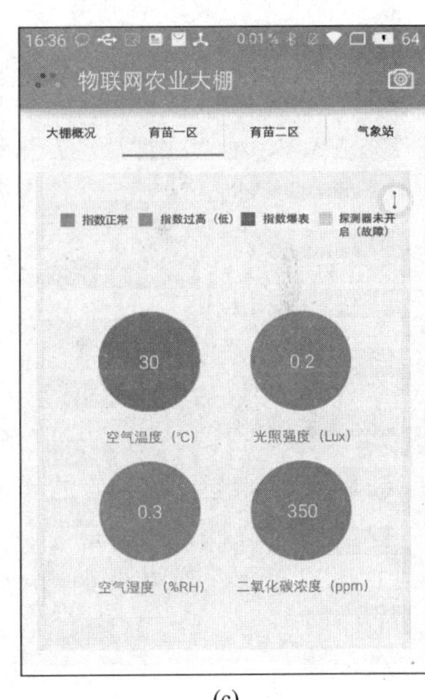

(c)

图 4-38　监测报警界面，其中(a)表示报警时通知栏，(b)为高温报警后报警记录，(c)为报警后育苗一区

类型，然后在屏幕上显示此植株的三维模型和相关信息。

程序实现方面，需要事先将植株的图片上传到 Vuforia 的官网上，利用 Vuforia 提供的 SDK 在 Unity 上进行开发。开发内容主要是将各个模型匹配上各个植株，这样一来识别成功之后便能显示正确的模型。值得一提的是，为了完成显示植株信息的功能，我们对 SDK 进行了完善，加

入了可以进行 HTTP 请求的类以及相关代码，在识别出植株后，Vuforia 将会访问服务器，服务器收到请求后会将存储在数据库中的植株信息封装返回，最终由改写后的 Vuforia 解析并显示在屏幕上。

⑤ 视频监控模块

视频监控功能界面如图 4-40 所示，视频监控功能的入口也在菜单栏中，点击“设备管理”按钮便能进入。大棚管理员可以通过此功能查看大棚内的实时影像。

图 4-39 作物科普界面

图 4-40 视频监控界面

在程序实现方面，当用户点击设备管理并进入视频监控功能后，系统将会利用安卓 WebView 网页视图访问萤石服务器，将得到的实时画面显示在屏幕上。

(3) 智慧系统数据通信的实现

智慧系统与服务器的通信是所有功能模块实现的基础，在本书第 3 章中提到过系统通过 HTTP 协议实现与服务器的数据交互，本节将具体阐述系统是如何发起 HTTP 协议和接收服务器返回的数据。

安卓应用开发中发起 HTTP 请求有 HttpClient 和 HttpUrlConnection 两种方法。直接使用这两种方法之一开发，需要在程序中开启新线程进行，会造成效率低下、代码冗长等结果。为了提高请求效率，使代码简洁易懂，这里引入了 Android—Async—Http 开源框架来代替传统的 HTTP 请求方法。此框架是异步框架，利用底层线程池处理并发请求，能够有效提高效率，在使用上相比传统方式也简化了许多。

在具体实现代码上，首先需要编写 HTTP 工具类代码 HttpUtil，重写其 get() 和 post() 方法；其次是在需要发起 HTTP 请求的 Activity 中，实例化一个 AsyncHttpClient 并指定其相关

AsyncHttpResponseHandler 或 JsonHttpResponseHandler；然后将解析 JSON 数据格式以及显示数据的相关代码写入 Handler 的 OnSuccess()方法，将提示用户的相关代码写入 OnFailure()方法；最后利用 HTTP 工具类的 GET 或 POST 请求携带参数访问服务器相关 URL 接口。

如此实现的通信方式有一个优点，即它将大大提高系统的可拓展性。如果系统今后需要加入新功能，在程序实现层面仅需要实例化 AsyncHttpClient，编写相关 Handler 的 OnSuccess()方法代码，最后利用已经写好的 HttpUtil 工具类中 get()或 post()方法访问服务器接口即可。

5. 智慧系统的测试

在上一章实现了系统的功能前提下，本章将对系统进行全面的测试，测试内容包括功能测试[20]、异常测试和对比测试。

(1) 功能测试

功能测试指按照测试用例对系统进行测试。本节的测试用例有以下两点：

管理员登录测试：已注册过的管理员账号为陈龙，密码为 12345。输入错误信息，测试是否能通过系统验证。

预期结果：无法通过系统验证，且系统将会进行错误提示。

实验结果：如图 4-41 所示，输入了错误密码，登录验证失败，系统弹出相关提示。

结论：系统登录功能能够正常使用，错误的登录信息无法登录系统，系统将会进行错误提示。

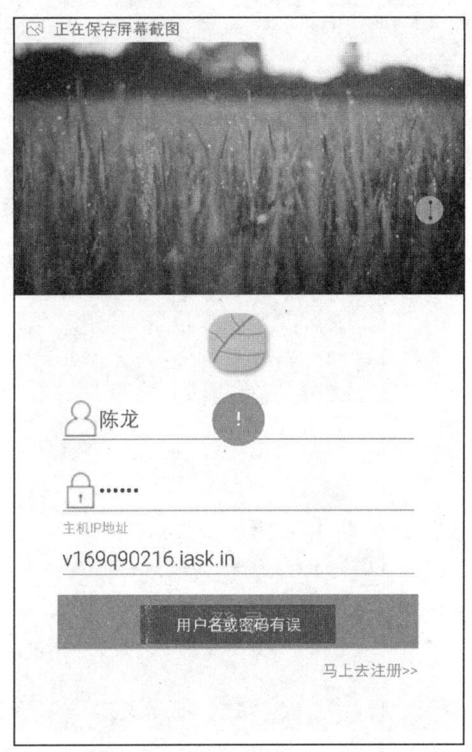

图 4-41　不同图片下作物模型和信息

作物科普功能测试：将摄像头对准不同作物图片，测试屏幕是否出现不同的作物模型以及信息。

预期结果：根据作物图片的不同，屏幕出现了不同的作物模型和信息。

实验结果：如图 4-42 所示，摄像头对准了不同的作物图片，屏幕上出现对应作物的模型和科普信息。

结论：作物科普功能能够正常使用，且具有不同的作物模型和科普信息。

(2) 异常测试

异常测试是指测试系统在运行时来电或闹铃响等情况之后，能否恢复正常运行。本节将选择闹铃响这一情景来测试。

闹铃响测试：系统运行时遭遇闹铃打断，关闭闹铃之后，测试系统恢复正常工作。

预期结果：关闭闹铃之后，系统正常运行。

实验结果：如图 4-43(a)所示，系统在运行时被闹钟中断，点击确认恢复使用系统时，如图 4-43(b)所示，系统能正常工作。

图 4-42　不同作物的模型和信息

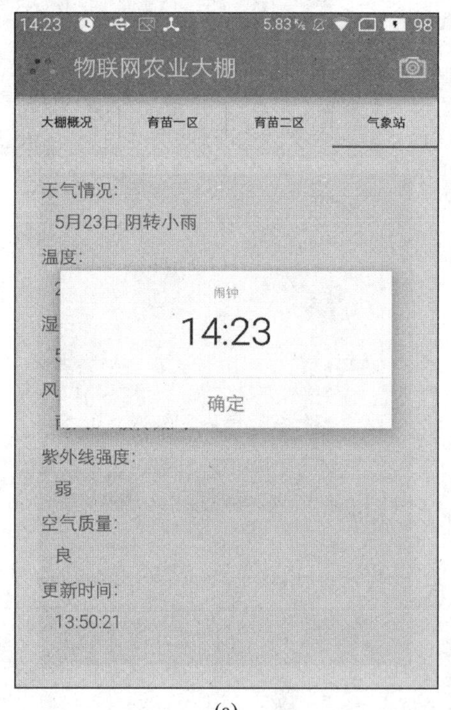

(a)

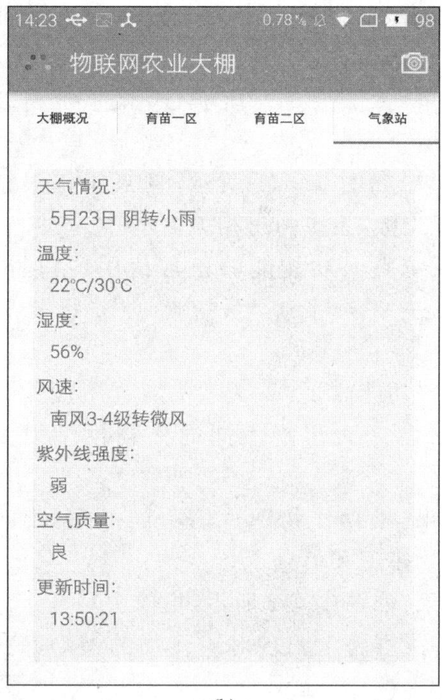

(b)

图 4-43　异常测试界面,其中(a)为运行时被闹钟中断界面,(b)为被闹钟中断恢复运行界面

结论:当系统工作中遭遇闹钟打断时,恢复工作后能够正常运行。

(3) 对比测试

本节将系统与其他相关的农业大棚应用进行对比,分析系统优缺点。我们对比的农业大棚应用,选择了鼎天公司为我校农业大棚制作的 APP。

图 4-44 为鼎天农业大棚应用运行时的截图。从图 4-44(a)主页面可以看出该应用也拥有如实时数据、监测报警相关功能。

以图 4－44(b)实时数据功能为例进行对比，本书所提出的系统以窗口形式切换大棚不同区域的环境因子数据，一个窗口中仅显示数据，相比鼎天的应用更为简单明了。而且当温度数据异常并发出报警后，温度数据的背景会变成醒目的红色，以此来提示管理员，温度异常报警功能也更加直观。

(a)　　(b)

图 4－44　鼎天农业物联网应用界面，其中(a)表示应用主页面，(b)为实时数据页面

此外，鼎天的农业大棚 APP 并未带有作物科普的功能，而本系统利用 AR 技术实现的科普功能不仅能够向管理员或大棚内游客进行农作物的趣味科普，在今后的开发工作中，也能将作物环境因子数据取出实现数据可视化[21]功能。

(4) 本章小结

本章通过功能测试和异常测试两种方式，设计了多种测试用例，对系统进行了较为详细的测试，而后通过系统与其他应用的比较测试，分析系统的优缺点。通过本章的测试，保证系统符合管理人员的需求。

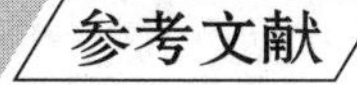

4.4.2 智慧农业传感信息传输与可视化的设计与实现

1. 绪论

(1) 研究背景和现状分析

21世纪以来科技发展迅速,随着物联网概念的提出,其在各行各业中都占据着重要的作用,给人们的生活带来了极大的变革。同时物联网技术在农业大棚高效化的实现进程中也起到了极大的推动作用。智慧农业大棚系统可以根据人们的需求对大棚内的环境进行智能化的控制,减少各种自然环境因素对农作物生长的影响,其对于我国农业事业的发展具有深远的意义。

现代农业的发展技术要求对大棚内的环境能够实时地监控,并通过智能化的方式对大棚内环境进行控制。对农业大棚实时监控的前提是要对大棚环境参数进行采集传输。数据传输技术贯穿智慧农业大棚的每一个环节,实时、定量、自动获取并远程传输各种环境下的农业信息是现代农业的基本要求[1]。信息传输技术的作用主要体现在信息获取和田间实施环节[2]。传统的信息采集方式是人工记录,然后再对数据进行分析并实施相应的措施改善大棚环境。这种方式不仅成本高而且效率低。在现代精准农业研究中,要求对大棚作物的环境信息进行快速、准确、连续的测量[3],而传统的方式已经很难达到这一要求了。随着现代通信技术的不断发展,大棚数据采集高效化迎来了新的曙光。GSM、GPRS等无线通信方式已经广泛地应用在农业大棚传感信息传输中。且随着移动通信技术的成熟,其在农业大棚行业中也受到了广泛的青睐。实现农业大棚信息资源的科学化管理与利用将是未来农业大棚技术的发展趋势。

随着人民生活品质的提高,绿色农产品受到了极大的追捧,农家乐也成为了人们周末休闲娱乐方式之一。传统的农业大棚更多的是将成熟后的农产品转售给农产品经销商,这种单一的产业模式,使得农业大棚的发展得到一定的限制。但随着互联网技术的不断普及,新型的商业运作模式——电子商务已经迅速渗入到生活的每一个环节。农产品电子商务化也得到极大的普及。实现农业大棚作物管理与产品销售相结合也将受到商家们更多的关注。

(2) 研究的目的和意义

实现农业大棚传感数据传输管理及农业商城的一体化,不仅可以改变现有的农业生产方式,促进农业大棚现代化的发展,而且极大地节省了管理员的管理时间以及管理成本。管理员可以在不用切换系统平台的条件下不仅可以实时对大棚内传感数据进行采集、传输与处理,并做出相应的调控措施,改变大棚环境;而且可以同步对农产品可出售作物厂库进行管理,从而避免了由于管理平台不同,而增加的人力、财力的使用成本,使得智慧农业大棚的管理以及运营效率都得到极大的提升。

该系统实现了农产品从种植、收获、加工,以及出售一体化的监控管理平台,不仅可以提高对农业大棚的管理效率,而且可以节省管理平台开发成本,同时对于实现农业大棚的集约化生产也具有一定参考意义。

(3) 研究方法与内容

在深入学习了Socket网络通信、数据处理、SSH框架原理和整合以及Web前端技术的基础上,本文对智慧农业大棚传感信息传输与管理的设计与构建进行了详细的设计与实现。本文研究内容包括以下几点:

采用Socket网络从树莓派中提取各类传感设备的实时数据,接收并将其转化为服务器平台可持久化的数据格式。

传感数据接收发送机制的设计与选用，其中包括连接/发送/关闭的时间、传输的频次持续的时长、UDP 传输协议的制定。

利用传感参数实现对大棚设备的控制，包括手动控制和自动控制两种控制方式。

基于 SSH 框架构建农业大棚商城系统，包括前台农产品采购模块和后台农产品仓库管理模块。

2. 系统研究路线

(1) 系统需求与系统分析

① 传感信息传输与管理需求

农业大棚传感信息传输是数据采集与大棚管理的桥梁。传输包括客户端与服务端，客户端获取传感数据后，通过自定义 UDP 协议与服务端建立连接，发送传感信息。服务端通过 Socket 接收传感数据，对数据进行解析并判断，并将合理数据存入数据库。至此，服务端获得了大棚内环境参数。管理员可以通过 Web 浏览器实时查看大棚环境参数，并根据环境参数对设备进行控制，调节大棚环境。

农业商城管理系统分为前端购物模块与后台管理模块。前台购物模块是为普通用户以及游客提供服务的，功能主要分为商品浏览，以及会员登录购物等功能模块。后台管理系统相当于农业大棚农产品的厂库管理系统。后台管理是针对大棚管理员的操作平台。管理员主要是对商城用户、商品，以及商城订单进行管理。

② 研究思路

根据对系统的功能需求分析，本研究在广泛收集物联网技术与现代农业大棚管理系统以及商城管理系统等相关资料的基础上，制定了研究目标，明确了研究内容与方法。为实现符合智慧农业大棚传感信息传输与管理的设计与构建奠定了基础。

首先，本文采用 Socket 网络通信技术实现数据传输。树莓派只有信用卡大小的微型电脑，其系统基于 Linux[4]。树莓派通过串口以及无线传输方式可以获取传感器节点的采集数据。树莓派是本系统 Socket 通信的客户端，树莓派将各类传感信息打包后发送给服务器端。服务器接收传感数据后需要通过 UDP 协议对数据进行解析和判断，并给树莓派一个 ACK 响应。树莓派根据响应信息判断数据是否需要重传。通过这一过程，确保数据无丢失情况。数据处理完后需将其存入 MySQL 数据库。Web 服务器通过 Web 前端技术将传感数据进行存储转化为服务器平台可持久化的数据格式的功能，从而达到对大棚内各种环境参数的实时监控。

其次，采用 HTML5，CSS3，JavaScript 技术实现商城前端页面的制作，并结合 Jquery、echart 等前端技术达到页面的动态制作以及美化处理。商城后端基于 hibernate＋struts＋spring 框架进行搭建，并采用灵活性较高的 MySQL 数据对数据进行存储，之后通过 AJAX 异步数据请求，实现前后端数据的交互结合。

最后，对大棚数据传输模块与农业商城系统进行整合、运行、调试并完善系统。将农业大棚内部管理与农业商城两者相结合，实现从作物生长监控管理到农产品销售平台一体化的设计，提供智慧农业大棚一条龙服务的操作平台。

③ 技术路线

根据上述研究思路，确立本文的研究路线，技术线路如图 4-45 所示，对于数据传输端，从树莓派客户端接收传感节点采集的数据，树莓派客户端根据 UDP 自定义协议对传感信息进行封装。为保证数据传输的安全性，对封装后的 UDP 报文采用 AES 数据加密处理技术。然后通过 Socket 传送至服务端，服务端接收数据后对数据进行 AES 解密和 UDP 报文解析，获取相关的环境参数，然后通过 JDBC 将数据存入数据库。前端数据显示页面通过 Ajax 获取 Web Service 从数据获取的环境参数。

对于农业商场，分为 Web 前端页面和 Web Service 后端两部分，商城数据库主要包括商品信息、用户信息、订单信息模块。系统需要将这些信息通过 Web 页面的形式呈现给用户。显示的流程是首先 Web Service 对数据库数据进行逻辑处理。前端 Web 页面通过 Ajax 异步数据请求获取后端逻辑处理后的数据并显示[10]。

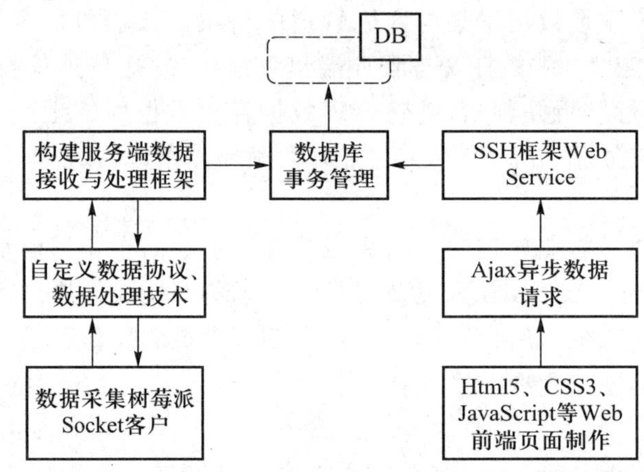

图 4-45　技术路线图

(2) 相关技术

① Socket 网络通信

Socket 是网络通信的基本操作单元。数据传输是一种特殊的 I/O，提供了不同主机间互相通信端点。进程在通信之前会建立一个 Socket，并通过对 Socket 的读写操作实现网络通信的功能[5]。Socket 分为客户端和服务端。在通信之前，客户端和服务端都会各自定义一个 Socket 并绑定一个相应的端口，然后才能进行端口监听建立连接通信。

Socket 有流式套接口、数据包套接口和原始套接口三种类型。流式套接口提供的是一种可靠的、面向连接的数据传输服务。在 TCP/IP 协议簇中，采用的是面向连接的 TCP 协议。用户对数据可靠性要求较高是一般采用流式套接口。但是传输过程中，其占用资源也会比较多，时延也较长。数据包套接口提供的是一种面向无连接的、不可靠的传输服务。数据以包的形式进行传输。传输过程中丢包，重传出现的概率较高。在 TCP/IP 协议簇中，采用的是面向无连接的 UDP 协议。在要求传输效率高的情况下，一般选用 UDP 传输。因为相对于流式套接口，其延时较小，占用的资源也较少。原始套接口用于检验网络协议的实现。

② Web 前端

Web 前端技术是指网页制作技术。目前三大核心技术分别是 HTML、CSS、JavaScript。这三种技术分别实现了前端页面的结构，外观视觉表现以及与 Web 层面的动态交互[6]。HTML 是三种技术中最基础的，通过 HTML 可以建立 Web 站点，HTML 是一种运行在浏览器上的文件，浏览器通过对HTML进行解析，将其以页面效果呈现给用户。CSS即层叠样式表，是用来表现HTML等文件样式的语言[7]。CSS可以对HTML的各个元素进行格式化，或者对颜色、大小等属性进行修饰，从而增加页面的可观性。JavaScript是一种动态的脚本语言。它可以增加HTML页面的动态功能。实现页面与Web层的动态交互，增加页面的灵活性。

随着前端页面技术的发展，Web前端不再仅限于这三大技术，各种前端框架技术也在开发过程中得到广泛应用，如bootstrap框架、angular框架，jQuery框架等。

③ SSH框架

SSH是struts＋spring＋hibernate的一个集成框架，是目前较流行的一种Web应用程序开源框架。集成SSH框架的系统从职责上分为表示层、业务逻辑层、数据持久层和域模块层四层[8]。

MVC是由模型(model)、视图(view)、控制器(controller)组成的架构模型。用户通过view发送请求，controller收到请求后选用model，model层处理完后将处理结果返回给controller选择合适的view显示[9]。Structs就是实现了MVC模型。Web服务器开启后，自动加载structs。Structs通过action处理类，并将结果在页面显示。

Hibernate是专注数据持久化的操作，其主要是对数据访问方式JDBC进行封装。实现数据库面向对象的操作。由于hibernate为数据库提供了统一的接口，所以使得项目能够跨库操作。

Spring是负责的是业务逻辑层，它以“bean”的形式配置，对Action、事物、数据源以及AOP的支持等进行管理。Spring框架的主要内容包括：基于控制反转(IOC)的核心机制，面向切面的编程思想(AOP)。Spring框架的提出是为了与现有的框架无缝结合，贯穿整个系统的体系结构，降低系统层级之间的解耦，减少应用开发的复杂性。

3. 系统总体结构与功能设计

(1) 系统总体框架

通过对项目的需求分析和技术选型，课题设计与构建的智慧农业大棚系统如图4-46所示。智慧农业大棚管理系统主要由三部分组成，分别是基于SSH的物联网农业大棚管理平台，基于Android的智慧农业系统以及智慧农业传感信息传输与管理系统。其中基于SSH的物联网农业大棚管理平台是整个系统的核心。基于SSH的物联网农业大棚管理平台为基于Android的智慧农业系统和智慧农业传感信息传输与管理系统提供了接口，从而将三个系统模块连接成一体。本文的主要研究模块是智慧农业传感信息传输与管理系统，如图4-46实线框内的内容。

本课题的主要研究工作是传感数据传输功能以及传感数据可视化实现与智慧农业大棚农业商城系统的构建。传输模块服务器通过UDP通信协议从树莓派获取传感信息，然后将数据解析处理传到MySQL数据库。基于SSH的物联网农业大棚管理平台的农业大棚服务端调用数据库数据，将传感信息显示在Web端。Web端还提供了设备控制接口，物联网智慧农业大棚系统可以根据这些传感数据实现对农业大棚设备的控制。物联网农业大棚管理平台还提供了农业商城的接口，用户可以通过Web端访问农业商城平台。

(2) 物联网智慧农业大棚系统模块设计

本课题构建的系统包括传感信息传输模块和农业大棚商城模块。传感信息传输模块为物联网智慧农业大棚系统的农作物管理模块提供了数据依据。农业大棚商城模块为物联网智慧农业

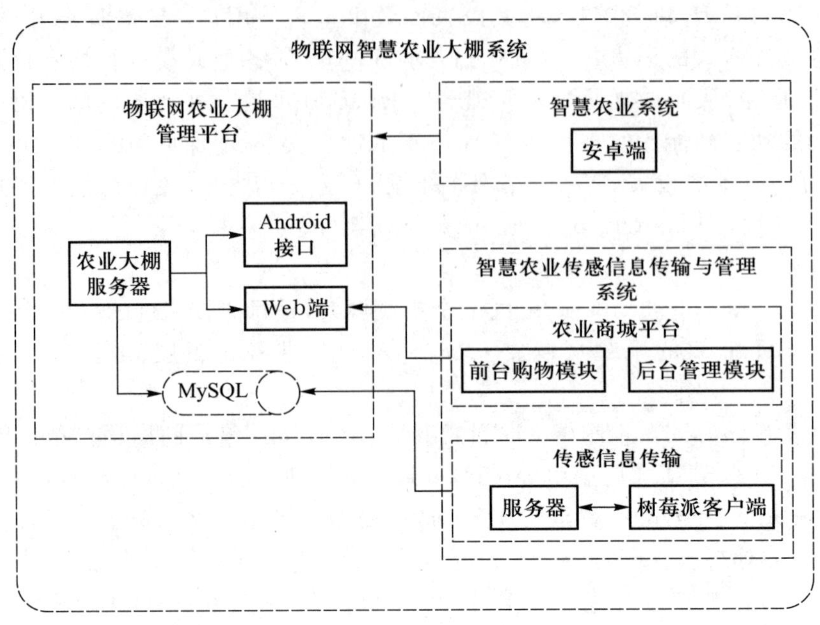

图 4-46 物联网智慧农业大棚系统框架图

大棚系统的农作物提供了销售平台。

① 传感信息传输模块

传感信息传输模块涉及的功能模块包括数据接收处理、数据显示已经设备控制功能模块，其业务流程如图 4-47 所示。数据传输模块的服务端通过 Socket 从树莓派服务端获取 UDP 数据报，然后服务端根据自定义的 UDP 协议将数据报解析并处理，接着通过 JDBC 将有效参数存入数据库。Web 端通过查询数据库数据将传感信息显示在 Web 页面中，管理员再根据传感信息对大棚设备进行控制。

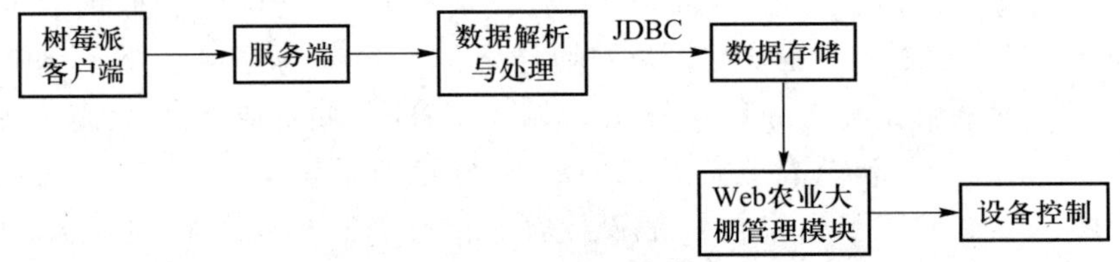

图 4-47 业务流程图

数据接收与处理。农业传感数据传输是通过 Socket 网络通信实现。传输模块分为客户端与服务器端。客户端接收大棚内的传感参数，然后将按自定义协议封装成 UDP 数据包发送至服务器端。服务器端从客户端接收的数据需经过解析和处理才能得到有效的数据。为保证数据的可靠性，客户端与服务器端必须使用相同的 UDP 协议，服务器端根据协议格式，对数据包进行解析，为了确保数据不丢失，设定了应答机制与重传机制。服务器端每接收一次数据需向客户端做一次应答。客户端根据应答内容确定是否有数据包丢失并选择重传，最后将解析出的数据通过 JDBC 存入 MySQL 数据库。

设备控制模块。对大棚环境的控制是根据环境参数对大棚风机、喷头等内部设备实现。控制模块分为自动控制与手动控制。自动控制是 Web 服务器自动从数据库获取传感数据，并与设定的阈值进行对比后对设备进行自动控制。手动控制则需要管理员控制后才能对设备进行控制。

② 农业大棚商城模块

商城平台采用的是 SSH 框架。根据智慧农业大棚系统需求商城平台分为前台和后台两大模块。商城功能模块图如图 4-48 所示。前台购物系统操作包括用户管理模块和电商操作模块。后台管理系统是对农业大棚仓库货物的管理。

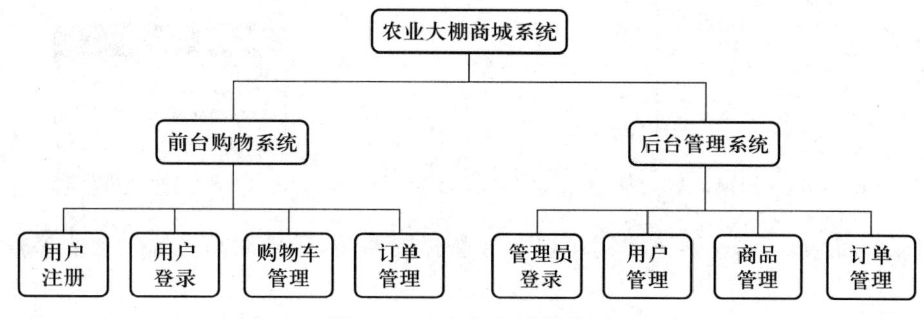

图 4-48　农业商城模块图

前台购物系统：

商城普通用户可以通过注册获取用户名。注册成功后，用户可登录农业商城平台，进行选购商品、管理购物车和管理个人订单等操作。

用户注册。用户需在注册页面填写个人信息，并通过邮箱激活方式激活后才能登录进入商城。

用户登录。登录商城系统后可以实现查看商品信息、购买商品、管理订单等功能。非用户只能在商城系统中进行商品信息查看。

查询商品。用户可以通过系统导航条与搜索两种方式查找相应的商品信息。

购物车管理。购物车管理有三种操作，商品种类添加、商品数量添加、商品删除。

订单管理。购物车提交后即可生成一个订单。用户可以对订单进行查看、删除、提交等操作。

后台管理系统：

后台管理系统是提供给农业商城管理者的操作平台。管理员可以实现对用户、订单以及商品的管理。

管理员登录。管理员进行身份验证后才能进入后台页面。

用户管理。通过查看用户信息与用户联系。

商品管理。商品管理是对商品的增删改查，并将商品按类目分类。

订单管理。管理员查询订单后，处理订单。

③ 农业商城系统数据库设计

商城系统需要由数据库对用户商品等各类信息进行存储。数据库设计是系统的核心环节。由于 MySQL 相对于其他数据库具有运行效率高，调试管理优化简单的优势。所以本系统采用 MySQL 数据库，建立了一个数据库 Agriculture。通过对系统要求以及总体功能的分析，商城系统最终建立以下 7 张表：shopuser 用户表、adminuser 管理员表、category 一级目录商品表、categorysecond 二级目录商品表、orderitem 用户订单表、orders 订单表、product 商品表。

用户表 shopuser：该表用于存放商场用户信息。该表字段信息如图 4－49 所示。

管理员表 adminuser：该表用于保存管理员信息。该表字段信息如图 4－50 所示。

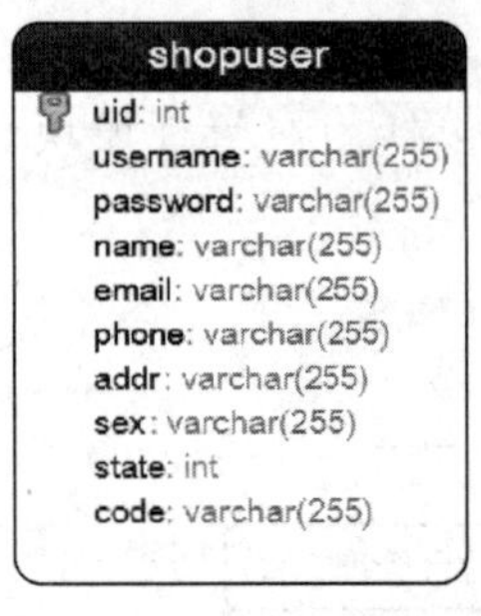

图 4－49　用户信息

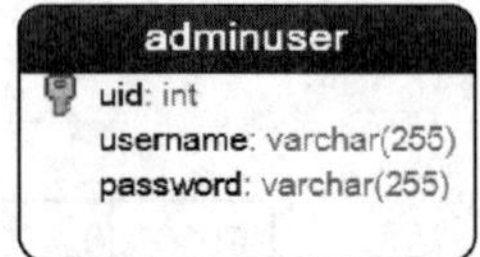

图 4－50　管理员信息

一级目录商品表 category：该表用于保存导航栏的商品，包括商品名称。该表字段信息如图 4－51 所示。

二级目录商品表 categorysecond：该表用于保存每个一级菜单下的商品，包括商品名称，以及商品所属的一级菜单。该表字段信息如图 4－52 所示。

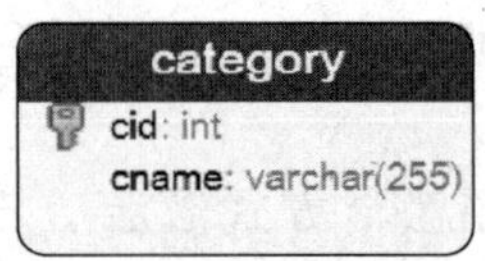

图 4－51　一级目录商品

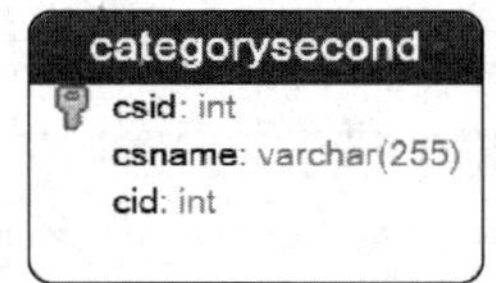

图 4－52　二级目录商品

用户订单表 orderitem：该表用于保存某一用户的订单表，包括数量、总价、商品编号、订单号。该表字段信息如图 4－53 所示。

用户订单表 orders：该表用于保存商城所有的订单，包括总金额、下单时间、状态、用户名、地址、联系方式、姓名。该表字段信息如图 4－54 所示。

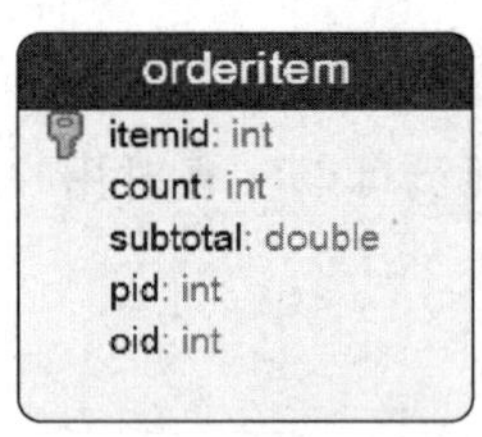

图 4－53　用户订单

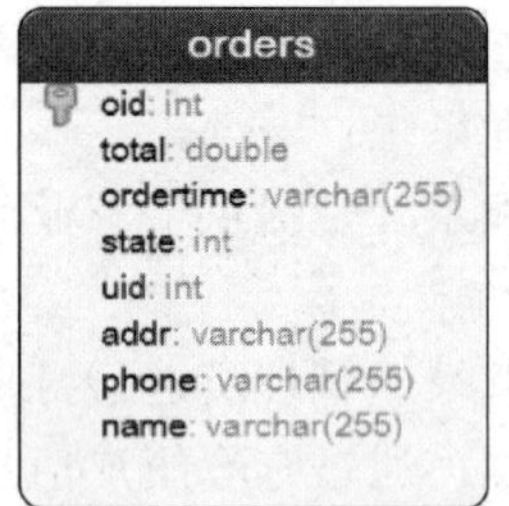

图 4－54　用户订单

商品列表 product：该表用于保存商城所有商品的详细信息，包括商品名称、商场标价、商场售价、商品图片、商品数量、商品描述、是否为热门商品、商品上架时间、商品所属一级目录。该表字段信息如图 4－55 所示。

图 4－55 商品列表

4. 传感信息传输的实现

(1) 4.1 Socket 通信协议

Socket 是一种双向的通信端口，是 TCP/IP 网络的 API。完整的 Socket 的通信需要一个五元组来标识，它的表达方式是{协议，本地 IP，本地 port，远程 IP，远程 port}。Socket 是一种面向 C/S 的模型，服务端与客户端在通信之前需创建套接字。服务器监听端口等待客户端的连接，两者连接后开始进行通信。图 4－56 为套接字工作流程。根据套接字类型的不同，套接字可分为面向连接的 TCP 通信和无连接的 UDP 通信。

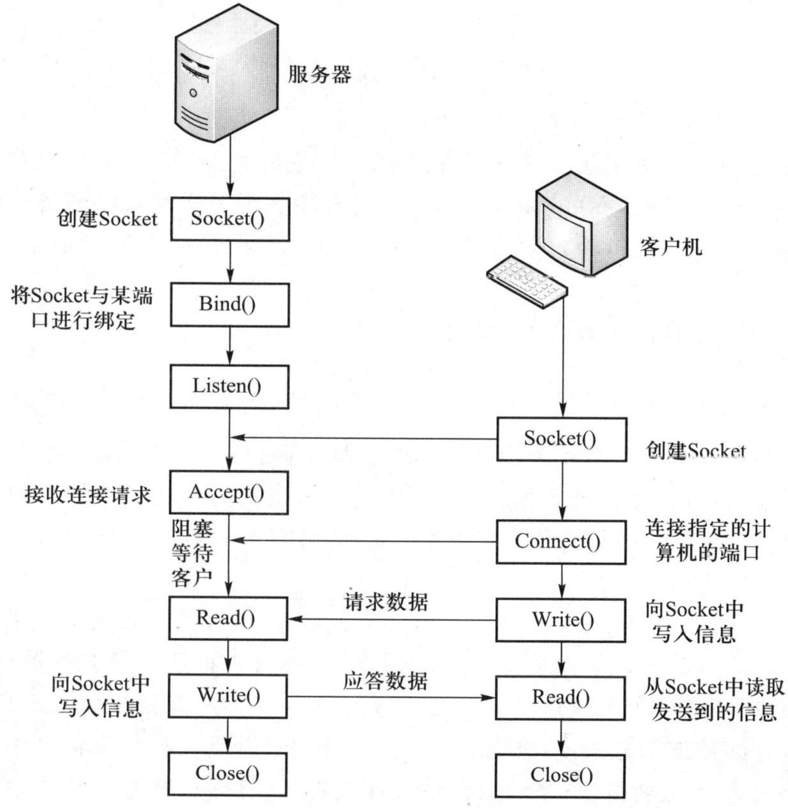

图 4－56 Socket 通信流程

① TCP 通信

TCP 提供的是一种面向连接的、可靠的数据流服务。由于它具有高可靠性，是 TCP 成为在传输层中最常用的协议。这也是一个比较复杂的协议。通信两端需通过如图 4－57 所示的三次握手建立一条连接后才能进行通信。TCP 通信具体工作步骤如下：

第一次握手：客户端向服务端的监听端口发送一个请求报文。

第二次握手：接收到请求报文后，服务器返回一个报文段给客户端作为应答 ACK。

第三次握手：客户收到服务器的 ACK 后，再发送一个报文给服务器。服务器端与客户端连接建立成功。

三次握手结束后，服务器端与客户端才能进行数据传输，在通信结束后需关闭连接。

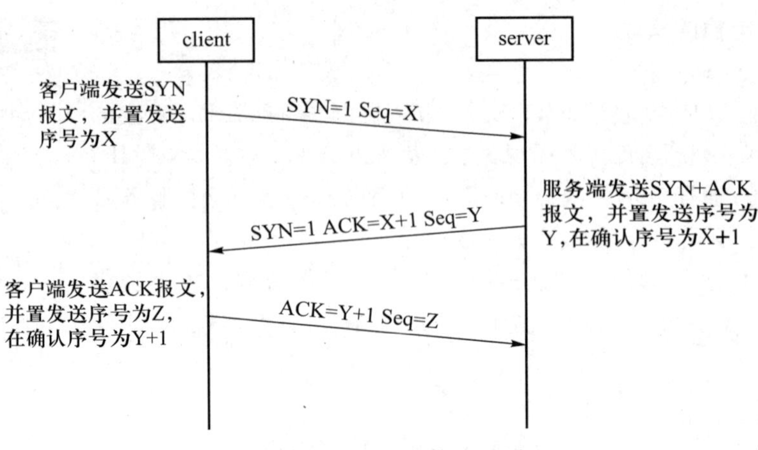

图 4－57　TCP 连接流程图

② UDP 通信

UDP 在通信之前无须建立连接。它具有如下几个特点：

UDP 是一种面向无连接，不可靠的传输方式，它只能实现发送和接收网络信息。

UDP 的简单设计使得其传输效率得到大大的提升。在保证网络质量的前提下，UDP 可以高效地工作。

UDP 一般用在需要高传输效率和传输速度较快的通信。

(2) 数据传输

① 数据通信协议设计

由于农业大棚内传感节点量较多，为保证对大棚环境的是实时监控，本次研究采用的是面向无连接的 UDP 通信方式。鉴于所监控的大棚内环境信息具有复杂性、多样性的特点，目前没有一套通用的通信协议能够直接被采用。因此根据系统的需求和传感信息的类型，本文重新制定了农业大棚传感数据通信协议。

为了保证传感数据的实时发送以及确认数据不丢包，本文设置了传感数据的重传机制，将消息分为数据消息和应答消息。数据消息即为传感数据信息，应答消息是服务器接收到树莓派的数据包后，进行解析获取各个参数后给客户端的应答消息。客户端根据应答消息判断数据是否重传。本课题设计的数据消息所遵循的格式如图 4－58(a)所示。在数据消息中，数据类型值为 1；消息序列初始值为 1，之后每发一条数据，消息序列加 1；消息长度是指整条报文的数据长度；节点地址是传感器节点在大棚内的编号地址。参数即各种环境参数。应答消息所遵循的格式如图 4－58(b)所示，消息类型值则固定为 2；消息序列为最新接收的消息序列号；参数为该序列号消息的参数值。

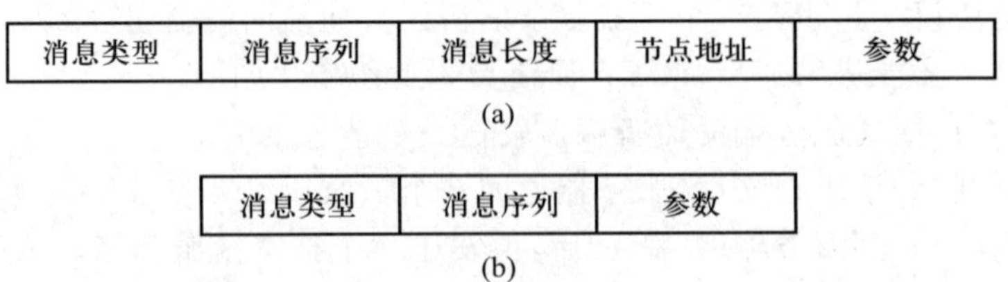

图 4－58　通信协议结构图，其中(a)数据消息，(b)应答消息

② 数据加密

本次采用的是128位密钥对数据报进行加密,AES加密流程如图4-59所示。为了提高农业大棚传感信息数据传输的安全性,在数据传输中,引入了AES加密。相对于DES的只有56位密钥,AES可以使用128、192和256位密钥,并且用128位分组加密和解密数据,其安全性有极大的提高。AES加密有ECB、CBC、CFB、OFB 4种模式。由于ECB模式相对于其他模式具有简单、有利于并行计算、误差不会被传送的优势,所以本研究采用ECB模式对报文进行加密解密,把树莓派对封装好的消息进行加密,服务端根据约定好的密钥对消息进行解密。

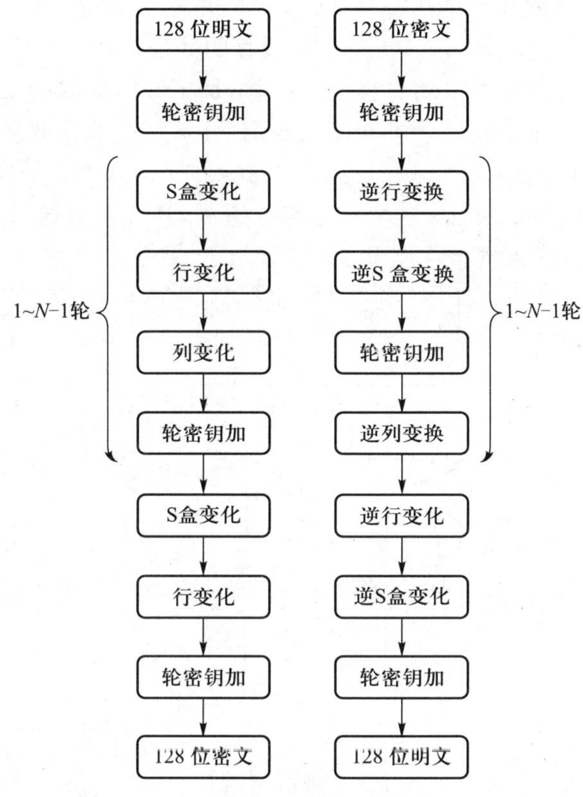

图4-59 AES加密流程

本次Socket数据通信服务端采用java编写,实现对数据报的加密和解密,需编写实现AES加密的方法体。其中实现AES的加密和解密主要使用了javax.crypto.cipher的方法。实现流程是利用cipher类创建一个密码器cipher并用cipher.init()方法进行初始后,通过cipher.doFinal()方法对其进行解密,最终取出明文。

③ 数据处理

数据处理模块对数据的处理包括连接数据库、存储数据库和管理数据库三个部分。

数据传输Socket通信服务端接收到客户端发送的数据报文,需根据通信协议对数据报进行解析判断,获取报文的消息类型、消息序列、消息长度、节点地址、参数内容。首先根据消息类型进行判断,数据报文是否从大棚内的客户端发送过来。如果消息类型为1,则表示数据报文为传感数据,之后将数据报文的序列号、节点地址与参数截取出后通过JDBC连接数据库,将传感参数存入数据库,否则将数据报丢弃。

为存储和管理传感数据,大棚系统创建了 client3 表。表的各字段如图 4-60 所示,该表用于保存传感数据的信息,包括节点地址 addr、数据序列 count、温度值 temp、接收时间 accesstime。

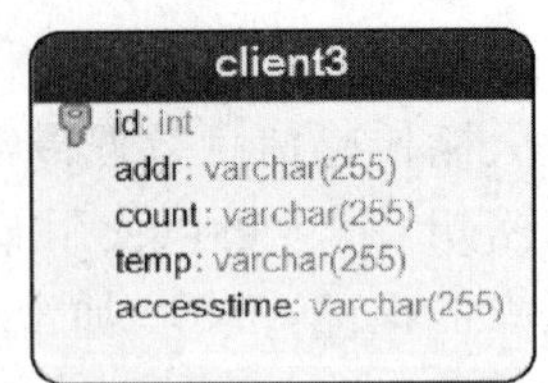

图 4-60　环境参数

④ 输入输出优化

为全方位地实现对大棚内部环境检测,大棚内部设置了大量的传感器节点,因此这意味着数据传输的量也是巨大的数据传输量。为了提高 I/O 的操作效率,本课题采用 NIO 模型来解决高并发与大量连接、I/O 处理问题的有效方式。与传统的面向流操作不同,Java NIO 是面向缓存的处理机制。它将接收到的数据放到一个缓冲区,获取相关数据时缓冲区可以动态移动,从而增加了数据获取的便捷灵活性。同时它是非阻塞模式,使一个线程从某通道发送请求和读取数据,并从缓存区获取可用的数据。如果没有可用数据,线程可以同时去做别的操作,从而提高了 I/O 的操作效率。如图 4-61 所示,Java NIO 包主要由 Channel、Buffer、Selector 这三个核心部分组成,其主要是通过 Buffer 和 Channel 来提高 I/O 操作的速度,Selector 来支持非阻塞 I/O 操作。

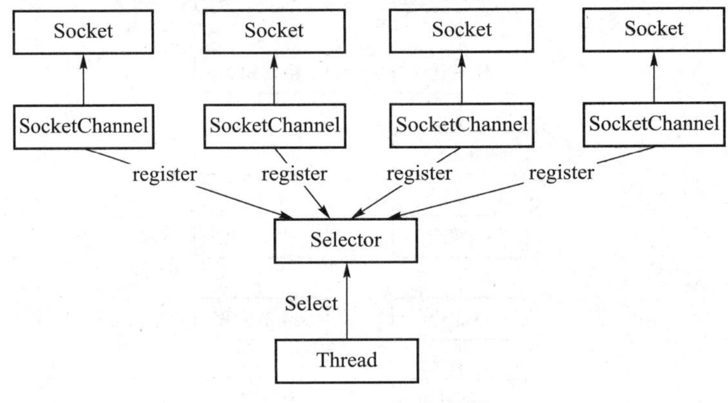

图 4-61　NIO 流程图

Java NIO 工作流程主要如下:

创建实例 ServerSocketChannel,并 bind 到指定端口。

创建实例 Selector;

将 ServerSocketChannel 注册到 Selector,并指定事件 OP_ACCEPT。

while 循环执行:在循环中首先调用 select 方法,该方法会阻塞等待,直到通道空闲时。接着获取选取的键列表并循环键集中的每个键。

(3) 设备控制

根据传感数据参数,管理员可以实时对大棚内环境进行监测,对大棚内各种设备进行控制。本课题将系统对设备的控制分为手动控制和自动控制两种方式。其中手动控制页面如图 4-62 所示,由管理员对设备开关进行手动操作。而自动控制页面如图 4-63 所示,在 Web 服务器每收到一次传感数据,便获取出相应的参数与所设定的阈值进行对比,如果参数不在阈值范围内时,系统将自动打开或自动关闭设备。当参数不在阈值范围内时,系统还将在管理界面中跳出提醒框,以提醒管理员大棚环境处于不利情况。

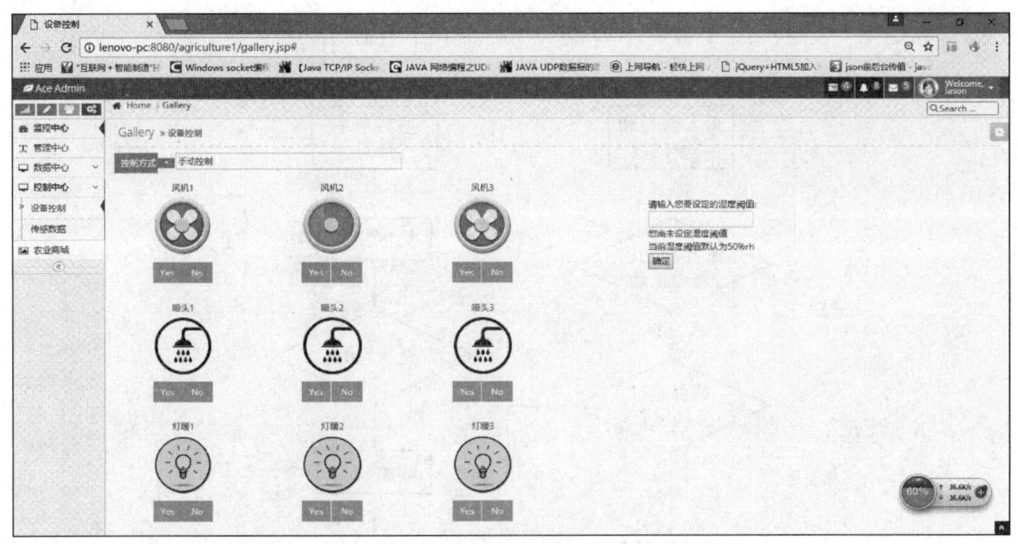

图 4-62　手动控制界面

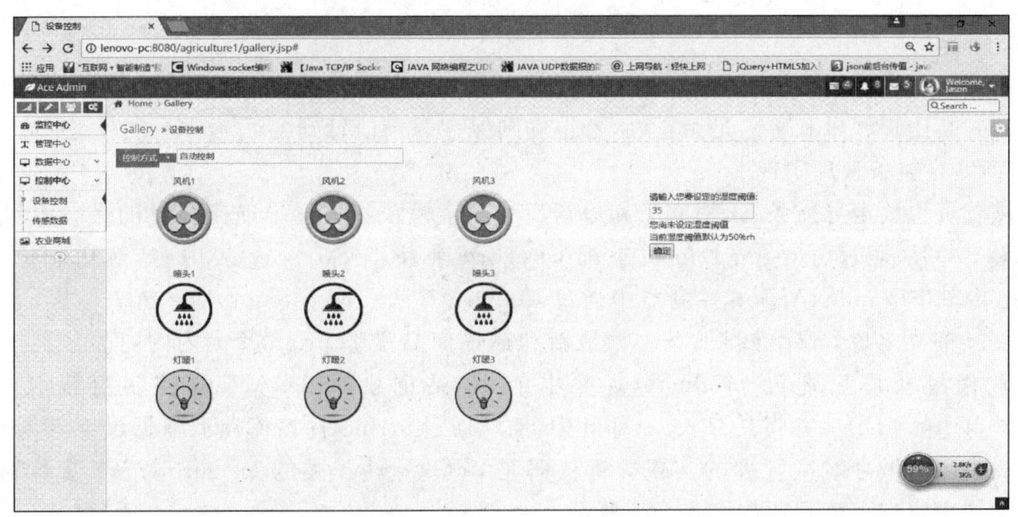

图 4-63　自动控制界面

5. 农业商城系统的实现

(1) 农业商城前台模块

农业大棚商城前台购物平台有注册登录、商品浏览、购物车管理三个功能模块。

① 注册登录模块实现

用户注册和登录的流程图如图 4-64 所示。用户需在注册页面中填写个人信息，信息填写注册完成后，还需通过邮箱激活，只有激活成功后，才能使用商城平台提供的服务。注册功能模块是采用 Struts 标签库和前端页面对用户注册填写的信息进行动态验证。前端利用正则表达式对各个 input 的 value 值进行验证。同时页面通过 ajax 方法向服务器验证用户是否存在，并把结果返回给前端。通过验证后的注册信息将通过 useraction 的 regist 方法注册，然后通过 DAO 层的 save 方法将新注册的用户信息存入用户表中。

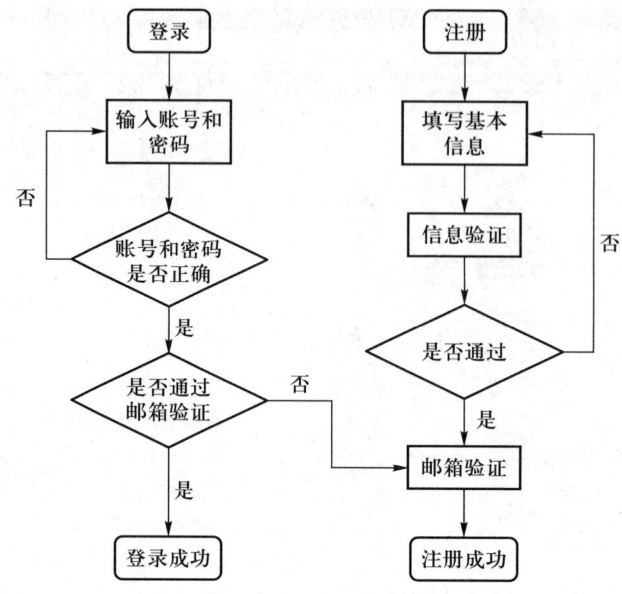

图 4-64 注册登录流程图

在登录时，用户在登录页面输入用户名与密码，后端通过 UserAction 的 login 方法访问 UserDao 判断用户账号和密码是否正确，若正确则保存登录信息到会话 session 中，完成登录。

② 商城导航条管理实现

商城首页主要由导航条、最热商品和最新商品三个模块组成。导航条显示的是一级目录的产品名称。它是通过 categoryDao 层查询 category 表获得 category 表内容，然后利用 js 与 struts 标签库获得 indexAction 控制器中通过 execute 方法获取 categoryList 链表内容，并截取出 category 商品名称，显示在导航条中。最新和最热商品是将 product 表内的商品分别按入库时间和按销量排序后通过 productDao 取出前 10 条记录，indexAction 控制器获取出 list<newt>和 list<hot>并将其存入 session 中，前端通过 struts 标签库获取数据过滤其图片，显示在页面中。商城导航条管理的实现关键代码是 indexAction 类的 execute 方法（见本节附录 1）。页面的主要实现流程图如图 4-65 所示。

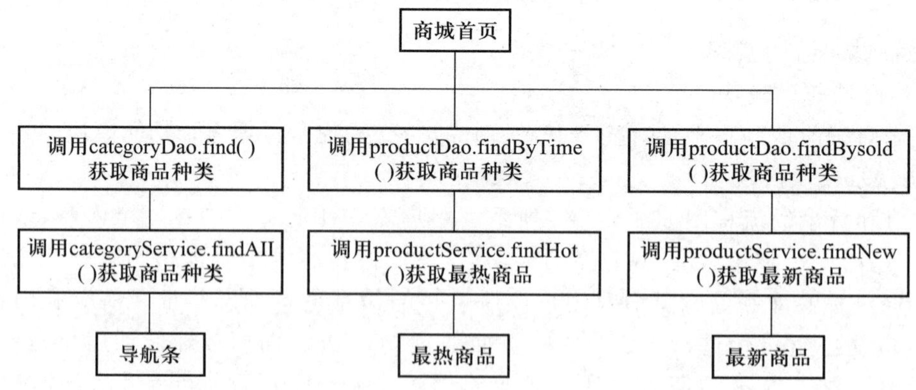

图 4-65 商城导航条管理实现流程

③ 购物车与订单模块实现

购物车模块是根据 JSP 页面内置的 session 实现。session 对象保存用户的登录情况，当用户退出登录时，购物车自动被清空。购物流程图如 4－66 所示，购物车操作包括增加商品、清除商品、清空商品三个操作模块。增加商品模块是在浏览商品时点击商品图片，页面会自动跳转到商品信息页面，点击“加入购物车”按钮，将商品信息返回至后台 CarAction 控制器中的 addcar 方法中，然后返回购物车界面。删除商品执行 CarAction 中的 removeCart 方法，利用 HttpServletRequest 获取要删除的对象，并通过 cart. removeCart 将其删除。清空购物车模块是将购物车对象的 map 集合清空，从而达到清空购物车的功能。在购物车页面点击“提交订单”按钮后，系统将检查用户是否登录。如果用户已经在线，则在 session 中提取用户信息，订单生效。如果用户不在线则返回到前端登录界面。

（2）农业商城后台管理模块

后台管理模块包括用户管理模块、商品管理模块、订单管理模块。

① 用户管理模块

后台用户管理模块主要提供了显示用户列表和删除用户两种操作。其实现的流程如图 4－67所示。主要的执行方法为分页查询法（见本节附录 2）所示。显示用户列表时首先通过分页查询的方式查询用户，并将用户数据存入 list 中再返回给前端页面。删除用户则是通过数据库操作的 delete 方法将用户删除。

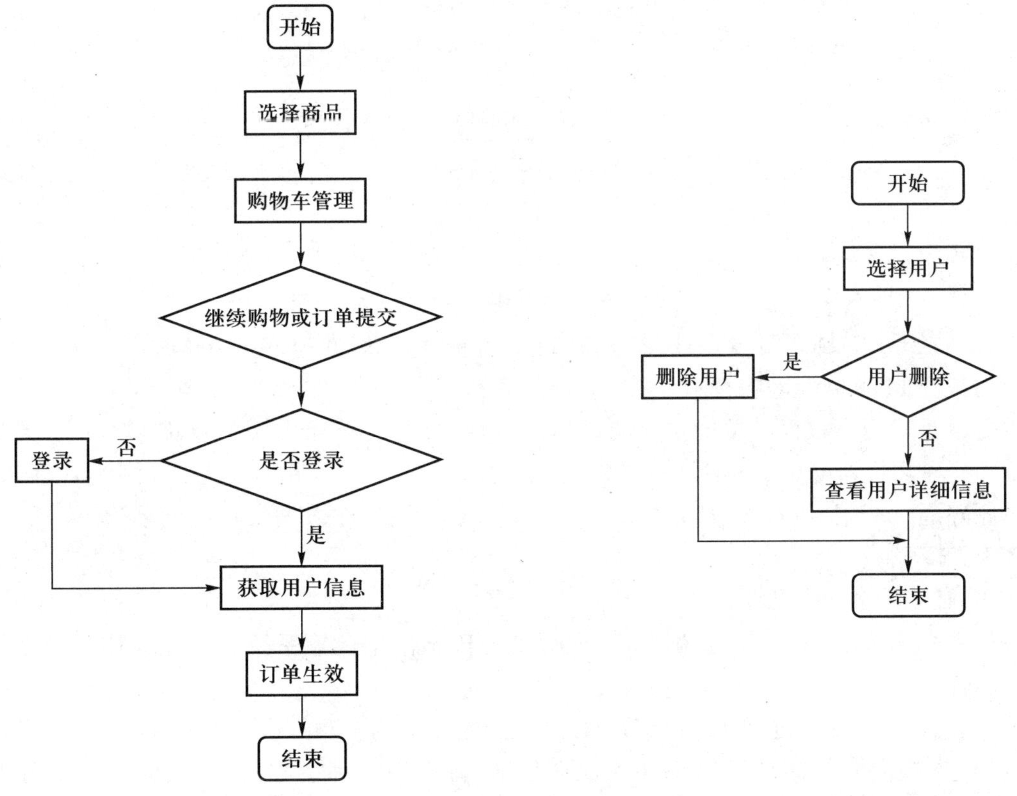

图 4－66　购物车流程图

图 4－67　用户管理流程图

② 商品管理模块

为了提高各个模块之间的工作效率，本系统将商品目录分为二级。管理操作分为，种类增加、修改、删除、查询4种操作。在数据库中分别建立了一级目录表category和二级目录表categorysecond。前端页面建立了商品form表单结合struct2标签库。后端服务器获取前台表单内容分别通过categoryAction的save方法、delete方法、edit方法、update方法对商品的增删改查进行操作。二级目录商品需要按种类归分之一级菜单中，二级目录根据在category表和categorysecond中共同字段cid进行绑定。商品的保存功能是商品管理最核心的部分，其主要采用的是产品分类树。首先在ProductAction控制中的save方法中获取商品信息，然后通过DAO层save方法保存在数据库中。

③ 订单管理模块

订单管理模块包括查询、更改、删除功能。订单模块的流程管理图如图4-68所示。

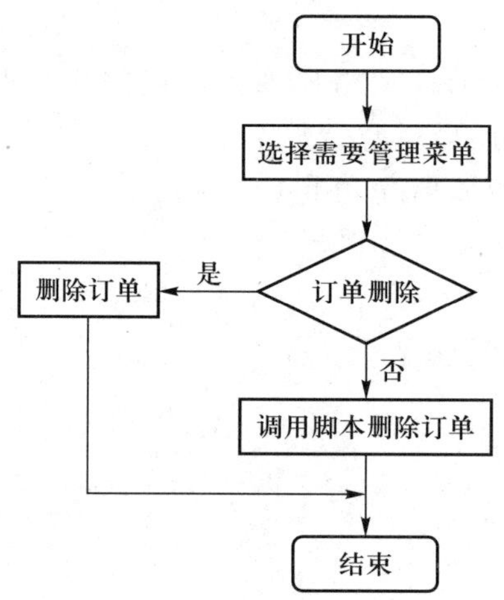

图4-68　订单流程管理图

订单查询在OrderDao层将order表按时间递减顺序查询，并返回pageModel结果类型，前端管理页面按在ul表单中逐条显示。

订单更改是管理员根据订单的实时状态更改订单，并将订单状态实时反馈回客户。后端通过修改order对象的orderstate字段来修改订单状态。

订单删除通过调用orderAction的Del方法通过Dao层操作数据库将订单删除。

6. 系统测评

① 传感信息传输系统测评

在遵循系统测试基本原则的基础上，本文分别对传感信息传输系统和农业大棚商城系统进行了系统测评。

传输系统测试对传输过程的吞吐量，出错率进行了测试。测试流程为，树莓派客户端以频率为3 Hz连续向服务器端发送100条报文数据，每条报文都设置一个序列号，然后检测出服务器端接收这些报文、解析报文并存入数据库所用的时间为52秒，其中丢失的报文数量为0条，出错的报文数量为0条。测试结果图如图4-69所示。通过测试结果表明传输系统实现了传感信息传输与管理的功能，传输质量良好，但接收后处理时间较长，服务器端处理函数还需再优化。

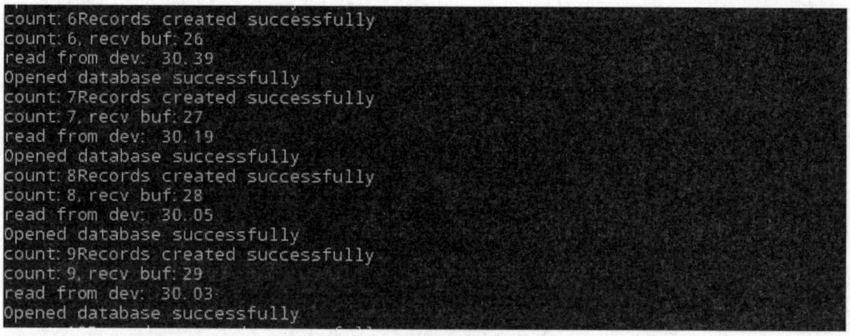

```
count: 6Records created successfully
count: 6, recv buf: 26
read from dev:  30.39
Opened database successfully
count: 7Records created successfully
count: 7, recv buf: 27
read from dev:  30.19
Opened database successfully
count: 8Records created successfully
count: 8, recv buf: 28
read from dev:  30.05
Opened database successfully
count: 9Records created successfully
count: 9, recv buf: 29
read from dev:  30.03
Opened database successfully
```

(a) 客户端发送图

```
server received data from client:
消息类型: 1
消息序列: 6
消息地址: 1
温度: 30.17
Thu May 25 11:08:59 CST 2017 WARN: Establishing SSL connecti
com.mysql.jdbc.JDBC4ResultSet@2e530cf2
1 7    1  30.39
1
server received data from client:
消息类型: 1
消息序列: 7
消息地址: 1
温度: 30.39
Thu May 25 11:09:00 CST 2017 WARN: Establishing SSL connecti
com.mysql.jdbc.JDBC4ResultSet@35175422
1 8    1  30.19
1
server received data from client:
消息类型: 1
消息序列: 8
消息地址: 1
温度: 30.19
Thu May 25 11:09:02 CST 2017 WARN: Establishing SSL connecti
com.mysql.jdbc.JDBC4ResultSet@7d2452e8
1 9    1  30.05
1
server received data from client:
消息类型: 1
消息序列: 9
消息地址: 1
温度: 30.05
Thu May 25 11:09:03 CST 2017 WARN: Establishing SSL connecti
```

(b) 服务器端接收处理图

图 4－69　传输系统测试结果图

② 农业大棚商城系统测评

对农业大棚进行了系统性能的测试，利用 jmeter 访问环境，设置访问量为 10 000，然后通过 jconsole 测试系统堆内存使用量以及 CPU 占用率。测试结果为堆内存使用量坐标图，基本呈现锯齿状，说明 GC(garbagecollection)回收机制会将未调用的类回收，释放内存，tomcat 内存分配合理，内存不溢出。堆内存使用量结果图如图 4－70 所示。CPU 占用率基本稳定在 10％左右，说明系统代码层已经优化，达到预先优化要求，系统冗余少，系统容错率高，结果图如图 4－71 所示。

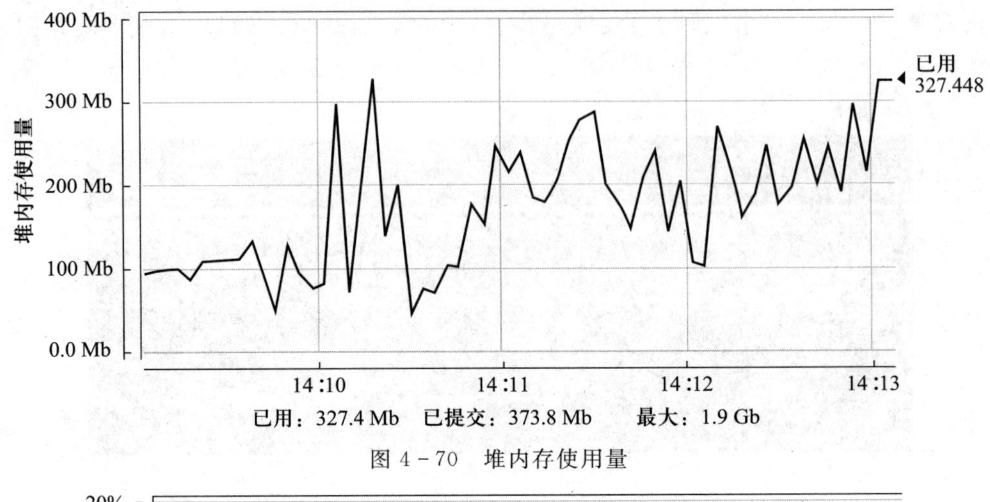

图 4-70 堆内存使用量

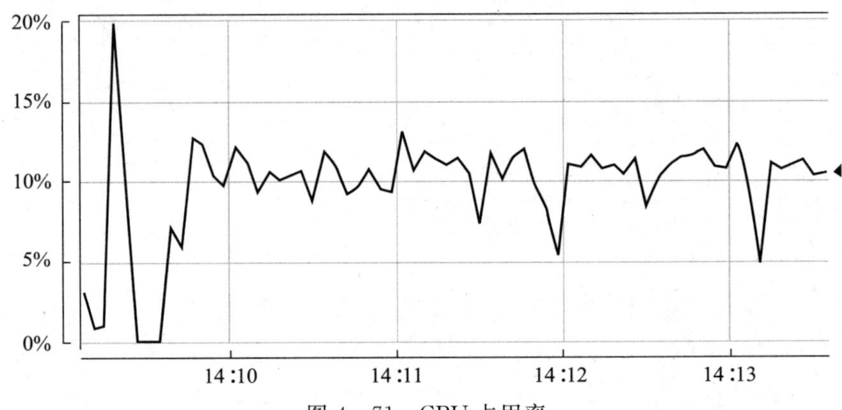

图 4-71 CPU 占用率

参考文献

附 录

附录 1 商城导航条管理实现核心代码

```
* 执行首页访问的方法 */
public String execute()throws Exception {
    //查询所有的一级分类.
    List<Category>categoryList=categoryService. findAll();
    //存入到 Session
    ActionContext. getContext(). getSession(). put("categoryList",categoryList);
    //查询热门商品
    hotList=productService. findHot();
    //查询最新商品
    newList=productService. findNew();
```

```
    return"indexSuccess";
}
```

附录 2　后台用户管理关键代码

```
public String list()throws Exception{
    pageModel=customerDao.find(pageNo,pageSize);
    //分页查询后台用户
    return list;
    //返回后台用户列表
}
public String Del()throws Exception{
    customerDao.delete(customer.getID());
    //执行删除操作
    return list;
    //返回删除后台用户列表
}
```

4.4.3　基于 SSH 架构的物联网农业大棚管理平台的构建

1. 绪论

(1) 研究背景

中国作为一个拥有世界上最多人口的国家，农业保障、农业供给在维持这样一个大国的全方位发展中发挥着巨大的作用。作为世界人口最多的国家，中国用 7%的土地提供了世界 20%的粮食供应[1,2]，虽然中国在农业发展方面有如此巨大的收获，但是在这瞩目的成就背后，是以牺牲生态环境、依托巨大的人力物力来维持的。中国的传统农业生产效率十分低下，随着农业现代化发展，中国在农业方面已经出现了严重的资源匮乏、肥力下降以及自动化程度低等问题，这无疑大大制约了中国农业的发展[3]。

近年中国政府对“三农”问题十分关注，已经连续几年都在强调该问题[4]，其中着重强调了“农业信息现代化”建设[4]，强调加快农业建设，将其整合高新技术，调整现有农业体制，提高农业人员的科学观和工作效率。

物联网是互联网领域的又一次重大变革，掀起了第三次互联网革命。它作为 IT 的拓展，应用传感设备、计算机科学以连接物与网实现数据共享、数据分析。物联网的基本特征是信息感知[5]，物联网可以通过各种无线技术，感知数据，从而搜集数据、优化数据、评估分析数据。作为近几年发展起来的新兴技术，物联网的特性十分符合农业信息化的要求。采用物联网技术，能够通过部署传感器，收集传感器节点的数据参数，实现对农业作物的实时观测、干预，提高了生产效率。

(2) 研究的目的和意义

本文提出的物联网智慧农业大棚管理平台，旨在针对目前我国传统农业管理存在的弊端和不足进行弥补。采用物联网技术，在大棚中布置传感器，得到大棚中的数据，应用 WiFi 传输到服务器，后台业务对数据进行逻辑分析评估和存储，以图表展现。同时在大棚内部署监控视频，达到实时监控农作物的状态，和防止自然灾害的发生。

应用物联网智慧农业大棚管理系统，弥补了传统农业中事必亲为的大量人力投入，以及可以根据平台中的图表数据对作物进行干预，如浇水、打开风机或打开遮阳板等。该系统可以根据数据库中的历史记录对作物生长的最适宜条件进行预测，使管理者能够及时提供植物生长所需的环境，提高管理效率与提高产量且达到了自动化管理的目的。

(3) 国内外现状及发展趋势

目前我国积极倡导物联网农业，在林业、灌溉业以及病虫防治业都投入大量的物联网研究。在北京，相关组织建立了一种"基于物联网的设施农业病虫害生物控制专家服务平台"，旨在利用该平台预测与防范病虫害，该平台目前已在多个省市进行部署使用。大量的基于农业发展的物联网技术正在兴起，我国目前正在大力发展基于物联网的农业管控。

不仅我国注重智能化农业发展，各国都已经着手发展。日本曾提出"U-JAPAN"的战略[6,7]，其目的在于通过物联网技术实现，万物相连，网络处处可在的社会。从日本发展物联网农业的10年开始，目前日本已经有超过一半的农作物工作者使用了物联网。它大大提高了作物的生产，大大改善了人口高龄化导致的劳动力不足和基本的粮食问题。不仅日本大力发展物联网农业，美国也在物联网农业方面加大力度。美国农业部表明，目前美国的物联网农业在飞速发展，为美国国内的粮食供给做出了巨大的贡献，同时，还为美国在粮食出口方面创造了大量的利润。目前国外大部分发达国家每年都投入大量资金研究物联网技术，并将研究成果用于实践，大大提高了生产效率。这些都证明了物联网技术和农业结合引发的经济价值不可估量，同时也看出许多发达国家已经开始着手将物联网技术应用到农业生产中。

(4) 论文研究内容

本论文在深入了解服务器开发框架流程和各种网页开发技术以及数据库技术之后，针对目前国内农业现状和需求详细设计开发了物联网农业大棚管理平台，本文通过以下几点进行研究。

对前台农业大棚管理系统与后台作物管理、权限管理系统进行数据表设计，同时优化数据字段，满足系统高吞吐要求。

使用SSH(Struts2、Spring、Hibernate)框架对各个功能模块进行开发，并对开发流程进行详细说明和展示。

针对Android平台进行集成，满足移动端与服务端双向监控，同时将Android的业务处理放在服务器端，降低移动端的处理压力。

对系统进行压力高并发测试，从吞吐量、90%用户响应时间、访问错误率等参数分析系统容错率和并发性。

2. 研究思路与技术路线

(1) 技术分析与选型

① Web主流技术

随着信息技术的不断发展，早先只能对Web进行私人订制的Web 1.0时代，逐渐转向人人都可以作为Web编辑者的Web 2.0时代。Web 2.0改变了人们浏览网页的方式，在不断方便人们浏览世界的背后，Web技术也日新月异。目前广泛使用的开发语言包括ASP(Active Server Pages)、Java和PHP(Hypertext Preprocessor)等。

ASP是可包含HTML的脚本语言，能够快速完成应用且不用编译且容易编写，但是对于高速发展的Web技术，ASP跨平台性却十分不友好[8]。

Sun开发的JSP以Java作为脚本语言，十分方便Java开发者使用，不仅如此，JSP继承了Java的一次编写处处可用的高兼容性。同时，在高并发访问的Web时代，JAVAWEB的速度也是完全满足要求的[8]。

PHP同样是一种脚本语言，能够帮助开发人员快速地进行开发，对于C语言的开发人员，能够很快上手。然而PHP存在一些弊端，使得PHP只能用于开发中小型的站点[8]。

考虑到系统的高并发性、可扩展性、跨平台性、周期性等要求，我们最终选择JAVAWEB作为系统的开发语言。

② 系统框架分析

目前JAVAWEB的开发主要基于各种框架，最主流的轻量级组件有Spring、Struts2、Hibernate、MyBatis、SpringMVC。本系统采用了Spring、Struts2、Hibernate作为开发组件，同时分别比对了这两种框架，对它们的优缺点和适用性进行分析，作为系统底层框架的选型。

A. SSH框架是第一个流行起来的开发框架，它以Struts2作为表现层，负责控制转发，Spring容器负责所有类的管理，Hibernate负责通过对象关系一一映射实现与各种数据库的交互，SSH通过分层的思想，将每一层的业务进行分层，耦合性极低，且Hibernate继承了面向对象(Object Oriented Programming，OOP)的思想，在SQL语言上进行包装，使得开发人员能够使用各种函数完成对数据库的操作。此外，Hibernate的功能相对于MyBatis来说更加完善和齐全，适合开发大中型的项目。由于SSH在中小型的互联网项目中的响应较慢，且SSH的学习成本比较高，因此需要开发人员了解它的面向对象操作数据库的功能。此外，由于需要配置才能完成系统所需的功能，因此对于数据库的操作不灵活。

B. SSM框架SpringMVC作为表现层，负责控制转发，与SSH框架一样使用Spirng管理类，使用MyBatis作为数据库访问框架。该框架继承了SSH高内聚、低耦合的优点，且在中小型互联网项目中，它拥有超过SSH框架的响应速度，对于数据库的使用更加灵活。但是它不适合于大型的互联网项目，且在MyBatis中使用了原生态的SQL语言对数据库进行操作，对于面向对象编程的开发人员不易上手。

一个好的服务器平台框架是建立在可以应对高并发，且具有高可扩展性的基础上，在开发过程力求高效和低门槛，而基于SSH功能的完善齐全性、高可拓展性，所以最终选择SSH框架来作为系统的底层框架，它能够完美地符合农业大棚管理平台系统的要求。

③ 分布式架构对比

随着互联网的快速发展，人们已经离不开浏览网站。因为它使得用户可以随时获取信息。但是互联网的高速发展也给传统的客户端/服务器(Client/Server，C/S)架构带来了严峻的挑战。

C/S架构在互联网中将应用分为客户端与服务器，前者承担用户交流，后者负责业务逻辑。PC中的应用程序大部分为C/S架构。C/S架构具有很强的业务处理能力，因此采用分布式架构的应用程序多为C/S架构。但是，随着互联网项目的快速迭代和使用人群的激增，C/S架构表现出了一些缺陷，一方面系统的拓展性和维护难度较高，另一方面用户体验差，不同的客户端都需要安装一次应用。

为应对C/S架构的挑战，浏览器/服务器(Browser/Server，B/S)[9]架构应运而生，该架构为

C/S 架构的缺陷提供完美的解决方案。B/S 架构存在如下几点优点：A. 操作简单，无须在每个客户机安装程序；B. 运维更新方便，客户机无须下载最新补丁；C. 可进行分布式，可以随时处理事务。

通过比对两种主流分布式架构，由于 B/S 架构的易维护性、健壮性等满足系统需求，所以使用 B/S 架构作为系统分布式架构。

④ MVC 模式分析

20 世纪 60 年代以来，随着 Web 系统的大量出现，Web 应用的复杂度日益增加，以 JAVAWEB 的 JSP 来说，一旦需要对系统进行扩展，就需要对源文件进行修改，这些应用的业务逻辑全部混杂在 JSP 中，使系统的耦合度极高，可扩展性严重降低，使软件开发的成本不断上升。因此分层开发模型在此时变得尤为重要。

MVC(Model—View—Controller)设计模式[10]的诞生完美地解决了传统的高耦合、高混杂开发。为了降低系统的耦合度，方便日后扩展维护，MVC 采用了分层开发的思想，它分离了数据的存储转发以及业务逻辑，降低了应用操作和数据的耦合度。其核心思想是将模型作为数据的存储，最终和数据库进行交互，将视图作为系统的表现，将控制器作为和用户和系统后台交互的桥梁，每层各司其职。基于 MVC 思想，程序员可以开发出低耦合、重构性高的系统。

MVC 作为一种当今最主流表现层的设计模型，很多优秀的开源框架也借鉴了 MVC 的思想，如 Struts2，SpringMVC，改善了传统的复杂繁琐的部署配置式开发。

⑤ 技术选型与技术路线

技术选型与技术路线：通过上述对比分析，为满足本文提出的物联网智慧农业管理系统的高可扩展性、高并发性和满足开发效率，选用 Java 进行开发，选用 SSH 作为系统开发的底层框架，选用 B/S 分布式架构满足优化体验的需求，选用 MVC 设计模式降低系统耦合度，提高系统质量。

本课题构建的智慧物联网农业大棚管理系统的技术路线如图 4－72 所示，本系统进行分层开发，分别是表现层、业务层和数据访问(Data Access Object，DAO)层。框架在其中各司其职，极大地进行解耦。同时，作为和用户交互的表现层，系统发生高耦合的可能性更大，因此在表现层中再使用 MVC 设计模式对其进行解耦。同时，使用 B/S 架构来实现用户和服务器的交互，满足系统需求。

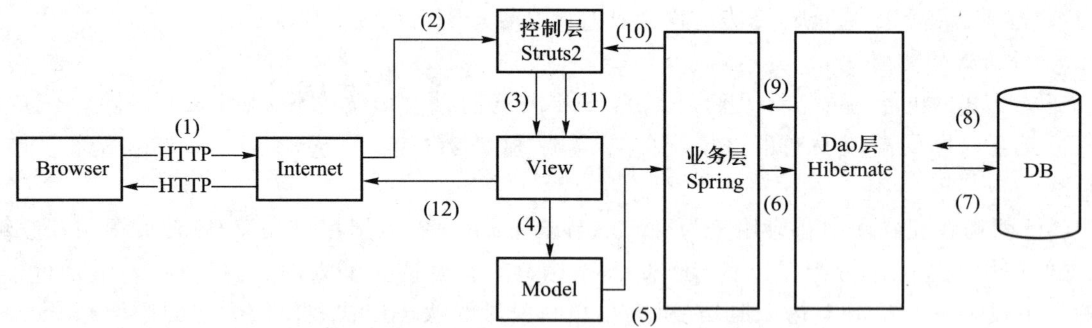

图 4－72　智慧物联网农业大棚管理系统技术路线图

⑥ 研究思路

A. 系统流程分析

浏览器采用 http 传输，请求到公网上并由 DNS 分析，向对应的目的地发送该请求，此时 Struts2 中配置的核心拦截器会拦截客户端的请求，服务器返回 HTML，展示服务器的对应视图（View），用户可以根据视图提交一系列数据，服务器会将数据封装到模型中（Model）中，封装好的 Model 可以传递到业务层，对数据进行业务逻辑的处理，之后再将 Model 传递到数据访问层（Dao）将模型和数据库进行交互。表现层、业务层、Dao 层各自承担不同的任务，降低了系统的耦合度。

B. 分层框架选择分析

首先，表现层选用 Struts2，在表现层会涉及和用户相关的操作，其中的逻辑较为复杂，耦合度高，而 Struts2 也承继了 MVC 的编程思维，很好地对表现层进行分层。同时 Struts2 采用了 AOP（面向切面编程）的思想，将主要业务和次要业务很好地分割。同时，在系统中包含了大量的存储转发工作，而 Struts2 框架包含了优秀的拦截器，方便拦截浏览器的请求，并对请求进行对应操作。因此，在表现层，选用 Struts2。

其次，业务层选用 Spring，在业务层主要负责系统中各种业务逻辑判断和处理，同时需要对外提供接口，Spring 提供的 Spring 容器可以集中管理业务层中的类。Spring 的核心思想是 IOC 和 AOP，IOC 即将系统中的类交给 Spring 容器进行管理初始化，开发者无须自己初始化类。只需要通过 DI（依赖注入）方式，即可由 Spring 自动初始化类。AOP（面向切面编程）可以通过动态代理实现对某个方法进行装饰（装饰者模式）或拦截，符合业务层的复杂逻辑简化要求。

最后，Dao 层（数据访问层）选用 Hibernate。随着软件开发工程量的激增，传统的面向过程的编程已经满足不了需求，因此 OOP（面向对象编程）逐渐取代了 OP（面向过程编程），Hibernate 作为数据库操作框架，同样选用 OOP 的编程思想，它抛弃原生 SQL 语言，通过在 SQL 语言上进行一层包装并提供接口，开发人员只需调用相应接口，即可完成对数据库的操作，降低了学习成本，同时 Hibernate 提供了各种数据库的驱动来满足复杂的开发需求。

（2）系统技术架构分析

① 系统后端技术架构

系统后端使用 SSH 组件，分别管理系统服务器的三层结构。后端和前端的交互由 Struts 完成，系统各个模块类由 Spring 管理，数据库的交互由 Hibernate 处理。

② 系统前端技术架

系统前端采用 CSS(Cascading Style Sheets)、HTML 语言或 JavaScript（Java 脚本）和用户交互，其中 CSS 负责页面 UI 美工设计，HTML 负责页面的整体布局，JavaScript 负责实现前后端的交互工作。

③ 前后端交互技术架构

前后端交互采用 AJAX（Asynchronous Javascript And XML）技术[11,12]，通过 AJAX 可将笨拙的 Web 界面转化成强交互性的 AJAX 应用，AJAX 不是一种新的技术，它是由 JavaScript、XHTML、CSS、DOM 等组成。通过该技术，该技术可以根据系统的需求使用同步或者异步方式进行和后端的 Struts 交互。

④ 服务器技术架构

Tomcat 作为 Apache 下一个优秀的项目，完全符合作为系统服务器的要求，将系统部署在 Tomcat 上，再使用 80 端口作为和 Tomcat 端口的映射端口，作为公网访问的默认端口。

⑤ 数据传输格式

系统在使用 AJAX 与和安卓进行交互的时候涉及数据的传输，为了满足数据传输的效率和解码的方便高效，应用 JSON 作为数据传输格式，JSON 作为一种轻量级的数据传输格式，极大地改善了网络传输效率，特别在服务器繁忙时，JSON 也能做到及时响应。

3. 系统框架与功能设计

(1) 系统框架结构

系统框架结构决定了系统开发路线，因此系统框架的优化和各个功能模块的布局设计、功能分配决定了系统的质量。本章首先说明平台的总体构成，然后在该基础上进行功能说明，最后讨论数据表的设计、关联和优化。

① SSH 框架优化设计

根据上一章的研究思路和用户需求，系统需要满足高并发性、可扩展性、健壮性要求，本文基于传统的 SSH 框架进行如下三项优化。

A. 多例设计模式。对于一个系统如果每一个访问者都使用相同的类进行业务逻辑操作，那么在多个方法中使用的变量会造成冲突，为了满足高并发性和健壮性的要求，将每一个 Action 设计为多例，为每一个访问者初始化一个 Action。这样对于不同的访问者而言，分属于不同的 Action 能够避免数据冲突。

B. 在 web. xml 中配置监听器。众所周知，IOC(反转控制)是 Spring 的核心特点之一，为了方便开发和后期维护的需要，将类的管理交给 Spring 容器，在 web. xml 中配置 contextLoaderListener，如此目的是配置 IOC 的使用。依此方法部署监听器，在服务器启动时，Spring 会自动初始化所有交给 Spring 管理的类，方便开发。

C. 事务管理简化数据逻辑操作。在数据库中涉及添加、删除、修改的操作，往往会发生脏读、虚读等现象。为了避免发生这些问题，在系统的破坏性操作中可加入事务管理，一旦发生脏读等现象，业务逻辑将调用组件事务工具使事务回滚，达到对破坏性操作进行事务管理，从而避免发生不必要的影响。

② 智慧农业管理系统系统总体框架

物联网智慧农业大棚管理系统用于全方位对大棚的作物进行实时管控，实现农业生产自动化与信息化的目的，提高生产效率和质量。系统总体框架如图 4-73 所示，可分为如下三个组成部分：物联网智慧农业大棚管理平台、传感信息传输与管理系统和商城管理平台、基于安卓平台的智慧农业系统。首先，物联网智慧农业大棚管理平台作为所有三个部分的服务器负责为所有平台处理业务；然后，集成基于安卓的智慧农业系统为其提供接口，旨在实现服务端和安卓端数据共享；最后，系统集成传感信息传输与管理系统和商城管理平台，旨在让服务器接收传感器数据，同时提供商品出售。

本设计负责实现物联网农业大棚管理前后台系统以及权限管理后台，在此基础上，为提供安卓接口为安卓端提供数据共享和业务处理，数据通过 HTTP 协议请求由 JSON 编码。

最后集成传感信息传输与管理系统和商城管建平台，旨在将传感器的数据上传到服务器，以

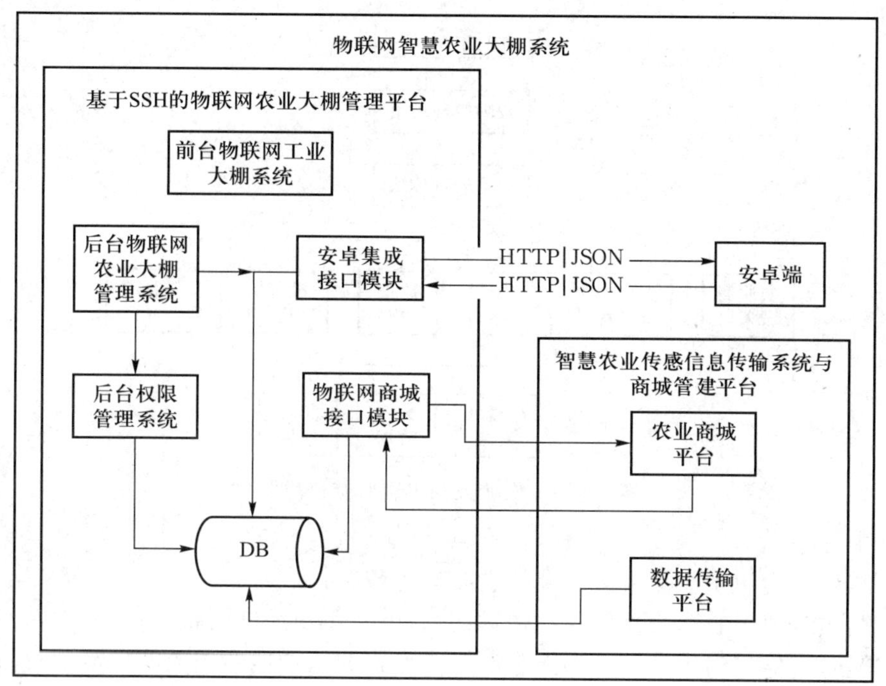

图 4-73　系统总体模块图

及提供商品的买卖。

（2）功能模块设计

模块主要介绍农业大棚平台与后台管理平台的设计和功能图，设计前后台的目的是为了更加方便地对系统进行管理和维护。

① 生产监管模块

生产监管模块主要承担大棚中作物的管理和可视化呈现农业大棚中作物的健康情况和环境参数。此外，为了方便工作人员实时监控大棚环境，根据对这些环境数据的分析和判断，便于管理人员对作物生产所需的最优环境进行预测并调控。

监控和预警是相关的，数据的视觉呈现是为了管理员的生产管理，而给出一个直观的视觉呈现，作为决策辅助。

生产监管模块设计：

生产监管模块设计如图 4-74 所示，主要包括以下 6 个部分：

A. 农业商城接口

功能是主要提供农业商城的接口，通过底层权限系统的管理，实现只有特定权限的用户才能进入农业商城，进行下单付款；

B. 安卓接口

该模块用于安卓和服务器端交互的接口，安卓程序可以通过服务器的 URL，对服务器发送请求，获取数据库中的实时数据，如天气数据等；

C. 监控中心

该模块使用了萤石云平台，通过在服务器端展示视频流，实时观察大棚内作物情况；

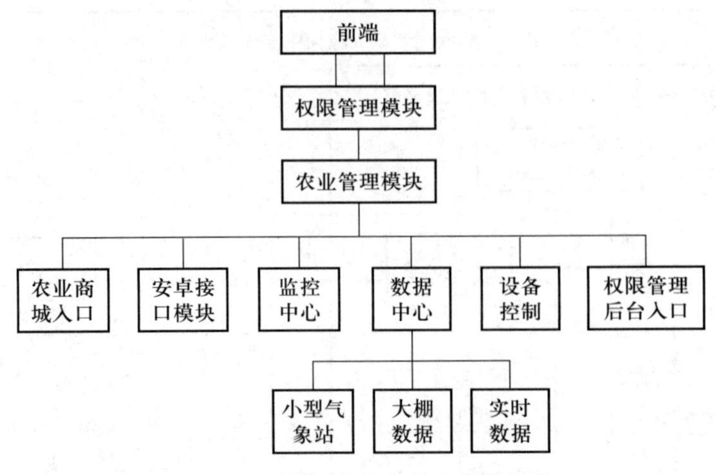

图 4-74　农业大棚生产监管模块图

D. 数据中心

小型气象站：负责提供当前大棚区域的实时环境情况；

大棚数据：负责提供农业大棚中各类作物信息，以及作物的健康状况；

实时数据：负责通过图表的方式和图表比对的方式展示近期一周内的环境参数，在通过对比大棚数据，可以预测作物的最适生长环境；

E. 权限系统接口

该模块负责提供用户向底层权限系统的入口。只有特定权限的用户才能够进入该系统。

② 后台管理模块

后台管理模块负责对登录者分配角色与各种不同的权限，满足不同人的不同功能需求。该系统的粒度为按钮级别，同时对作物进行管理。

权限模块的组成如图 4-75 所示，权限模块承担平台底层的权限业务逻辑，当访问者访问服务器时，后台业务逻辑判断其拥有的角色和角色的权限。拥有游客权限的用户，只能访问农业大棚平台，无法进入权限管理入口并浏览权限列表。一般权限的用户，可以进入权限管理入口并浏览权限分配列表。上帝权限的用户，不仅能够进入后台入口，还拥有后台操作功能。

(3) 数据库设计

平台由前后台组成，前者为农业大棚平台，后者为管理平台。为了应对存在的关联关系，本文提出的物联网智慧农业大棚管理平台的数据库设计选用关系型数据库 MySQL。表与表之间的关联关系通过外键来约束。

① 数据表设计

农业管理平台数据表设计：

表设计部分负责根据系统需求设计农业管理模块的数据表，要求表之间的字段关系尽可能清晰、简单，同时满足系统的各种需求，且方便数据库 CRUD（增删改查）工作，同时要求农业管理中的用户表和权限管理模块中的表有关联，为权限管理平台搭建打下基础。

农业管理平台数据表结构：

农业大棚数据表结构图如图 4-76 所示。

农业管理平台数据表功能概述：

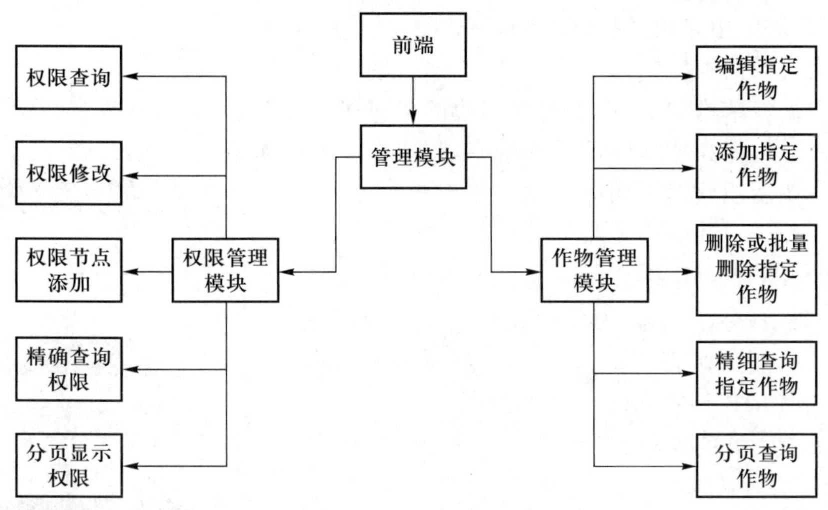

图 4-75　权限模块图

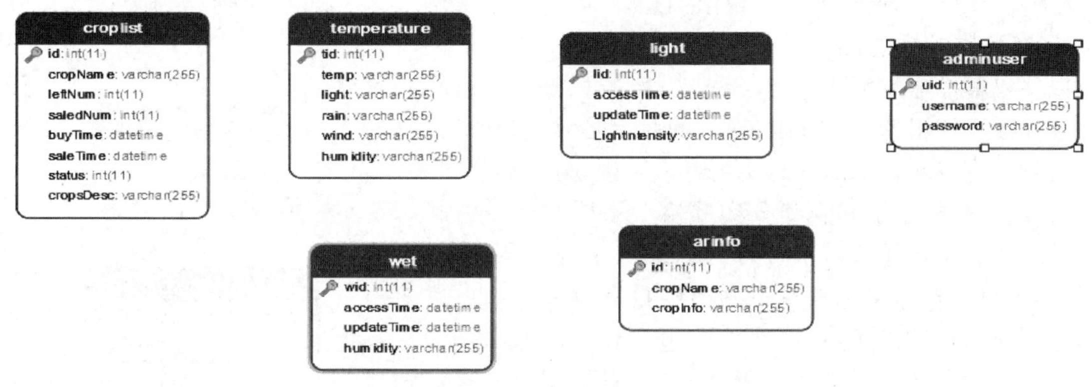

图 4-76　农业大棚数据表结构图

农业管理平台模块一共包含 6 张表，分别对应系统如下功能：

A. croplist 表用于在系统中显示农业作物列表，id 作为标识号，cropName 作为作物名称；leftNum 表示作物剩余量；saledNum 表示卖出作物量；buyTime 表示购买作物时间；status 表示作物健康状态；cropsDesc 表示作物描述；

B. temperature 表用于展示系统时间，tid 为唯一标识号；temp 表示温度；rain 表示降雨量；light 表示光照强度；wind 表示风速；humidity 表示湿度；

C. light 表作为展示系统光照强度表，lid 为唯一标识号；accessTime 表示访问时间；updateTime 表示更新时间；LightIntensity 表示光照强度；

D. wet 表用于展示系统湿度表，wid 表示唯一标识号；accessTime 表示访问时间；updateTime 表示更新时间；humidity 表示湿度；

E. arinfo 作为安卓 ar 功能表，id 为唯一标识号；cropName 作为作物名称；cropInfo 作为系统作物描述。

权限管理模块数据表设计：

表部分负责底层权限管理平台的数据库表的搭建，要求能够实现用户—角色—权限多对多的关系，且能实现对应用户角色权限 CRUD 功能。

权限管理模块数据表结构：

权限管理数据表结构如下：系统存在多边的多对多的关系，通过关联关系实现将不同表连接起来，方便级联操作，提高数据库逻辑的效率，图 4－77 为数据表关联图。

权限管理模块功能数据表功能概述：

该部分表的设计一共分为 5 张表分别为

A. user 表(用户表)用于记录每个注册的用户，其中 uid 为表的唯一表示；username 为用户名称；password 为用户密码；email 为用户邮箱；phone 为用户联系方式；job 为用户职业；sex 为用户性别；age 为用户年龄。

B. rolebean 表(角色表)用于为用户分配角色，其中 rold 为唯一标识号；roleDesc 为角色描述。

C. rightbean 表(权限表)用于为角色分配权限，其中 rild 为唯一标识号；rightDesc 为权限描述。

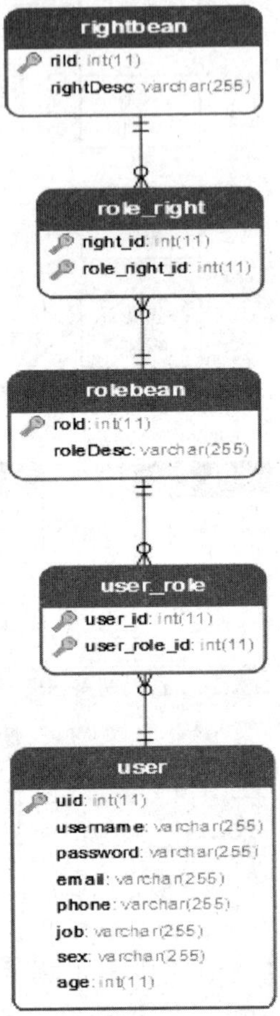

② 高可扩展数据表

以往权限搭建包含两张表，分别为用户-权限表，这种设计给为每个使用者赋予权限，导致的后果是无法为使用群分类管理，例如，若一部分的使用者为学生，另一部分的使用者为教师，且学生和教师分类并给予不同权限，这种设计就无法满足这样的需求，因此，如果采用用户-角色-权限表，就可以通过角色表对不同的用户进行分类，也可以通过用户的角色描述，直观地了解用户相应的权限，方便数据库管理和开发者进行拓展性开发，对于用户而言，也更加直观。

图 4－77 数据库权限管理数据表结构图

4. 系统实现

(1) SSH 系统搭建

SSH 搭建部分主要介绍系统的配置文件的配置方式，以及对每种配置文件的功能进行说明。

① 数据库配置文件

Spring 能够管理数据库，需要数据库配置文件，该文件为 jdbc. properties，存储了数据库相关信息，如驱动、注册信息等。

② 框架配置

A. web. xml 文件需要配置 Struts 核心拦截器，对于请求服务器的所有 url 会进行拦截，同时需要配置监听器，用于将类放入容器管理；

B. applicationContext. xml 文件需要配置用于交给 Spring 管理的类，为方便系统开发，需要将所有的类都在该文件中进行配置，同时还需要在其中整合 Hibernate 的配置文件、库驱动、url、用户名和密码，连接池、数据库方言等；

C. Struts. xml 文件需要配置所有的转发路径和响应路径，负责系统所有的转发；

D. Hibernate 配置文件承担类和表的映射。

③ 日志文件

系统的错误信息,或者系统在开发调试时需要的数据库语言信息,都需要经过日志文件进行展示,该文件为 log4j. properties,该文件还可以设置错误的级别。

(2) 农业大棚管理模块

农业大棚管理平台主要负责实现对农业大棚中的作物进行实时监控,以及获取各种作物的健康情况,同时通过图表形式展示传感器创送到数据库的数据。方便用户直观了解农业大棚中作物的生长情况和健康情况同时集成了安卓移动端平台,使安卓和 Web 公用同一个服务器。农业大棚管理平台提供了权限管理系统后台的入口和农业电商的入口,方便工作人员进行权限管理以及商品管理,而且,农业大棚管理平台基于底层权限系统,不同的注册者会在农业大棚中拥有功能。对应权限的用户可能进入权限后台且在后台中存在按钮级别的粒度操作。

① 农业大棚管理平台数据库

针对农业大棚管理平台的功能需求,设计数据表与农业大棚管理平台进行一一映射,同时根据每个功能的需求进行字段的设置,防止多余字段增加查询压力,使得服务器响应速度变慢。同时根据后期需求设置一些拓展字段,方便后期业务功能拓展。同时在数据库操作过程中,对破坏件操作加入了事务管理,如果事务没有提交成功,进行数据回滚。

数据库表-功能对应关系设计:

如下为功能-数据表对应关系:

A. 监控中心- cropList 表由于监控中心需要实时监控作物的情况,因此需要对作物表的作物情况进行展示,因此监控中心需要和 cropList 表进行功能映射。

B. 小型气象站功能应用 Web Service,通过第三方平台获取 JSON 格式的 XML 文档,通过使用 DOM 技术解析 XML 文档,获取大棚所在区域的气象参数,考虑到数据每半小时进行更新,为了减少数据库和服务器压力,不将解析好的数据存入数据库。因此该功能没有对应的数据表与之映射。

C. 大棚数据- cropList 表用于展示系统中各种作物的入库时间、售出时间、售出数量、剩余数量、各种作物的健康状况;同时可以根据需求,增加对每种作物的种植意见进行说明,方便工作人员或者管理员进行查看作物各种信息。

D. 实时数据- light 表、wet 表功能通过图表对大棚内的环境参数进行展示,使得数据更加直观,该部分的数据采集自大棚内的传感器。需要与小型气象站进行区分,环境数据代表大棚所在区域的平均值,而实时数据中的数据采集自传感器,通过对传感器的数据进行存取和展示,方便日后根据这些数据,推测作物的生长最适环境。同时在该部分还对各种环境参数进行对比,和单独图表展示,方便工作人员进行分析。

E. 注册登录- user 表部分负责用户的注册和登录,用于存储用的基本数据,同时该表也是权限管理底层的关联表之一。

② 农业大棚管理平台模块设计与实现

该部分针对农业管理平台的各个模块功能进行详细描述具体包括:功能展示、说明和设置原因与实现方式。

注册登录模块:

A. 功能说明:当使用人员进行登录时,系统根据是否存在对应人员进行不同的跳转。注册模块的业务逻辑如图 4－78 所示。

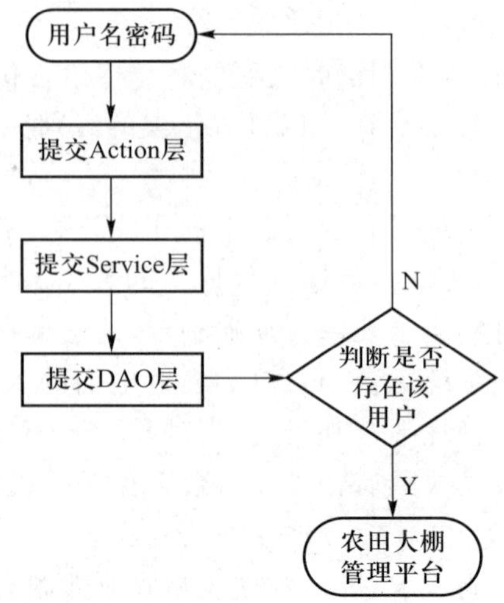

图 4－78　业务逻辑图

B. 功能设定背景：登录功能作为进入平台的唯一途径（图 4－79）。

C. 模块呈现：

图 4－79　功能展示图

监控中心模块：

A. 功能说明：该模块负责通过在农业大棚内部署摄像头，实时获取农业大棚中作物的情况，同时也能用于监控风机等是否开启，通过使用视频允许实时对大棚内的作物情况进行掌握。在视频下方有地区天气预报，以及天气更新时间，使用该功能可以根据当前的天气情况对大棚内的风机、喷头进行干预，干预效果直观地展示在视频中，极为方便管理。同时在天气预报下方，有作物状况表，管理人员通过更新各种作物的健康情况，进行后台农作物管理编辑，前台即可通过干预喷头、风机改善大棚内的环境，防止作物枯萎。

B. 功能设定背景：设定视频监控是为方便及时监控大棚内作物的生长情况，以及当控制风机、喷头时，风机、喷头是否及时响应。天气功能是方便工作人员根据当前的天气情况，及时对风机、喷头等设备进行干预，防止作物因气象环境死亡。作物状况表方便工作人员根据当前各种作物的健康情况进行分析，及时给亚健康作物改善环境，如进行喷头浇水等，防止作物死亡。通过三个功能结合，可以极大程度上避免作物死亡（图 4-80）。

C. 模块呈现：

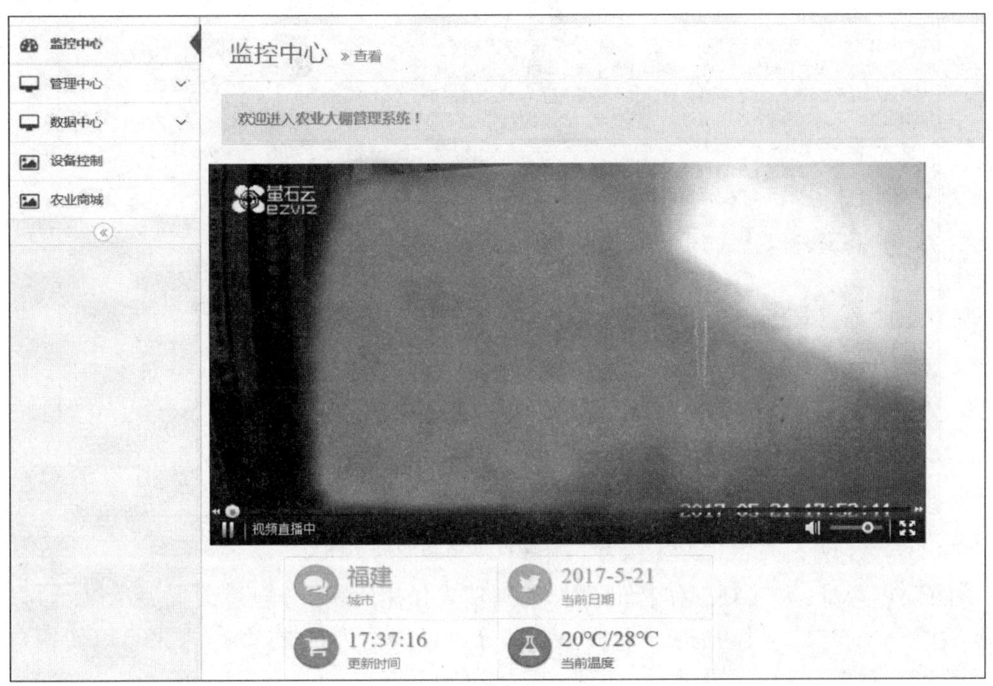

(a)

★ 农业植物

名称	数量	状态
牡丹花	6	优良
铁树	7	良好
三角梅	11	一般
仙人掌	5	枯萎
面包树	6	待查
菊花	1	健康
梅花	3	健康
百合花	1	健康
紫藤萝	1	健康
紫藤萝	1	健康
兰花	1	健康

(b)

图 4-80　监控中心模块展示图，其中(a)展示视频情况与天气状况，(b)显示作物生长情况与数量

小型气象站模块：

A. 功能说明：该部分调用第三方平台的接口，根据平台返回的 JSON 格式的 XML 进行

DOM 解析，获取天气参数，进行展示（图 4-81）。

图 4-81　小型气象站功能展示图

B. 功能设定背景：天气对于作物的生长起到重大作用，该部分通过天气展示，能够方便工作人员获取实时环境参数，对作物进行干预。该部分也可以作为拓展部分，未来可以使用自己的气象观测设备进行观测，然后进行展示，达到一站式气象服务。

C. 模块呈现：

大棚数据模块：

A. 功能说明：该功能用于展示大棚作物状态，大棚的作物情况由后台管理员通过作物管理模块进行编辑输入，用户可以通过前台了解各种作物的状态。工作人员针对每株作物进行健康分析后在后台进行输入，前台通过展示，方便对作物进行管理。在表格中展示了作物的名称、卖出数量和剩余数量、入货时间、售出时间、状态。其中部分字段用于和农业商城进行对接：如售出数量。大棚数据模块业务逻辑如图4-82所示，大棚数据会经过系统业务逻辑进行查询是否存在，如果存在则展示，否则不展示列表。

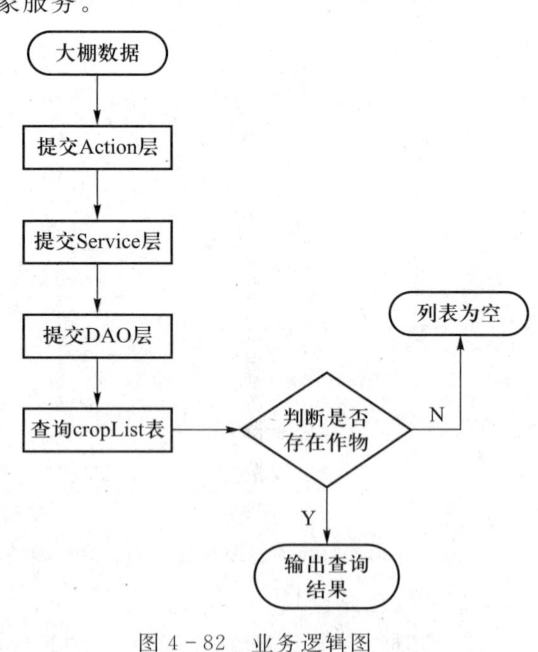

图 4-82　业务逻辑图

B. 功能设定背景：由于大棚中可能存在各种不同的作物，每种作物的数量又不相等，所以需要一个图表的形式,对各种作物的健康状态以及作物名称进行分类,方便管理。同时,人员可以对作物的生长环境进行干预。而该功能为一个解决方案(图 4-83)。

名称	剩余数量	售出数量	入货时间	售出时间	状态
牡丹花	6	4	2017-03-06 13:44:54.0	2017-03-07 13:45:00.0	优良
铁树	7	5	2017-02-28 13:45:07.0	2017-03-07 13:45:13.0	良好
三角梅	11	8	2017-03-07 13:45:16.0	2017-03-07 13:45:19.0	一般
仙人掌	5	5	2017-03-01 13:45:22.0	2017-03-02 13:45:30.0	枯萎
面包树	6	5	2017-03-02 13:45:26.0	2017-03-03 13:45:33.0	待查
菊花	1	2	2017-03-02 13:45:26.0	2017-03-03 13:45:33.0	健康
梅花	3	4	2017-03-02 13:45:26.0	2017-03-03 13:45:33.0	健康
百合花	1	0	2017-04-11 09:30:06.0	2017-05-10 09:40:55.0	健康
紫藤萝	1	0	2017-04-11 09:31:33.0	2017-05-03 09:40:58.0	健康
紫藤萝	1	0	2017-04-11 09:32:14.0	2017-05-17 09:41:01.0	健康
兰花	1	0	2017-04-11 09:32:33.0	2017-05-25 09:41:19.0	健康

图 4-83　功能展示图

C. 模块呈现:

实时数据模块:

A. 功能说明:该部分通过使用图表的形式向用户展示最近一周的环境参数,包括温度、光照强度对比。该模块还可进行拓展,提供各种环境参数的对比图。

B. 功能设定背景:由于每种作物的生长习性不同,因此,每种作物对于不同环境的生长情况也不尽相同。通过获取最近一周的环境参数数据,再对比大棚数据中的作物生长情况,可以对每种作物生长的最适合环境进行预测。通过这种方式可以相对准确地获取作物的生长习性,方便后期对作物进行分棚培育,每个大棚根据系统数据进行环境参数设定,达到作物最优生长环境。同时通过该部分数据,也可以对大棚的环境进行干预,例如如果湿度太高,就控制风机进行通风,降低大棚内的空气湿度。实时数据业务逻辑如图 4-84 所示,首先,后台业务逻辑按照日期查询最近一周数据,然后判断是否存在数据,最后根据判断结果进行展示(图 4-85)。

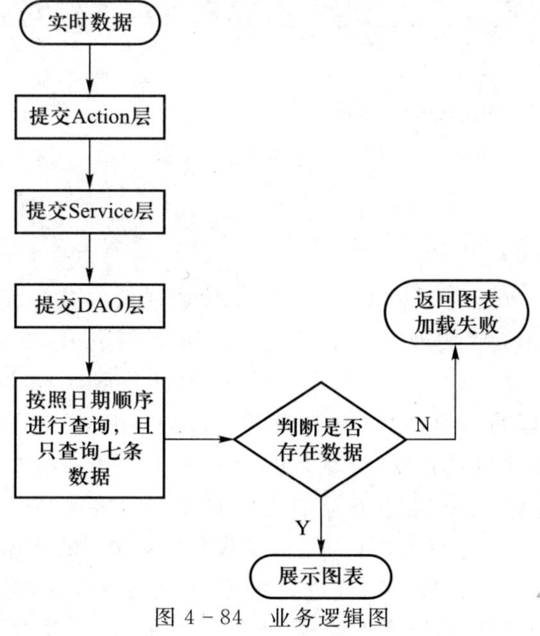

图 4-84　业务逻辑图

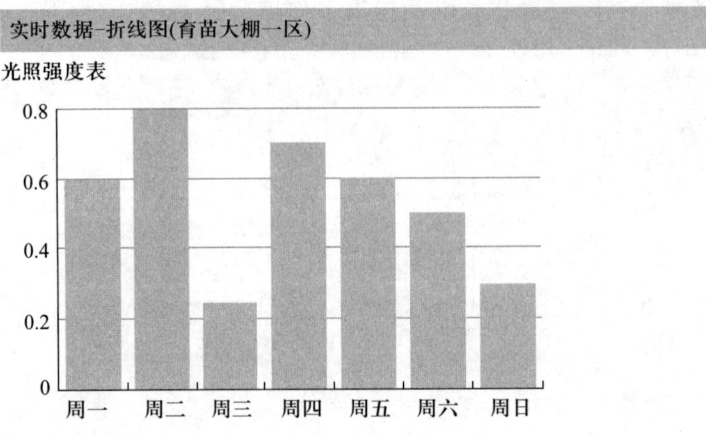

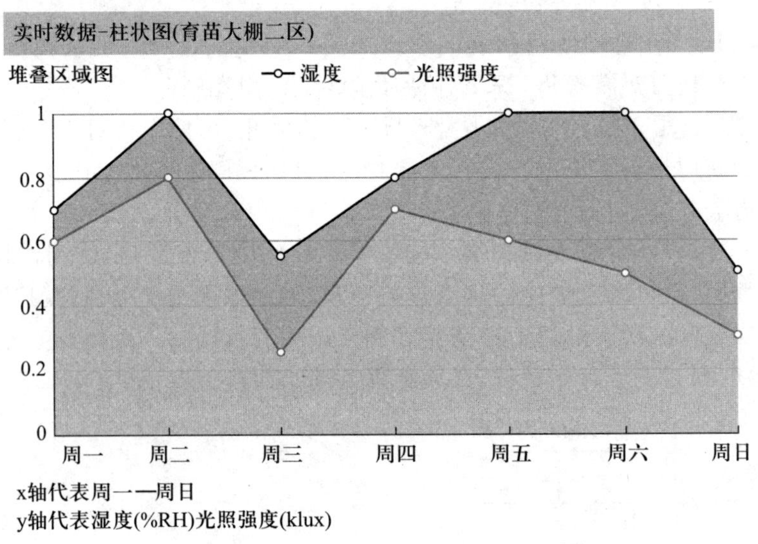

图 4-85　功能展示图

C. 模块呈现：

安卓集成模块：

A. 功能说明：如图 4-86 和图 4-87 可知，安卓集成模块一共分成 5 个包结构，其中 ar 负责实现安卓的 AR 功能，login 负责实现安卓用户的登录功能，register 负责实现安卓用户的注册功能，temperature 负责向安卓移动端返回 JSON 格式的天气数据，weatherAction 同理。为了减少移动端数据处理与业务处理的压力，同时由于安卓自带的 sqlLite 功能有限，无法进行大容量存储查询，所以集成安卓移动端与服务器，将复杂的业务处理交由服务器端完成，大大减少移动端的压力，提高 app 的用户体验。其中，服务器端提供安卓访问接口，安卓程序通过 post 请求向服务器发送请求，通过 URL 找到对应的执行方法，完成特定操作，最后返回 HTML 文档数据。为了提高数据解析效率，选用 JSON 数据格式进行传输，提高服务器响应速度。

B. 功能设定背景：为了满足系统实时监控、方便可控的要求，需要随时随地都能进行大棚数据观察，并且进行干预。为移动端设置接口是一个完美的解决方案。由于系统已经通过端口映射技术，通过域名将网站部署到公网上，因此，安卓程序能够随时通过服务器提供的域名进行业务逻辑访问，通过 DNS 进行解析即可访问服务器，获取所需数据和视频流数据，做到实时观测大棚的要求(图 4-87)。

安卓app
JSON
根据域名发送HTTP请求
DNS域名解析
服务器web.xml配置文件拦截请求，对比Struts.xml的接口配置
Struts.xml中是否有匹配配置
N
返回404
Y
跳转到Action层
跳转到Service层
跳转到Dao
数据库处理

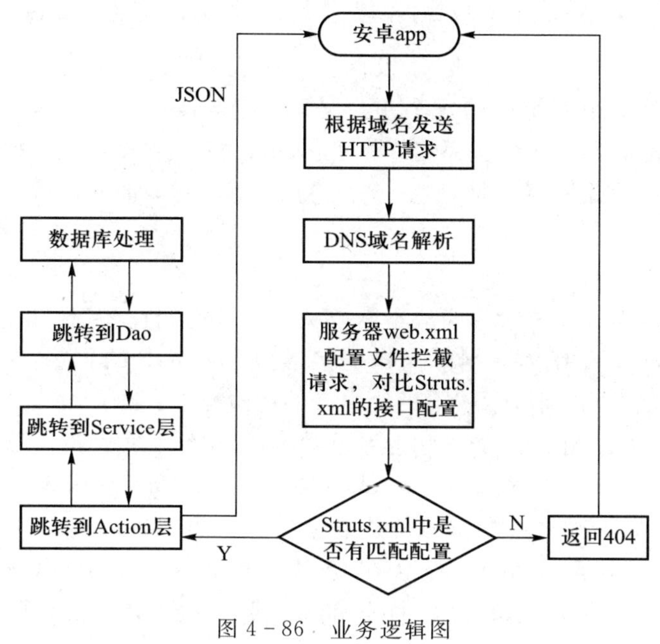

图 4-86　业务逻辑图

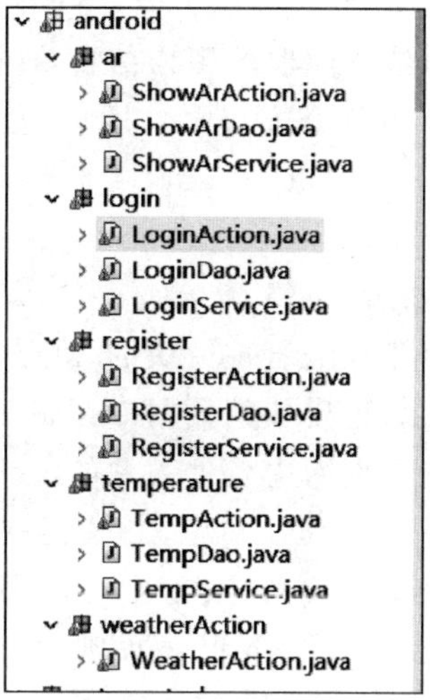

android
ar
ShowArAction.java
ShowArDao.java
ShowArService.java
login
LoginAction.java
LoginDao.java
LoginService.java
register
RegisterAction.java
RegisterDao.java
RegisterService.java
temperature
TempAction.java
TempDao.java
TempService.java
weatherAction
WeatherAction.java

图 4-87　安卓集成模块包结构图

C. 模块呈现：

权限系统集成模块：

A. 功能说明：为了方便系统维护权限和作物，以及在之后及时看到结果。因此，将权限管理集成到农作物管理中，不对权限系统进行单独开发。通过其即可进入权限后台，但是只有特定权限的使用者才能够有权限分配，且平台粒度精细到按钮。

B. 功能设定背景：一个服务器往往需要一些工作人员进行管理，但是这些管理如果展示在前台页面，那么会非常影响用户体验，因此往往需要一个后台的权限系统对整个系统进行管理。通过后台管理系统，可以在系统出现异常的时候及时控制异常(图 4-88)。

C. 模块呈现：

(3) 后台管理模块

后台管理平台作为大棚底层与权限的后台包括如下部分：A. 分别为农作物管理平台模块和权限管理平台模块，其中，农作物管理平台模块负责管理农作物，工作人员针对每株作物进行检查之后，在该部分录入系统，或者通过该部分对作物的状态以及数量等进行编辑，同时允许后台人员删除作物；B. 权限部分负责对注册者赋予权限功能，每种权限拥有的范围也不同，特定权限的工作人员才能够在后台进行权限分配。

管理中心
农作物管理
人员信息管理

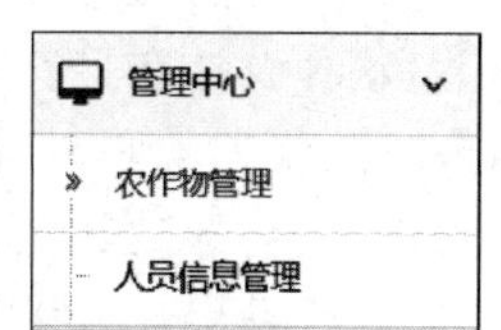

图 4-88　权限系统集成模块

① 权限管理平台数据库

为了满足系统的高拓展性设计以及方便开发，分别将权限管理平台下的两个子模块的数据

表进行划分,农作物管理平台模块:由于该部分只涉及对农作物的操作,为了避免业务层出现复杂的业务逻辑,导致系统负荷增大,导致响应变慢,无须拥有关联操作,只需要一张 cropList 表,在进入该模块前对用户的权限进行查询,根据结果执行业务流。

权限管理平台模块:该部分需要满足系统设计的高可拓展性和稳定性要求,负责整个系统的权限分配和管理,因此承担着复杂的逻辑任务[19,20,21,22]。为了满足要求,一共需要 5 张数据表:分别为 user(用户表)、rolebean(角色表)、rightbean(权限表)以及两张中间表,其中 user 表用于维护系统中注册的用户信息,rolebean 表负责为系统中的每个用户分配角色,rightbean 表负责为每个角色分配权限。用户-角色-权限表是多对多的关系,需要两张中间表进行外键维护,即 user _ role、role _ right,由于有 5 张关联表,因此该部分业务逻辑较为复杂,下面对该部分进行详细介绍。

数据库逻辑:

由于权限管理模块的表配置较为复杂,而农作物管理模块不需要关联关系的配置,因此只介绍权限管理模块的数据库逻辑设计。Hibernate 作为数据库操作框架,继承了 OOP 的思想,简化了对数据库中各种关系的配置与设计。下面分别展示权限模块中表的逻辑配置:

A. user 表:对象关系映射的特点是通过使用 pojo 类来映射系统数据库,由于和角色的关联存在多对多关系,因此在 user. cfg. xml 中进行配置(见附录 1),class 标签有两个子属性,name 代表类映射,table 代表库映射,id 代表要映射表的主键,作为每条数据的唯一表示,property 标签代表映射表中除了主键以外的其他所有字段配置,name 指代在 po 类中的属性,column 代表在数据库中映射的字段名。Set 标签负责关联关系逻辑配置,其中 name 代表 user 类中的 rolebean 属性,table 代表中间表的名称,cascade 代表对所有操作都进行关联,inverse 代表将外键的维护全进行反转,交给另一方,key 标签的属性 column 代表配置的 user 端在中间表的外键名称,many-to-many 标签代表多对多的关系,class 代表关联一方的类全称,column 代表关联一方在中间表中的外键名称。

B. rolebean 表:该表负责作为用户表和权限表进行关联的桥梁,分别和用户表,权限表都是多对多的关系(见附录 2),配置原理同 user 表一致,只是需要配置两个多对多的关联关系。

C. rightbean 表:权限表负责为每个角色分配权限(见附录 3),配置原理同上,但是只需要配置一个多对多的关联关系,因为该表只与角色表有关联关系。

数据库表:

表设计部分主要阐明权限模块中关联表主键字段的设计:传统的数据表的字段都为整型 1 到 N,这种设计在只有一张表,或者只有两张关联表时可以很好地进行维护,不会发生问题,但是如果有三张表关联,且都是多对多的关联关系,那么在系统中对数据库进行更新操作,或者进行删除操作,会导致其他表的关联关系被修改或者被删除。这是外键设计导致的缺陷,针对上述问题,为防止发生误删操作,对系统的表字段设计如下:

A. user 表的字段为 1 - N 整形;

B. rolebean 表的字段为 user _ id+roleid:代表第 X 个 id 的用户拥有第 Y 种角色;

C. rightbean 表的字段为 rolebean _ id+righted:代表第 X 个角色 id 的用户拥有第 Y 种权限。

通过对每种 id 分成 2 位,每位代表不同的含义,是一种上述问题的解决方案。

数据库表-功能对应关系：

如下为功能-数据表对应关系：

A. cropList 表：该表负责农业大棚管理平台，主要负责作物分页显示、指定作物查询、批量删除作物、删除指定作物、添加作物、编辑作物功能。

B. user 表：负责在页面上显示唯一编号、姓名、职位、电子邮件、性别、年龄、密码，以及在添加、删除、更新时进行这些字段的维护。

C. rolebean：负责在页面上显示用户被分配的角色，以及在添加、删除、更新时进行该字段的维护。

D. rightbean：负责在页面上显示用户被分配的权限，以及在添加、删除、更新时进行该字段的维护。

E. user _ role：该表负责维护用户角色关联操作。

F. role _ right：该表负责维护角色权限关联操作。

② 作物管理模块的实现

实现部分分别针对后台管理农业管理平台模块的各个功能进行详细描述具体包括：功能展示、功能说明、功能设置原因、实现方式。

分页显示作物模块：

A. 功能说明：当用户点击农业管理后台之后先判断是否有权限，一旦包含对应权限则返回主页，否则进入到服务器内部逻辑，处理业务逻辑，到 Dao 层之后，判断数据表中是否有数据，如果存在，在主页中分页显示列表，如果不存在，提示数据不存在。

B. 功能设定背景：为了方便管理员对作物的信息进行处理和管理，应用列表将数据展示，管理者能够直观看到各种作物的信息，以及可以对其进行操作。为了避免查询不便，将数据分页查询提高效率(图 4-89)。

查看内容：按作物名称：　查 询　返回主页面

选择：全选-反选　删除所选任务　添加作物

任务详细列表

选择	作物名称	剩余数量	卖出数量	购买时间	卖出时间	作物状态
□	杜鹃花	8	6	17-3-13 13:41:43.000	17-3-15 13:41:47.000	编辑|查看|删除
□	牡丹花	6	4	17-3-6 13:44:54.000	17-3-7 13:45:00.000	编辑|查看|删除
□	铁树	7	5	17-2-28 13:45:07.000	17-3-7 13:45:13.000	编辑|查看|删除
□	三角梅	11	8	17-3-7 13:45:16.000	17-3-7 13:45:19.000	编辑|查看|删除
□	仙人掌	5	5	17-3-1 13:45:22.000	17-3-2 13:45:30.000	编辑|查看|删除

共3页|第1页　[首页|上一页下一页|末页]

图 4-89　功能展示图

C. 模块呈现：

删除作物模块：

A. 功能说明：首先选择要删除的数据，点击删除，系统进入服务器业务逻辑，最后操作数据库，当操作成功之后返回页面。

B. 功能实现背景：当某种作物已经死亡，或者被完全卖出之后，就需要在数据库中删除该记录，避免前台页面再次展示不存在的数据(图 4－90)。

任务详细列表						
选择	作物名称	剩余数量	卖出数量	购买时间	卖出时间	作物状态
☐	紫藤萝	1	0	17-4-11 9:32:14.000	17-5-17 9:41:01.000	编辑|查看|删除
☑	兰花	1	0	17-4-11 9:32:33.000	17-5-18 9:41:03.000	编辑|查看|删除

☐	紫藤萝	1	0	17-4-11 9:32:14.000	17-5-17 9:41:01.000	编辑|查看|删除

图 4－90　功能展示图

C. 模块呈现：

添加作物信息模块：

A. 功能说明：当添加作物时可以选择作物添加，填入基本信息，提交之后系统判断非空性与存在性，如果为空或存在则提示信息，反之执行系统业务逻辑处理。添加功能业务逻辑如图 4－91所示。

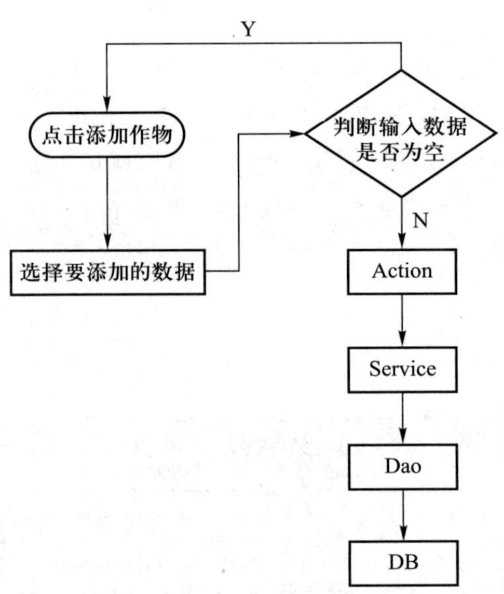

图 4－91　业务逻辑图

B. 功能设定背景：为达到后台农作物的添加的目的，当需要在大棚中养殖其他品种作物时，就必须完善现有数据，在库中增添数据量(图 4－92)。

C. 模块呈现：

精确查询作物模块：

A. 功能说明：工作人员在页面输入要查询的作物名称，点击查询后台程序逻辑判断输入的名称是否为空。是，则返回原页面同时返回错误；否，则执行内部逻辑并判断存在与否，若存在则展示，反之则返回并提示错误。精确查询作物，其功能业务逻辑如图 4－93 所示。

B. 功能设定背景：一个优秀的系统应该可以支撑起很大的数据，当系统中有大量的农作物

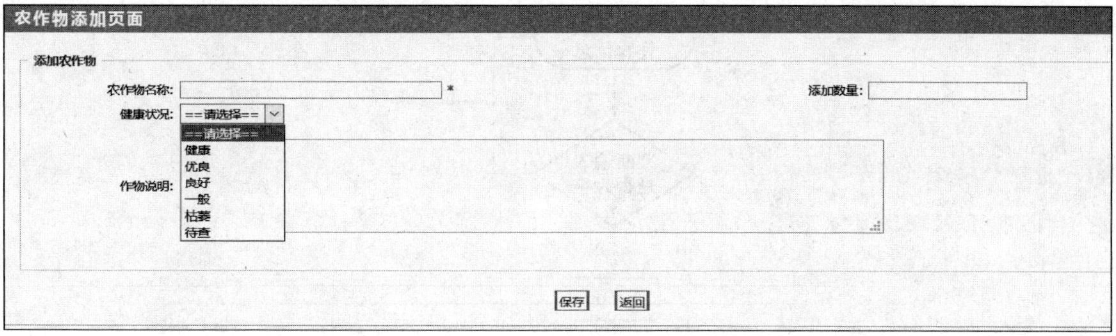

农作物添加页面
添加农作物
农作物名称:
添加数量:
健康状况:
==请选择==
==请选择==
健康
优良
良好
一般
枯萎
待查
作物说明:
保存
返回

图 4－92　功能展示图

数据之后，工作人员要查询特定的作物就变得十分复杂，因此需要提供一种按照特定要求进行查询的功能。因此精确查询功能解决了这一弊端，提高工作人员的管理效率(图 4－94)。

C. 模块呈现：

修改作物信息模块：

A. 功能说明：用户点击编辑按钮，系统会跳转到编辑页面，并将部分信息自动填入，如作物名称，用户需要填写除了系统自动填入部分的数据之后提交，若未填入，那么系统提示错误且返回原页面，反之执行系统流程并在数据库中执行更新，完成编辑。修改作物功能如图 4－95 所示。

B. 功能设定背景：对于售出的作物，作物的健康状态有时需要进行修改，这时就需要通过编辑功能进行改变(图 4－96)。

输入要查询的作物名称
判断输入是否为空
Y
N
Action
Service
Dao
判断是否存在数据
N
Y
DB

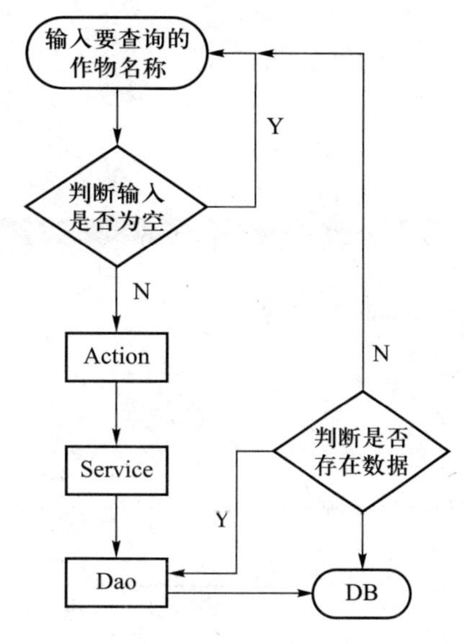

图 4－93　业务逻辑图

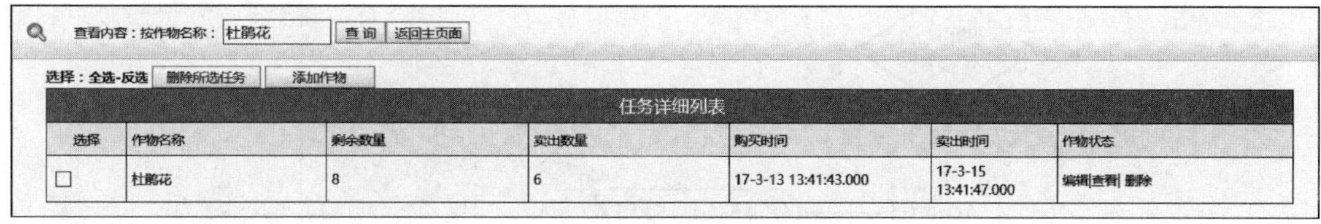

查看内容：按作物名称：
杜鹃花
查 询
返回主页面
选择：全选-反选
删除所选任务
添加作物
任务详细列表
选择
作物名称
剩余数量
卖出数量
购买时间
卖出时间
作物状态
杜鹃花
8
6
17-3-13 13:41:43.000
17-3-15 13:41:47.000
编辑|查看|删除

图 4－94　功能展示图

C. 模块呈现：

③ 权限管理模块的实现

该部分分别针对后台管理农业管理平台模块的各个功能进行详细描述具体包括：功能展示、功能说明、功能设置原因、实现方式。

分页显示用户-角色-权限模块：

A. 功能说明：选择权限后台的权限管理子项，后台业务逻辑会查询用户是否拥有进入的权限，若有，则进行业务逻辑操作，系统进行 5 张表关联分页查询，如果数据存在则显示数据，否则返回入口。修改作物功能业务逻辑如图 4－97 所示。

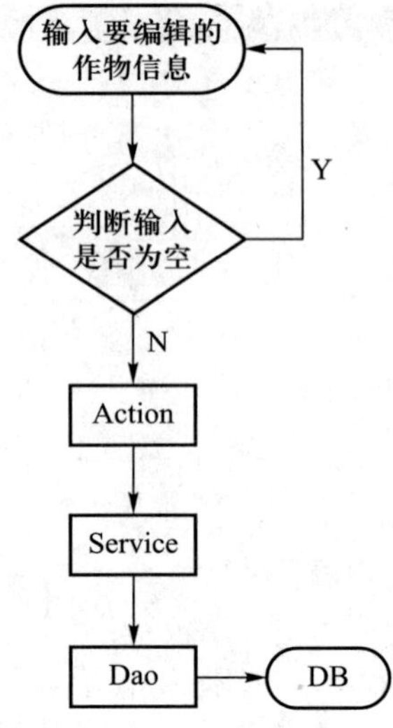

图 4-95 业务逻辑图

图 4-96 功能展示图

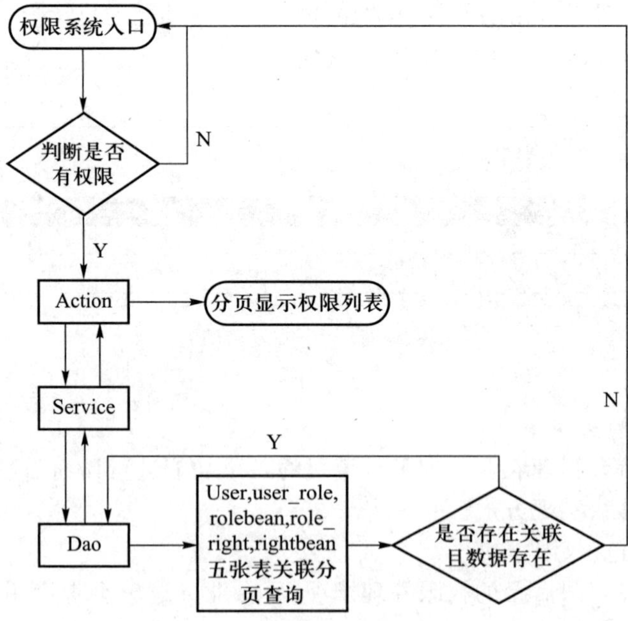

图 4-97 业务逻辑图

B. 功能设定背景：工作人员对平台注册的人员进行权限分配，需要展示用户以及角色与权限的列表，采用分页展示更加直观且方便（图 4－98）。

请输入名称　查询　返回主页面

选择：添加人员信息

工资详细列表

选择	唯一编号	真实姓名	权限描述	角色描述	职位	电子邮件	性别	年龄	密码	联系电话	操作
□	1	刘子颖	上帝权限	后台管理员	学生	454075214@qq.com	男	23	123456	18649759915	编辑 | 删除
□	1	刘子颖	游客权限	后台管理员	学生	454075214@qq.com	男	23	123456	18649759915	编辑 | 删除
□	1	刘子颖	游客权限	游客	学生	454075214@qq.com	男	23	123456	18649759915	编辑 | 删除
□	2	陈龙	上帝权限	后台管理员	学生	123456789@qq.com	男	23	12345	18649759917	编辑 | 删除
□	2	陈龙	一般权限	后台管理员	学生	123456789@qq.com	男	23	12345	18649759917	编辑 | 删除

图 4－98　功能展示图

C. 模块呈现：

删除角色权限模块：

A. 功能说明：管理者选择要删除的权限并选择删除，业务逻辑根据用户中间表的角色 id 和权限 id 进行删除，达到权限角色关系消失的目的。删除功能业务逻辑如图 4－99 所示。

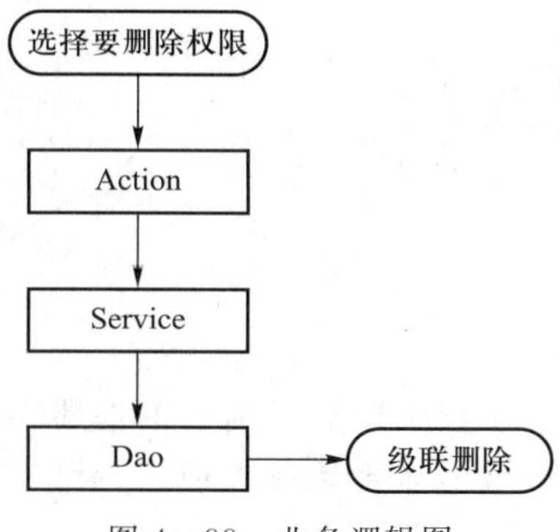

图 4－99　业务逻辑图

B. 功能设定背景：某个已注册人员也许存在若干重复权限，因此需要进行多余权限删除，或者希望将用户权限进行更改并分配新的权限，也能通过撤销原权限并更新为新权限方式达到目的（图 4－100）。

选择：添加人员信息

工资详细列表

选择	唯一编号	真实姓名	权限描述	角色描述	职位	电子邮件	性别	年龄	密码	联系电话	操作
□	2	陈龙	游客权限	后台管理员	学生	123456789@qq.com	男	23	12345	18649759917	编辑 | 删除
□	3	白晨皓	上帝权限	后台管理员	学生	454075214@qq.com	男	1	123456	111	编辑 | 删除

选择：添加人员信息

工资详细列表

选择	唯一编号	真实姓名	权限描述	角色描述	职位	电子邮件	性别	年龄	密码	联系电话	操作
□	2	陈龙	游客权限	后台管理员	学生	123456789@qq.com	男	23	12345	18649759917	编辑 | 删除

共 2 页 | 第 1 页　[首页 | 上一页 | 下一页 末页]

图 4－100　功能展示图

C. 模块呈现:

删除角色权限功能业务逻辑如图 4-101 所示。

添加角色权限模块:

A. 功能说明:工作人员能够对信息进行添加,之后业务层逻辑会判断该人员拥有的权限,若没有权限则返回初始页面并提示信息,反之允许提供数据,之后业务逻辑检测其正确性、非空性、唯一性,若校验通过,进入平台业务逻辑,开始级联增添,反之返回主页面并提示问题。添加角色权限功能业务逻辑如图 4-102 所示。

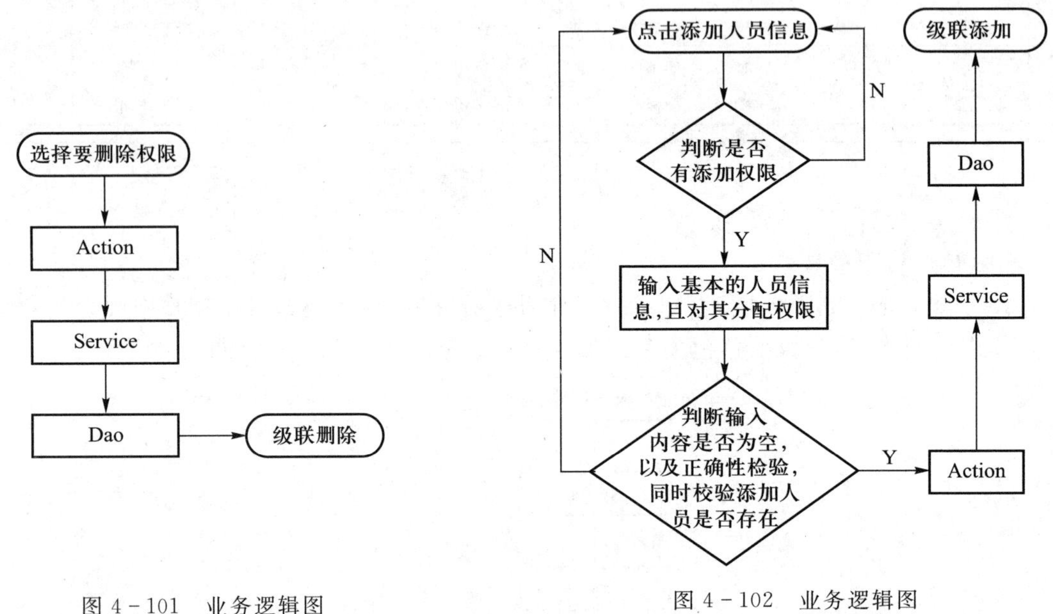

图 4-101 业务逻辑图

图 4-102 业务逻辑图

B. 功能设定背景:系统的用户不仅可以通过前台的注册功能进行录入,也能通过后台管理员进行录入,采用两种方式录入,系统在前台服务器或后台服务器发生宕机的时候也能操作(图 4-103)。

C. 模块呈现:

图 4-103 功能展示图

编辑角色权限模块:

A. 功能说明:该部分逻辑最复杂,在用户输入修改信息之后,需要对信息进行正确性和非空性校验，然后进入系统逻辑，同时在进行修改的时候，需要判断角色表、权限表、以及中间表中是否已经存在数据，再确定下一步流程。编辑角色权限功能业务逻辑如图 4 - 104 所示。

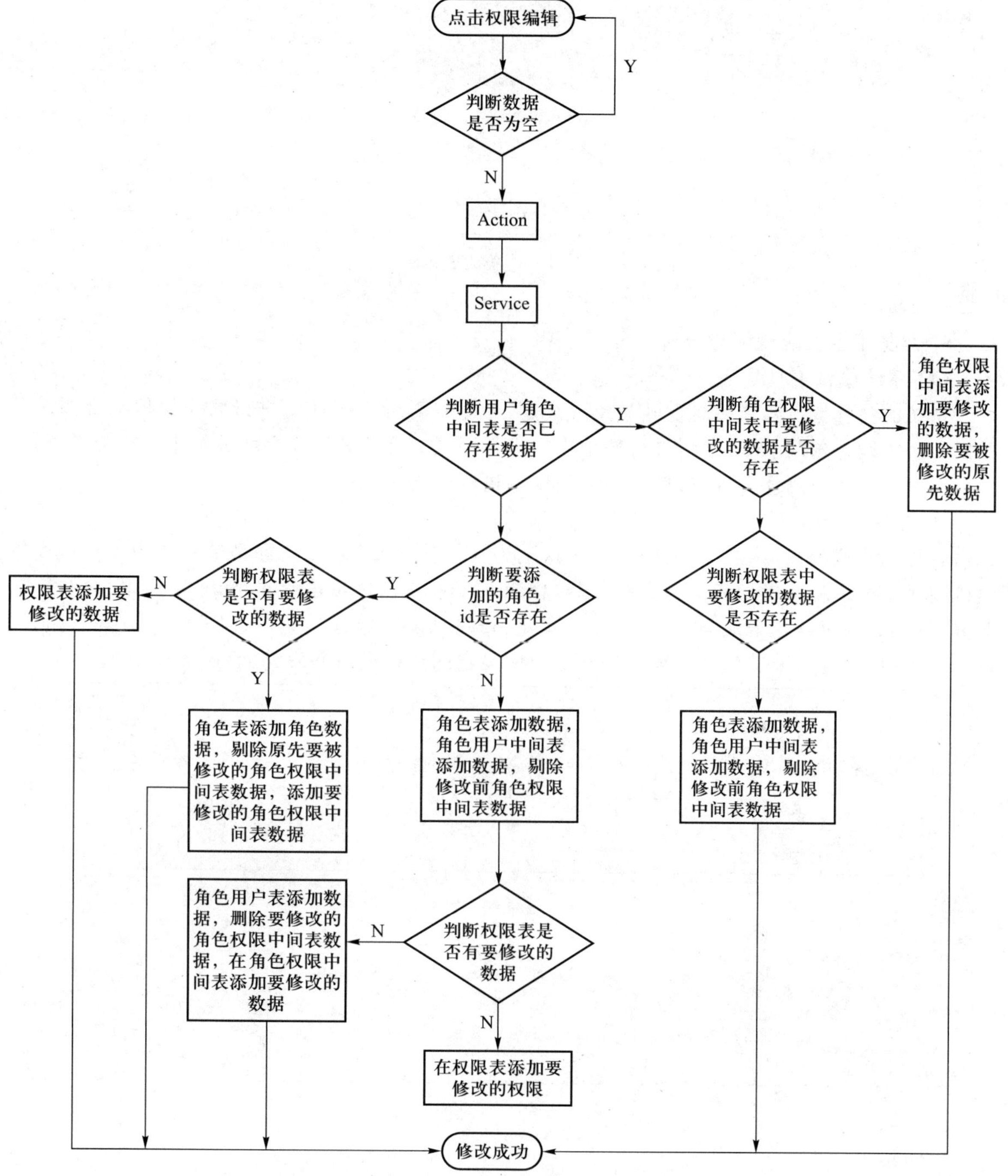

图 4 - 104　业务逻辑图

B. 功能设定背景：用户在使用功能的时候存在一种需求：某个用户的一些身份信息发生改

变，需要重新提交到系统中，这就需要系统支持这样的功能，该模块为这一需求提供了解决方案（图 4－105）。

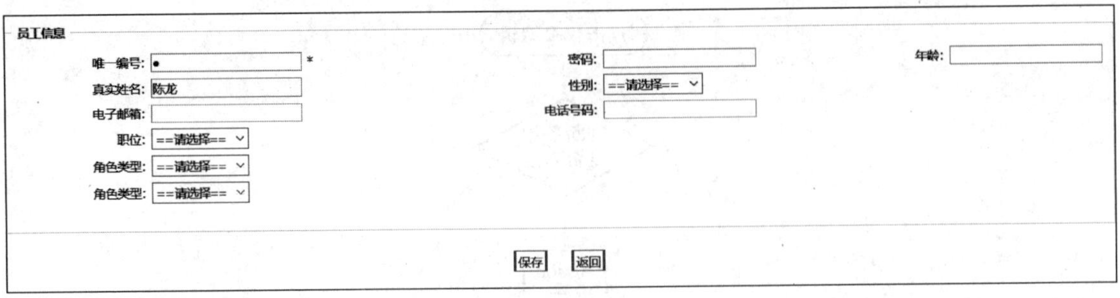

图 4－105　功能展示图

C. 模块呈现。

5. 服务平台性能测评与分析

（1）系统测试工具

系统的健壮性由容错率与吞吐量反应决定，为此需要对系统环境进行高压模拟测试系统的并发性。本设计选用 JMeter[23] 进行环境模拟进行测试。首先利用建立线程组来模拟现实情景，然后同时设定各类测评参数，最后对平台的表现进行分析。

（2）测评步骤

首先创建线程组，设定线程打开时间，这里为 0 指代并发，最后设置测试次数为 100 代表等时内有 100 个线程并发访问 100 次服务器，总计 10 000 次。之后设置 sample 为 http 访问模式、服务器的 ip，这里是在本地测试，所以设置本地 ip 同时设置服务器端口，以及请求方式和路径。最后点击执行，压力测试工具会自动访问参数所设定的路径进行并发访问（图 4－106）。

图 4－106　环境配置图

（3）结果分析

测试结果如图 4－107 所示，压力测试一共发送了 10 000 次请求，平均响应时间为 29 ms，且 90%用户响应控制在 35 ms，访问发生的错误率为 0，系统在高并发访问的吞吐量保持在 3 000/s，完全满足当前系统的要求。

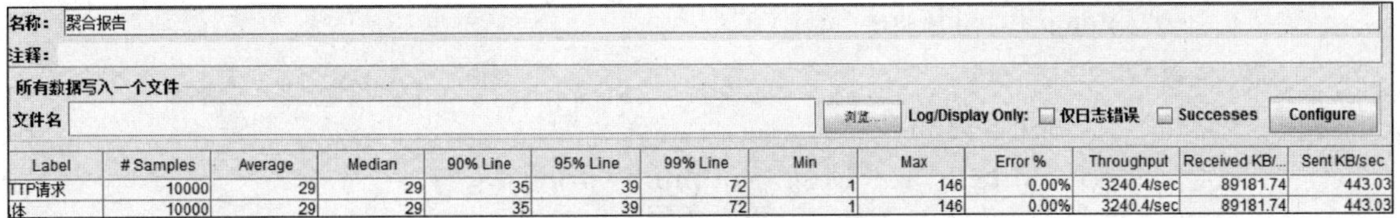
名称: 聚合报告
注释:
所有数据写入一个文件
文件名 浏览... Log/Display Only: 仅日志错误 Successes Configure

Label	# Samples	Average	Median	90% Line	95% Line	99% Line	Min	Max	Error %	Throughput	Received KB/...	Sent KB/sec
TTP请求	10000	29	29	35	39	72	1	146	0.00%	3240.4/sec	89181.74	443.03
体	10000	29	29	35	39	72	1	146	0.00%	3240.4/sec	89181.74	443.03

图4-107 结果展示图

参考文献

附录

附录1 user类关联核心配置代码

```
<hibernate-mapping>
    <class name="cn.fzu.iot.pojo.User" table="user">
        <! --配置唯一标识-->
        <id name="uid" column="uid">
            <generator class="native"/>
        </id>
        <! --配置普通属性-->
        <property name="userName" column-"username"/>
        <property name="password" column="password"/>
        <property name="email" column="email"/>
        <property name="phone" column="phone"/>
        <property name="job" column="job"/>
        <property name="sex" column="sex"/>
        <property name="age" column="age"/>
        <set name="roleBeans" table="user_role" cascade="all" inverse="true">
            <key column="user_id"></key>
            <many-to-many class="cn.fzu.iot.pojo.RoleBean"column="user_role_id"/>
        </set>
    </class>
</hibernate-mapping>
```

附录2 RoleBean类关联核心配置代码

```
<hibernate-mapping>
    <class name="cn.fzu.iot.pojo.RoleBean" table="rolebean">
        <! --配置唯一标识-->
        <id name="roId" column="roId">
```

```
            <generator class="native"/>
        </id>
        <! --配置普通属性-->
        <property name="roleDesc" column="roleDesc"/>
        <set name="users" table="user _ role" cascade="all" inverse="true">
            <key column="user _ role _ id"></key>
            <many-to-many class="cn. fzu. iot. pojo. User" column="user _ id"/>
        </set>

        <set name="rightBeans" table="role _ right" inverse="true">
            <key column="role _ right _ id"/>
            <many-to-many class="cn. fzu. iot. pojo. RightBean" column="right _ id"/>
        </set>
    </class>
</hibernate-mapping>
```

附录3　rightBean类关联核心配置代码

```
<hibernate-mapping>
    <class name="cn. fzu. iot. pojo. RightBean" table="rightbean">
        <! --配置唯一标识-->
        <id name="riId" column="riId">
            <generator class="native"/>
        </id>
        <! --配置普通属性-->
        <property name="rightDesc" column="rightDesc" />
        <set name="roleBeans" table="role _ right" inverse="true">
            <key column="right _ id"/>
            <many-to-many class="cn. fzu. iot. pojo. RoleBean"column="role _ right _ id"/>
        </set>
    </class>
</hibernate-mapping>
```

4.5　章节小结

物联网应用层确定了物联网系统的功能、服务要求，是物联网系统构建时确定的任务与目标。应用层也是物联网架构的最终实现环节，主要是对感知层采集，通过网络层传输到云服务器的数据的计算、处理和知识挖掘，从而达到对物理世界实时控制、精确管理和科学决策的目的。

在本章节中介绍了物联网的应用层的相关概念，分别通过三个实例：基于安卓的金融数据分析交易软件、智能课堂管理系统以及智慧农业系统设计，展示了在应用层的实际应用。而在国家对智慧农业大棚的大力支持的大背景下，针对当前智慧农业大棚管理门槛高和推广难度大等问题，案例三提出了 3 个智慧农业系统，实现了对智慧农业大棚内环境因子的实时监控与管理以及农业商城平台。智慧农业系统对于未来农业大棚的管理方式具有一定的借鉴意义。

事实上，从应用层的功能上来看，应用层大致可以分为以下三层结构：

（1）基础架构。该层提供的是最基本的计算和存储能力，以计算能力提供为例，其提供的基本单元就是服务器，包括 CPU、内存、存储、操作系统及一些软件。核心技术为自动化和虚拟化，自动化技术可以在用户请求资源的时候自动完成，并在此基础上实现资源的自动调度。虚拟化技术提高了资源的利用效率，降低使用成本。

（2）平台应用。所有采集到的数据在云平台的基础架构的分析计算的基础上，会提供封装的 IT 接口，为软件应用提供接口服务，实现物联网的丰富的智能应用。基于云平台的基础架构和平台应用是用户接触不到的，目前提供云服务的国内外商家都比较多，亚马逊、Google、微软、阿里云、Ucloud 等。

（3）软件应用。这一层应用是用户和服务商接触最多的，每一个物联网系统都会有一个与用户友好交互的界面。这些交互界面有特定的专用于工业的 HMI，也可以在手机、PC、Pad 等设备中进行软件安装，从而进行查看等操作，可以实现物联网数据的实时获取，并进行分析对比，还可以实现远程控制，管理自己的物联网设备。[1]

参考文献

5 第5章 物联网综合应用

5.1 物联网应用概述

目前,物联网已成为人们最期待的行业之一,物联网方面的应用日趋多样化。据意大利国家研究中心调研显示,物联网已经成功应用在智慧城市、环境、水利、电网、公路、铁路、工业控制、农业、畜牧、家居、建筑、安全、油气管道等多个领域。作为现代经济发展的基础和主要推动力量,工业物联网是全球企业界最关注的行业。

物联网用途广泛,遍及智能交通、环境保护、政府工作、公共安全、平安家居、智能消防、工业监测、环境监测、老人护理、个人健康、花卉栽培、水系监测、食品溯源、敌情侦查和情报搜集等多个领域。

国际电信联盟于2005年的报告曾描绘"物联网"时代的图景:当司机出现操作失误时汽车会自动报警;公文包会提醒主人忘带了什么东西;衣服会"告诉"洗衣机对颜色和水温的要求等。物联网在物流领域内的应用则比如:一家物流公司应用了物联网系统的货车,当装载超重时,汽车会自动告诉你超载了,并且超载多少,但空间还有剩余,告诉你轻重货怎样搭配;当搬运人员卸货时,一只货物包装可能会大叫"你扔疼我了",或者说"亲爱的,请你不要太野蛮,可以吗?"。

物联网把新一代IT技术充分运用在各行各业之中,具体地说,就是把感应器嵌入和装备到电网、铁路、桥梁、隧道、公路、建筑、供水系统、大坝、油气管道等各种物体中,然后将"物联网"与现有的互联网整合起来,实现人类社会与物理系统的整合,在这个整合的网络当中,存在能力超级强大的中心计算机群,能够对整合网络内的人员、机器、设备和基础设施实施实时的管理和控制,在此基础上,人类能以更加精细和动态的方式管理生产和生活,达到"智慧"状态,提高资源利用率和生产力水平,改善人与自然间的关系[1]。

参考文献

5.2　综合应用——案例　人脸识别 ATM 机

5.2.1　市场机会与需求

1. 人脸识别技术发展的作用和机遇

人脸识别技术融入金融支付，并与公安系统联网，将对遏制犯罪与提高破案率起到较大帮助的作用。今天依靠大量现金支付交易的方式正在被改变，大部分的资金交易都通过互联网与数字化实现。如果说有漏洞，或许过往基于密码的小额提现，也就是 ATM 机上凭数字密码提现的环节会是一个漏洞。人脸识别技术的导入，将对该漏洞起到以下几方面的改善：

(1) 有效打击罪犯。对于一个犯罪嫌疑人来说，在基于人脸识别技术的 ATM 机技术之前，他完全可以使用他人的银行卡进行提现交易。而现在，若没有持卡人的脸，任何人都将无法使用他人的卡进行提现活动了。

(2) 有效遏制犯罪。在这项基于人脸识别技术的 ATM 机技术出现之前，密码被盗、破解而导致用户经济损失的事情时有发生，包括一些抢劫行为的发生也是基于获得用户银行卡的密码。而“刷脸”ATM 机的出现，将对这方面犯罪事情的发生起到明显的遏制作用。

(3) 有效助力法院执法。一些转移资产的老赖，一直是摆在法院执行层面的一个现实头疼的问题。在“刷脸”ATM 机出现之前，这些老赖们完全可以将资产转移至亲人名下，并使用亲人的卡进行各种小额的提现活动，而现在亲人的卡再也不管用了。

鉴于人脸识别技术的复杂性，其所带动的产业链环节也相对较多。当其被应用到金融 ATM 机上之后，至少将给我们带来以下几个方向上的新机遇：

① 基于人脸识别技术的传感器与摄像技术将会成为最大受益对象；

② 生物识别技术在智能穿戴设备中的应用将会被重视；

③ 基于生物识别技术的智能穿戴设备将在金融支付领域中率先突围；

④ 云服务平台与大数据市场将被有效激活；

⑤ 物联网时代的数据安全市场将会成为接下来的一个热点。

2. 产品的市场机会

ATM 业务实质是商业银行渠道建设的一部分，是金融自助服务的重要组成，是 24 小时物理金融服务的代表窗口，是个人金融业务特别是银行卡业务不可或缺的关键环节。ATM 业务在中国的发展，与中国的发展联系紧密，也与世界经济金融的大趋势相辅相成。

据统计，当前我国银行卡发卡量超过 50 亿张，ATM 机越来越成为持卡族生活中不可或缺的角色，随之而来的实际应用缺陷表现得越来越突出。通过问卷调查和资料收集不难发现我国传统的 ATM 机目前存在着安全性能低、操作不方便、用户体验差等诸多缺点。所以我们迫切需要一种新型自动取款机，不仅能在操作上更加便捷，还应该提升安全性能。

(1) “取款”而不“取卡”

人们在使用 ATM 机时，因接电话、忙数钱、赶时间等原因忘记取出银行卡的情况经常发生，一些持卡人为此蒙受了很大损失。据调查，银行卡如果在操作界面一分钟内无人操作将自动被吞，其间若有人趁机操作，这会在很短时间内给持卡人造成很大损失，特别是每日最高取款金额上调后，一旦发生盗窃，持卡人的损失就更加严重。

（2）密码亦有隐患

不法分子为了盗窃，手法多变：

① 不法分子在柜员机的显示屏幕装上一个类似手机的盒子。摄像头透过盒子上开的一个小孔，正好对着柜员机输密码的地方，能很清楚地拍摄到取款人输密码的整个过程。

② 不法分子将盗取银行卡密码器贴在银行提款机的密码按键上，用户通过按此盗码器按下密码后，会被自动记录下来。有地方甚至还出现了一种高科技窃取密码的方法，小偷先在 ATM 机键盘上盖一张类似“保护膜”的东西，取款人在输入密码时会在保护膜上留下痕迹。

（3）高难度输入

① 很多银行为了保证用户密码的安全，在 ATM 机上安装了遮挡装置，这在用户密码的安全上起到了很大作用，却给用户操作带来了一定的困难，因大部分用户为确保输入无误，需弯腰确认键盘的分布，留心手指输入。

② 按键的无凹凸感容易导致一些不必要的错误操作，如不慎同时按到两个键等。

③ 很多室外的 ATM 机存在屏幕反光情况，给用户交易带来了一定困难。

④ 据调查 ATM 机的字体设计偏小，零整数不易区分，这给很多视力不好的用户和普通老年人在 ATM 机上交易带来了困难。

综上所述，现有的 ATM 机无论是在操作上还是安全性上显现出诸多缺点，使得用户在使用时容易泄露信息，缺乏安全感。在当今这个信息爆炸的社会，信息的安全性以及隐蔽性尤为重要。ATM 机如何有效、便捷地对用户进行身份验证和识别，保证用户账户的安全性是银行理应重点关注的问题。

当下的生物识别技术发展较为成熟，如果能将生物识别技术中安全性与识别性较高的人脸识别技术与 ATM 机结合，即用户在使用 ATM 机时除了输入密码，还应该通过隐秘的人脸识别技术验证是否为本人，验证通过时才可以进行相关操作。如果非本人则需通过手机银行预约，否则无法操作。再者可以增加“无卡取款”功能，依靠“刷脸”代替繁琐的 22 位银行卡号的输入，极大程度上方便了用户。在产品价格上，人脸识别技术的 ATM 机价格能在一般用户可接受的范围之内，如此便捷、安全、高效的产品一经推出，一定能够受到市场的追捧。所以，人脸识别 ATM 机的市场前景是非常可观的。

3. 产品需求程度

（1）ATM 市场容量大

据中国人民银行发布的《2015 年支付体系运行总体情况》显示，截至 2015 年底，全国联网 ATM 设备数量有 86.67 万台，较上年末的 61.49 万台增加了 25.18 万台，增长 40.95%。

另外，根据前瞻产业研究院发布的《2015—2020 年中国 ATM 机行业市场前瞻与投资战略规划分析报告》显示，近年来，我国总体 ATM 保有量一直呈上升趋势。2014 年，我国总体 ATM 保有量达到了 61.49 万台，较上年末增加 9.49 万台，同比增长 18.25%。从这些数据可以看出，银行对普通 ATM 的需求量大（图 5－1）。

（2）现有 ATM 盗窃案例频发

目前市场上 ATM 盗窃案例频发，盗窃方式层出不穷。常见的有以下几类：

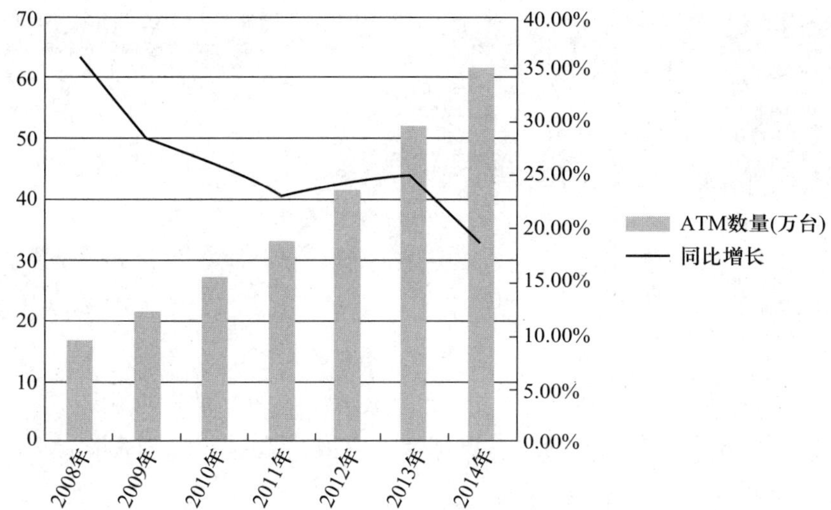

图 5-1　2008—2014 年中国 ATM 机市场保有量变化情况(单位:万台,%)

① 不法分子在 ATM 附近安装银行卡读卡器和摄像头,用户成功操作取款后,盗窃其银行卡的信息和密码,而后克隆出新卡盗走用户存款。

② 窃号+复制磁卡。在 ATM 机上取款后,机器会吐出一张交易流水单,一些储户往往不经意地随手一扔。居心不良的人利用这张单子来盗取有关卡的信息,并制作伪卡进行盗窃。

③ 用户在将卡插入 ATM 取款机后,ATM 取款机显示屏未出现提示语,卡也未自动吐出。ATM 机旁贴有伪造告知条,内容大致为:"如果卡被吞,就打值班电话"。用户上当联系对方,告知基本信息,钱被取走。

除了以上几类常见的盗窃案例,还有趁用户接电话不注意时窃取存款等案例,使得用户账户的安全性受到严重影响。如果在用户取款的时候能通过人脸识别技术验证,验证非本人取消取款操作,则可以大大地降低用户的损失,提高账户的安全性。

(3) 人脸识别技术兴起

与指纹识别等生物识别技术相比,人脸识别具有实时、准确、高精度、易于使用、稳定性高、难仿冒、性价比高和非侵扰等特性,且较容易被用户接受,归纳其优势主要集中在三个方面:

一是自然性,所谓的自然性是指该识别方式同人类(包括其他生物)进行个体识别时所利用的生物特征相同,是通过观察比较人脸区分和确认身份;具有自然性的识别还有语音识别和体形识别,而指纹识别和虹膜识别等因人类或其他生物不能通过此类生物特征区别个体,所以不具备自然性。

二是非强制性,被识别的人脸图像信息可以主动获取而不被被测个体察觉,人脸识别是利用可见光获取人脸图像信息,而不同于指纹识别或者虹膜识别需要利用电子压力传感器采集指纹,或者利用红外线采集虹膜图像,这些特殊的采集方式很容易被人察觉,从而带有可被伪装欺骗性。

三是非接触性,相比较其他生物识别技术而言,人脸识别是非接触的,用户不需要和设备直接接触,而同时能够满足在实际应用场景下进行多个人脸的分拣、判别及识别(图 5-2)。

与此同时,由于人脸识别技术所使用的是常规通用设备,价格均在一般用户可接受的范围之

	人脸	指纹	掌纹	声音	虹膜
精确度	高	中	中	中	高
效率	高	中	中	高	中
可仿冒性	低	中	中	中	低
结果显示直观度	高	中	中	中	中
使用配合度	低	高	高	中	高
复查	可以	可以	可以	可以	不可以

图 5－2 表：常用生物识别技术比较

内。与其他生物识别技术相比，总体而言，人脸识别技术具有较高的性价比。

综上所述，国内至今仍未有较好的生物识别技术应用到 ATM 上。因此，人脸识别 ATM 的市场前景是非常可观的。

4. 产品拟解决的具体问题

（1）ATM 取款安全问题

银行用户在使用 ATM 机办理时，系统将自动抓拍取款人的现场照片，然后与银行的照片源库进行对比（取款者察觉不到对比过程，不可知对比结果），然后取款者输入取款密码，若密码正确且对比结果显示是本人则可取款，若对比结果为非本人，但是密码正确，ATM 机显示非本人未预约不可取款。如果是本人需要别人代理取款，可以通过手机预约。这样避免了一些不法分子盗窃别人的密码取走存款。

（2）无卡便捷取款问题

该产品的“无卡取款”功能，通过用户手机预约填写相应的信息，如勾取取款卡号，填写取款金额、取款日期。然后取款者去银行 ATM 机取款时，只需点击“无卡取款”，输入取款金额（不得多于预约取款金额）。在取款者进行上述操作时，系统会自动抓拍取款人的现场照片，然后与银行的可信照片源库进行对比（取款人察觉不到对比过程，不可知对比结果）。如果对比结果为本人，正确输入取款密码后即可取款；否则 ATM 显示操作失败，不可取款。这样避免了用户无卡取款时还得输入 22 位银行卡卡号，节省取款时间，操作更加便捷，同时，提前在手机银行上进行预约，则为用户取款增加了无卡取款的安全性。

（3）他人代办业务问题

如果需要他人代替办理取款或者转账业务，也是需要提前网上预约。用户通过手机预约填写相应的信息，然后代办者去银行 ATM 机取款时，只需点击“代办取款”，输入取款金额（不得多于预约取款金额）。在取款者进行上述操作时，系统会自动抓拍取款人的现场照片，存入到数据库中，以便后期可能的调查需要。

（4）防劫持问题

用户可通过手机上传自己特殊的表情照片用于特殊情况的处理。用户如果在取款中受到劫持等危险情况，便可做出这些特殊的表情，当系统抓拍到用户的特殊表情，便会及时记录现场的信息以及向附近的派出所报警。这个过程不会有任何的特殊信息暴露用户的意图。

5.2.2　同行业发展现状和市场分析

2015 年 3 月份，在德国汉诺威消费电子、信息及通信博览会上，阿里巴巴总裁马云通过手机端实现了人脸扫面支付，然而在短短数月之后，由清华大学与梓昆科技(中国)股份有限公司等联合研发的具有人脸识别功能的“刷脸”ATM 机 TK—776T 就在杭州诞生了(图 5 - 3)。人脸识别技术的引入，提高了银行系统的安全性同时，却不会为消费者带来任何的不便。目前这款 ATM 机已经通过了成果鉴定，正在小量生产中，接下来会根据银行的需求，经过一系列招投标程序后，真正面市。能够生产这类 ATM 机的只有梓昆科技公司一家，银行指定的 ATM 机供应商全国也不过两三家。去年 11 月份，招商银行宣布推出“ATM 刷脸取款”业务，这也是国内银行首次将人脸识别技术应用到自动取款机上的重大创新。

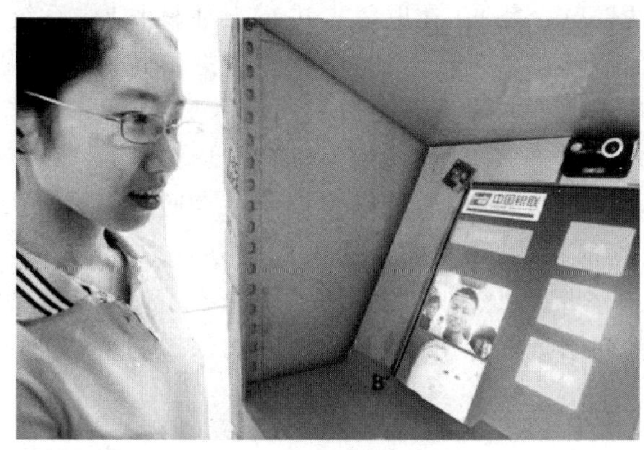

图 5 - 3　ATM 机 TK—776T 运行图

TK—776T 具有先进的人脸识别和防偷窥技术，它能防止面部遮挡的恶意取款，又能防止背后偷窥，从而保证持卡人的安全。“刷脸”ATM 机的技术原理，是通过 ATM 机屏幕上方的摄像机，对在此设备上操作的人员进行头像采集，然后借助于联网公安系统进行身份识别和比对。而在这个过程中人脸采集、人脸识别、人工智能、云服务平台、大数据等环节缺一不可，同时还要确保数据库的安全与识别的灵敏性。

这种比对属于一种高端的生物识别技术，即使是使用者进行了整容，也不会受太大的影响。因为人的发迹线轮廓、眼间距，甚至包括皮肤纹理等，这些细节是个人特有，是难以更改的人脸信息。机器识别确认是本人之后，输入密码才能成功取款。也就是说，以往那种劫匪拿了受害人的银行卡，套取了密码，蒙个大口罩来 ATM 机取款的行为，在这台机器面前就完全失灵了。

目前我国已有多家金融设备服务商，如深圳怡化电脑股份有限公司等，宣布开始研发具有人脸识别能力的 ATM 机。目前，由中科院重庆研究所研发的具有人脸识别能力的 ATM 机开始试点使用，重庆街头有市民通过人脸识别 ATM 机实现了自助取款，不过目前的取款金额受到了限制。

在国外，全球最大的 ATM 机生产厂，美国的 NCR 公司尚未生产出同类产品，ATM 生产强国的日本，当前也没有同类产品的诞生。通过调查，我们发现目前只有我国拥有生产出这种产品的能力。这充分说明“人脸识别 ATM 机”的市场空间还是特别大的。

5.2.3 主要技术、产品及服务

1. 产品功能简介

银行用户在使用ATM机办理取款时，系统将自动抓拍取款人的现场照片，然后与银行的可信照片源库进行对比，然后取款者输入取款密码，若密码正确且对比结果显示是本人则取款者可取款，若对比结果为非本人但是密码正确，ATM机显示非本人未预约不可取款。如果在得知取款密码且非卡主取款时，可事先通过手机银行进行预约，随后再去ATM机取款，此时因为已经预约过，则在正确输入密码时，非卡主也能正常取款。

另外本产品也支持无卡取款，客户可以事先通过手机银行预约，填写相应的信息，如勾选取款卡号，填写取款金额、取款日期。然后取款者去银行ATM机取款时，只需点击"无卡取款"，输入取款金额(不得多于预约取款金额)。在取款者进行上述操作时，系统会自动抓拍取款人的现场照片，然后与银行的可信照片源库进行对比(取款人察觉不到对比过程，不可知对比结果)。如果比对结果为本人，正确输入取款密码后即可取款；否则ATM显示操作失败，不可取款(包括是本人无卡取款，也正确输入密码，但是没有进行手机银行预约)。

刷脸识别，可以在用户不经意间完成，就像用户使用普通的没有人脸识别的ATM机取款一样。两种情况下需要进行提前预约：一是需要他人代替办理取款或者转账业务；二是无卡取款，为用户取款提高了取款的安全性。该系统还添加了紧急报警功能，若出现用户设定的特定面部动作预示有危险，将会自动向附近的派出所报警，尽可能保护用户的安全。

2. 产品特色

(1) 新颖性

将人脸识别技术引入到ATM机上，使得用户在ATM机上进行取款操作时更快捷、安全。

特定表情或面部动作预示危险：我们在建客户人脸库的时候，允许客户设置一个特定的表情，比如睁左眼闭右眼，当取款操作是在遭遇劫持等极端情况下可以在取款时做出此面部表情或面部动作。后台人脸识别系统在识别出此种表情或者动作之后，会自动发出警报信号(此警报只有银行保安或者附近分管派出所知道)，取款者或者劫持者并不知道此警报信号，以免劫持者做出过激行为伤害被劫持者。同时，ATM界面显示，系统错误。取款操作无效，取款者取不出钱来，从而保证被劫持者的财产安全。

(2) 先进性

巧妙整合ATM机取款区的监控资源，在用户完成取款的系列操作时完成抓拍、对比，整个过程完全是在用户取款时不经意间完成的，不会让用户在完成正常取款操作之外再进行其他操作，也不会额外增加用户正常取款所用的时间。整个过程完成之后，用户的感觉就是跟在普通ATM机上取款一模一样。

此产品的无卡取款功能，是以人脸作为"卡号"，同时人脸还兼识别身份的功能。在实现无卡取款功能的同时，避免了输入冗长的22位银行卡卡号，还保证了取款的安全性。用户体验更快、更安全。

(3) 独特性

人们正常去ATM机取款，必须得带上银行卡，只有少许ATM机允许不带银行卡也能取款，但是必须得输入22位银行卡卡号。而银行卡号位数为22位，位数较多，且号码无规律可言，

在不带银行卡的情况下，用户很难将 22 位银行卡号全部输入正确。这无疑使得无卡取款很难实现甚至根本无法实现。而以人脸来代替卡号，使得无卡取款得以实现且其安全性较高，从而保证了用户的账户资金的安全。鉴于现今银行的规定，同一个人在同一个银行（比如中国工商银行）最高可持有 3 张银行卡，所以我们引入手机银行预约功能，在预约的时候，就勾选（通过银行卡号后 4 位）要取款的银行卡，使得对于无卡取款时，人脸与卡号一一对应，这不会造成银行后台系统管理上的混乱，同时又为无卡取款增添了一层保障。

3. 产品技术

本产品涉及的技术有人脸识别技术、数据库管理技术、监控设备接口标准化技术、系统安全保护技术、云计算技术和大数据分析技术（产品后期升级为防尾随产品时需用到）。

（1）产品关键技术说明

① 人脸识别技术

人脸识别技术是基于人的脸部特征，对输入的人脸图像或者视频流进行识别。首先判断其是否存在人脸，如果存在人脸，则进一步地给出每个脸的位置、大小和各个主要面部器官的位置信息，并依据这些信息，进一步提取每个人脸中所蕴含的身份特征，并将其与已知的人脸进行对比，从而识别每个人脸的身份。

人脸识别技术包含三个部分：

（a）人脸检测；

（b）人脸跟踪；

（c）人脸比对。

人脸的识别过程一般分三步：

首先建立人脸的面像档案。即用摄像机采集单位人员的人脸的面像文件或取他们的照片形成面像文件，并将这些面像文件生成面纹（Faceprint）编码贮存起来。

获取当前的人体面像。即用摄像机捕捉的当前出入人员的面像，或取照片输入，并将当前的面像文件生成面纹编码。

用当前的面纹编码与档案库存的比对。即将当前的面像的面纹编码与档案库存中的面纹编码进行检索比对。上述的“面纹编码”方式是根据人脸部的本质特征和开头来工作的。这种面纹编码可以抵抗光线、皮肤色调、面部毛发、发型、眼镜、表情和姿态的变化，具有强大的可靠性，从而使它可以从百万人中精确地辨认出某个人。人脸的识别过程，利用普通的图像处理设备就能自动、连续、实时地完成。

② 数据库管理技术

人脸识别得到的结果与银行卡号的卡主姓名进行对比的时候需要对银行内部的数据库进行访问，而对关乎人民群众财产安全的银行系统而言，外部访问会带来安全隐患。所以对外部访问的权限管理显得尤为重要，应设置为只读权限，没有修改及删除权限。另外，无卡取款的时候，手机进行预约功能，也需要对银行数据库进行访问，并在预约时会做相应的记录。如若想取消预约或者想再次修改预约的相关信息，对系统的权限管理提出更高的要求。还有，因银行每天的 ATM 取款业务量相对比较庞大，所以频繁访问银行数据库及人脸数据库，对数据库的性能要求就更高了，同时也会加大数据库的管理技术难度。

③ 监控设备接口标准化技术

银行 ATM 机终端和监控设备数量庞大、分布广泛、型号复杂、环境不一。抓拍用户脸部图像的格式和清晰度不同，给人脸准确识别增加了难度。所以，对众多监控设备接口进行标准化，显得尤为重要。

④ 企业信息安全保护技术

银行信息系统的安全威胁来自外部访问，如病毒、木马程序、系统漏洞、恶意攻击、滥用数据等。数据库的可靠性也直接影响到此系统的安全。由于安全的威胁来自多方面，必须采取综合的防护手段加以保护，硬件防火墙、安全软件、容灾备份技术的应用是基本的保障，优秀的系统安全设计、数据库加密技术、用户鉴权设计可以进一步提高系统的安全性，但也是系统设计的难点。

⑤ 云计算技术和大数据分析技术（后期产品升级会用到）

产品后期升级为防尾随产品，即在抓拍用户脸部的同时还会对用户周围环境进行拍照。产品将此图像上传到云端数据库，采用云计算方式，分析取款者周围是否有可疑人员在跟随，或者有泄漏密码的风险。

（2）产品主要技术指标

① 人脸识别率及识别效率

人脸识别率将直接影响此产品的竞争力。将识别率不高的人脸识别技术应用到 ATM 机将无异于画蛇添足。本产品的人脸识别率将高达 90%，保证能将识别结果精准地反馈给用户。同时识别效率能保证用户在普通 ATM 机上完成取款操作的最后一步——输入密码之前能得到识别结果。同时，在完成人脸识别的过程中，我们也要求能完成对特定表情或者动作的识别。

② 监控设备接口标准化程度

监控设备的接口标准化程度将直接影响图像采集的标准程度，进而对人脸识别造成重要影响。特别是图像的像素及图像格式的不统一会增加人脸识别工作量甚至导致识别失败，故应尽可能提高监控设备的接口标准化程度。

③ 无卡取款时人脸与银行卡号的匹配率

因为当下的银行政策允许同一个客户可最多可持有三张本行的银行卡，所以在某种情况下一张人脸最多可对应三张银行卡。所以，在无卡取款时，能否快速精准找到人脸对应的三张银行卡中的哪一张，将决定于本次无卡取款是否成败。最复杂的情况是，一张人脸对应三张银行卡，且无卡取款时，该卡主需要在这三张银行卡里取出对应额度的款项，则在此种情况下的，无卡取款时人脸与银行卡号匹配问题需要提出另外的有效解决方法。

4. 产品目前发展状况

项目对该产品的研发已经完成了对人脸识别及对特定的表情及动作的识别，识别率高达 93%。目前正在结合这两项识别，做到在完成人脸识别的同时也完成对特定表情及动作的识别，且两项识别相互独立互不影响。

对于监控设备接口，我们购买了一些硬件，搭建起来以模仿 ATM 机，用来还原用户在 ATM 机上取款的场景，逼近真实环境下的抓拍——识别过程。硬件设备搭建起来以后，将与人脸识别系统结合进行联调，保证产品可以完成基本的功能。

产品的基本功能实现之后，接下来的工作就是把手机预约——无卡取款的功能添加进去，先实现无卡取款的基础功能即假设每人只有一张银行卡，预约的时候只需确定银行卡号是否正确，然后输入相应的取款金额，完成预约。调试系统，使其能够完成检验是否进行过预约，是否是本人，是否超出额度，然后是否能有正常取款的功能。至此，整个产品的基本功能就都能实现了。

5.2.4　商业模式

1. 产品的市场营销策略

（1）产品策略

① 加强产品技术创新

基于银行方面多渠道融合进行零售银行业务的这一未来主流的趋势下，企业加强技术研发能力，满足银行客户差异化需求。从安全技术的角度，运用现下热门的人脸识别技术于传统的 ATM 机上，这能让客户使用 ATM 机更放心。就功能使用而言，目前国内 ATM 的功能主要包括：现金取款、现金存款、存款余额查询、自助缴费、本行或跨行转账、修改密码等基本功能；有些多功能 ATM 如存取款一体机还提供诸如存折打印、存折补登、对账单打印、支票存款、缴纳手机话费、充值等一系列便捷服务。企业同时利用技术手段满足大规模定制和选择性定制等新型信息系统的实践，使得 ATM 上实施个性化营销变成现实，如：通过带有人脸识别出的头像动态化、为客户独家定制个性化生日祝福、节日问候等。

② 提升品牌形象

企业积极参与行业高峰论坛，赞助金融媒体杂志等提升品牌形象，重点收集行业信息，比如邮储总行科技部的全国工作会议、行业高峰论坛、金融媒体邀请科技部门领导参与的高峰论坛，参与类似“618 海峡项目成果交易会”等技术市场交易展览会，利用人脸识别 ATM 的试用来普及用户的知识，招商投资等。对于此类会议，企业可通知各专职负责人参与，集中做公关工作，同时也可在此类集中会议中做产品推荐活动，同时需要联合市场部一起策划品牌推广策略。

③ 大力发展中间业务收益

中间业务包括代缴费、广告、网上购物等，目前该部分收益具有很大的不确定性。因为收费标准、收费方式等都没有明确的政策发文作为依据。上述收益，都是按照双方协商好的收入分成比例，根据合同约定的某一时间段实际发生的交易量来计算，双方签署收入确认单，由合作银行定期支付给运营商。公司 ATM 机除了支持银行传统业务外，ATM 功能方面还应该开通支持第三方代理业务的功能，包括手机话费充值、代缴水电固话费、亲情汇款、账户管家等。目前这些业务遍布邮政、商业银行、银联等重要银行机构，可以极大方便银行客户办理充值、缴费、汇款等业务的需求。ATM 对这些代理业务的支持解决了收费单位、银行、用户间的业务结算问题，同时也增加了公司的收益。

（2）价格策略

① 定价策略

由于人脸识别 ATM 不同于密码识别 ATM，它需要市场销售部门很长一段时间的推广与普及；客户以及用户需要很长一段时间的适应。所以，在 ATM 销售的初期，为了吸引客户，扩大市场占有率，企业会降低门槛，在给客户推荐时尽量压低折扣，提供免费试用期，客户易接受。通过初步的合作和使用产品后，在进行二次销售时，为获取一定的利润，可进行捆绑销售。在销售充分了解客户需求，成功合作，客户关系也达到一定程度后，建议向客户推荐多功能、概念性、个性化 ATM 机。

四大国有行，股份制商业银行等资产规模比较大的客户，对价格不是非常敏感，他们更看重产品质量和售后服务。城商行和农商行，资产规模相对较小，就比较看重价格因素和售后服务网点分布。

② 扩张产能，降低单台价格成本

目前，国内ATM制造行业竞争已经非常激烈，已经形成国内、国外厂商分庭抗礼的局面。随着竞争的进一步加剧，单台ATM的销售价格将进一步下跌，各厂商能否在激烈的市场竞争中获利，主要是拼成本的转移能力和控制能力，未来国内厂商将利用自身成本优势进一步扩大市场份额。由于企业除销售外还发展合作运营业务，因此企业的规模将进一步增大，这将有利于企业进一步降低成本，提高竞争力，进而促进企业ATM销售量和销售收入增长。另一方面，单台ATM成本的下降将进一步降低企业ATM运营服务的成本，提高企业ATM运营服务的盈利空间。根据ATM制造业务及ATM运营服务的业务特点，企业在生产经营上采用以销定产的模式，即分别根据客户订举和合作运营项目的需求进行定量生产，产品直接销售给预订的客户或者投入合作运营项目中使用，采购也基本是相同的模式(以产定购)，这样大大缩小了产品、存货对资金的占用，提高了经营效率。

(3) 渠道策略

① ATM产品销售市场

积极开拓市场，提升产品在销售市场的采购份额。

企业应充分利用在中、农、工、建四大银行、邮政总局的采购优势，进一步提升采购份额，巩固企业在其国产品牌供应商的龙头地位。

积极开发农信、城商行新市场

农信、城商行资产规模，存款总量远远低于国有股份制商业银行，但近年来其对ATM需求激增。农信、城商行不存在入围选型，采购方式灵活。他们由于固定资产投资预算有限，采购往往更看重性价比，青睐国产品牌。相比较国有银行倾向国外品牌，每年入围选型确定入围供应商，农信、城商行采购方式灵活，简单。因此，企业应加大对农信、城商行市场的开发力度。

全方位，全员营销

全方位营销主要包括：优质客户营销，即对优势客户进行蹄选，区分不同客户实施差异化营销。如对四大总行级客户、需入围才能采购的国有银行，采取重点攻关入围后直接营销；对一些城市商业银行、农商行采取合作运营模式。

全员营销指上下应树立全员营销，人人皆营销的思维，充分调动利用员工的社会关系人脉，整合资源，大力开展关系营销、全员营销。

② ATM海外市场

伴随着全球经济复苏和银行业复苏，ATM投资恢复，以银联为代表的中国金融服务业正在加速向海外渗透。银联的最终目标是成为国际主要银行卡品牌，这将产生大量搭载银联通道接口与中文版本的ATM需求，这也将进一步带动本土ATM厂商走出国门。由于发达国家的人脸识别技术比国内的先进，市场竞争更大，这对于企业将人脸识别ATM引入发达国家市场难度增大。新兴市场国家特别是中东欧、中东、南美等是未来增长的动力，而这些区域也可以是企业未来的重点开拓领域。在积极开发国内市场的同时，企业应重点建立较为完善的海外销售渠道，全力铺设海外营销网络有计划地组织出口，以拳头产品打入国际市场。建议聘用外籍人士担任海外市场总监，利用各种渠道代理商来快速开拓海外市场，积极参与国际市场竞争，树立品牌国际影响力。

(4) 促销策略

① 加强人才培养，储备有用之才

人脸识别技术运用到的知识广泛，如人工智能、机器学习、大数据、云计算等，所以企业应全面强化人才队伍建设，拓宽选用人才的思路和视野，通过内部培训、外部培养、人才引进等多种方式，前瞻性地储备全方位的人才，在满足现实需要的同时，为企业快速发展储备一批可用之才。同时，应不断完善绩效评价运行体系和企业文化，为员工营造良好的工作和生活环境，使其具有良好的归属感，从而稳定人才队伍。

② 以服务促进销售收入

客户满意是企业工作的标准，企业在长期为客户服务过程中，应把售后服务作为渗入企业经营管理及业务增值收益的一部分，建立一套科学、严谨、有效的服务体系。由于人脸识别 ATM 机在技术市场上属于创新产物，所以咨询服务部显得尤为重要。该部门负责为客户的相应电脑主机系统提供定期的巡检、保修服务，为客户与实际用户提供相关知识培训等。企业制定了完善的售后服务制度要严格执行，并纳入绩效考核系统，以客户百分百满意服务为宗旨，获得客户认可，促进客户二次销售。

加强后台服务管理，提升维护服务收入。

增加已布放 ATM 设备收入随着销售 ATM 机器的不断增长，已过免费维护期的销售机器的不断增加，维护收入的规模化效益明显增强。为此，企业将对其进行详细的统计，加强对已过免费维护期机器的维护服务管理工作，双方协商收取合理的维护费用，提升维护服务收入。对一些快要过维护期的 ATM 机器实行提前统计，告知免费截止日。

利用现代化技术，降低服务成本

现在人力成本逐年增加，企业应加强对后台服务系统的开发和建设，提高客服服务效率，降低客服服务成本。通过对后台服务系统的模块化、程序化开发，利用云计算、物联网等最新网络技术，实现远程即时维护和服务，从而大大节省了维修成本，提升了服务质量。

全方位服务格局

随着服务管理水平、培训体系、服务保障能力和技术创新能力的升级，对于售后服务，企业还应该通过增设办事处，增加服务人员，让服务网点辐射全国，同时通过加强维护人员培训和储备，提高售后服务质量，提高人均维护台数等措施，进一步提高公司整体售后服务水平。

2. 盈利模式

企业采用与传统 ATM 机制造业的销售模式一样，直接面向市场独立自行销售，并以销售部为中心建立了完整的销售体系。但由于基于人脸识别技术的 ATM 机在市场还没有很成熟的应用，所以需要从技术指导上入手来进行营销。销售部由总经理负责分管，各区域销售经理直接由总经理负责，为公司开拓市场，获取订单；销售部下设市场部、海外销售部、销售网络部、运营维护部四个部门，市场部负责收集、整理、分析产品走势、行业动态和竞争品牌的市场信息，为销售人员提供后勤服务；海外销售部负责公司产品的海外市场开拓和销售，是公司产品对外贸易的唯一窗口；销售网络部负责为 ATM 销售及融资租赁投放选址提供评估、市场分析等策略性支持，同时负责 ATM 投放地点类别、区域的市场资讯信息的收集工作；由于人脸识别 ATM 机在技术上属于创新产物，所以运营维护部显得尤为重要。该部门负责为客户的相应电脑主机系统等提供定期的巡检、保修服务，为客户与实际用户提供相关知识培训等。

（1）传统的销售收入

人脸识别ATM机销售业务收入是公司最大的收入来源，主要得益于老客户的信赖，ATM需求增长快，并且不断拓展新客户。当前四大国有银行每年ATM采购绝对量明显高于其他银行，除了在银行里外有ATM机以外，能在医院、地铁和商场等人流量大、资金需求量大的地方布放ATM机的基本是财力强大的四大国有银行。由于人脸识别技术市场初见雏形，所以通过四大国有银行的示范试点，如果获得它们的采购订单，不仅可以大幅提升销售收入，而且有利于公司开拓其他银行客户。再者，邮储、农村信用社、城商行等区域性小银行也是公司销售初期的重要客户。近年来，由于政策支持和自身业务发展需要，ATM采购量增长相对较快。尤其是邮储每年ATM采购量较大，已成为企业销售业务持续增长的主要动力。

（2）ATM合作运营

通过银企合作、互利互惠的方式，共建ATM自助终端，是商业银行实现网点迅速布局，提高品牌知名度，树立良好公司形象，促进银行零售业务发展的重要一环。

ATM合作运营商业模式是由ATM提供商与银行合作，共同布放安装ATM，通过跨行交易收取手续费后的分成来盈利的商业模式。具体操作分工为：ATM机具与维护服务由厂家（运营商）负责；网络接入和日常维护服务由银行负责；ATM安装场地租赁、ATM监控投入、电信线路租金、ATM耗材等其他投入由合作双方协商约定。双方通过签订合同、补充协议方式，共同对ATM所取得的跨行交易手续费收益进行合理分配。在合同期内，银行方与公司双方享有共同建立和开拓ATM终端网络义务，但ATM机的固定资产产权归公司，ATM终端的经营权归银行。企业按银行每月所提供的ATM产生的跨行取款的流水清单，按约定的比例向合作金融机构收取服务费。其中主要收益包括跨行交易手续费、中间业务（包括代缴费、广告、网上购物等）收益。

根据中国人民银行[2003]126号《中国银联入网机构银行卡跨行交易收益分配办法》的规定："ATM跨行取款交易收益分配采用固定代理行手续费和银联网络服务费方式。持卡人在他行ATM机上成功办理取款时，无论同城或异地，发卡行均按每笔3.0元的标准向代理行（提供机具和代理业务的代理银行）支付代理手续费，同时按每笔0.6元的标准向银联支付网络服务费。"ATM营运获得的跨行交易手续收益就是上述的每笔跨行交易3.0元，由厂家（运营商）与银行协商分成比例分配收益。目前，中国ATM运营商的主要收入来源是跨行交易笔数，其次是与银行约定的收益分成比例。如果跨行交易笔数高、ATM制造商（第三方运营商）的分成比例高，盈利能力强，反之盈利能力就弱，甚至亏损。

而中间业务包括代缴费、广告、网上购物等，目前该部分收益具有很大的不确定性。包括收费标准、收费方式等都未有明确的政策依据。上述收益，按照双方协商好的收入分成比例，根据某一时段实际发生的交易量来计算，双方签署收入确认单，由合作银行定期支付给运营商。目前，国内ATM营运业务90%以上的收益来源于跨行交易手续费，中间业务只占很小部分比例。

（3）融资租赁

融资租赁商业模式是指企业将ATM机器租给银行等金融机构，企业每月收取合同约定好的固定的租金。关于ATM的产权问题，在租赁期内，ATM产权归企业；租赁期满企业收回

ATM 机器成本后只收取维护费，维护费按照跨行取款手续费分成方式，收回成本后产权归银行。按照合同，按月或按年收取租金，由银行支付给企业，企业开具发票给银行。融资租赁的另一种方式与合作运营模式类似，按照跨行取款手续费分成比例的方式进行，跨行交易多，手续费就多，企业的收益就多。ATM 产权在手续费达到一定额度后将转移给银行，银行拥有 ATM 机器的产权；如果没有达到一定的交易量，产权仍归公司，但银行有优先购买的权利，购买后产权归银行。

ATM 融资租赁业务收益比较固定，租赁期限和租金总额确定或租赁期限虽不确定但租金总额确定。公司在发展程度不同的区域市场采取不同的业务经营模式，在市场发育较为落后、跨行交易量较少、毛利水平相对较低的区域，适合采用类似于销售的融资租赁业务模式，每月收取固定租金，以保障公司收益的稳定性。但是由于融资租赁业务相比合作运营业务，不能为公司带来毛利率较高且持续稳定的收入，公司对上述两种模式的定位会更倾向于重点发展合作运营业务，而将融资租赁业务作为合作运营业务的一个补充和业务发展的过渡。

5.2.5　风险与对策

在我们的经营过程中，存在着一系列的风险，包括：政策风险、技术开发风险、经营管理风险、市场开拓风险、生产风险、财务风险、汇率风险、对公司关键人员依赖的风险等。下面进行详细分析：

1. 政策风险及对策

第三方支付与各银行网络最为关注的人脸识别技术在马云德国刷脸后广为人知。其作为非接触、用户体验性好、安全性高、兼容性优良的验证方式而备受互联网巨头的推崇，但是大型银行和金融机构一直在采用这种新型技术方面有所顾虑。最重要的原因有一个：没有统一的国家标准和行业规定，整个行业鱼龙混杂，每家人脸识别企业都说自己技术最好，银行一家一家验证比对成本太高，而一旦在开户或支付时出现误识别对银行或支付机构都将是致命性的灾难。

对策：依照《非银行支付机构网络支付业务管理办法（征求意见稿）》与央行发布《关于银行业金融机构远程开立人民币账户的指导意见（征求意见稿）》的文件中正式明确了以“柜面为主＋远程为辅”的原则，给人脸识别普及打开了窗口。监管与标准的双重下达，会使得互联网金融体系运行更加规范，远程开户、柜面人证合一等人脸识别技术应用更加安全。

2. 核心技术开发的风险及对策

本项目重点在于对于人脸识别的新产品、新技术及其系统尚未掌握的技术方案进行研究开发，不断进行创新、跟紧时代。而一种新产品从开发到规模化和产业化生产并被市场所认可存在着一个时间差，产品从研制到投产形成成熟产品批量生产，环节较多、资金投入较大、周期较长、而且存在产品开发失败的风险。其中算法技术难点是核心难点，不论是通过何种技术方式实现人脸识别，这其中必然要基于算法。目前就人脸识别这一技术而言，在 Android 和 IOS 等程序中也都有相关的程序，而之所以没有被普及的一个关键原因就是算法精度不高。正如同苹果的指纹识别一样，目前的算法能支持的基本是这种对于识别精度要求不高的解锁技术追踪，还难以承担人脸识别安全验证这一重任。

对策措施：项目技术是由来自福州大学的福大物联网创新团队负责，在现有精英团队指导下，将不断完善技术、培养更多相关技术人才；建立风险投资体系，积极扩大宣传招商引资。同时，我们将对收集到的相关先进技术和市场信息进行科学、认真的项目论证和市场调查；有选择、有针对性地加强与其他科研机构的技术合作，以战略联盟的形式建立产学研联合开发的技术保障体系，以强有力的技术为依托，缩短新产品开发时间，提高其成功率。

3. 经营管理的风险与对策

设备操作难点

毕竟，人脸识别技术在ATM机上的应用，与支付宝还不一样。支付宝可以在用户认证人脸支付功能的那个时间点，让用户对着计算机或者手机拍照，可以通过多维度、多视角、多环境拍照，由此生成一个人脸识别特征，相对来说实时性、准确性更有保障。而基于身份证或者银行数据库的照片，与ATM机在用户取款的时候所采集到的照片存在识别环境的差异，比如视角和光线。识别环境的改变，可能会给人脸的精确识别造成影响。

对策措施：这是本团队技术研发中的一个但已经解决了的难点，同时该项技术还申请了专利。针对识别环境的改变，可采用本团队拥有的专利技术对照片在进行人脸识别时进行特殊处理，使得其可进行较高精度的识别。

设备运营维护难点

人脸识别ATM及不同于普通的ATM机，它需要高精度的识别率。从摄像头到与照片库联网的一系列设施设备都需要经常性的维护，以保障用户使用方便与安全。

对策措施：需要加大运营维护部门的人力及财力，在人脸识别ATM投放的初期，为客户的相应电脑主机系统以及银行与公安的联网系统等提供定期的巡检、保修服务，为客户与实际用户提供相关知识培训等。

4. 市场开拓风险及对策

设备更新难点

ATM机的运行如PC机一样，需要基于计算机操作系统，而根据有关数据统计，目前世界上95%的ATM机还在使用XP系统。且就目前的ATM机来看，老机型与改良机型各占一半，这就意味着这么多年的ATM机普及过程中，老款机器都还有一大堆没被更换过来，可想而知这些设备的更替周期与难度，更不要说推行这一看似“高大上”的ATM机。

对策措施：要想全面推行人脸识别的ATM机，首先需要解决系统的兼容问题，毕竟这不是一夜之间就能更换过来的事情；其次需要保障新系统与新技术在大规模商业化应用过程中的稳定性，不要经常出纰漏。

市场推广难点

将人脸识别技术与ATM机相结合，作为金融行业的一个体验项目，这是一个全新的构想。因此，这个全新的体验项目可能存在不被用户所接受、推广困难、市场接受时间较长的风险。

对策或措施：针对上述风险，企业将加大产品宣传投入，除了在微博、微信等新媒体宣传，还通过在试点区免费体验等方式，先培养一部分的用户群体；及时取得用户反馈，根据该项目市场销售情况采取灵活的市场营销策略，确保项目的性能和价格优势。

5. 生产风险及对策

人脸识别ATM机的生产过程中需要考虑人脸采集、人脸识别、人工智能、云服务平台、大数据等环节缺一不可，同时还要确保数据库的安全与识别的灵敏性。由于该产品属于创新型产品，在市场上还没有相对成熟的产品出现，没有完善的经验可循。另外，由于人脸识别技术需要投入的前期成本相对较大，综上而言，生产风险也相应得增大不少。

对策措施：本团队依托于福州大学物信学院物联网实验室雄厚的科研实力，在研发过程中得到实验室各位导师的全力支持。技术团队有丰富的图像处理、模式识别、电路设计、软件开发等领域研发经历。

6. 财务风险及对策

人脸识别 ATM 需要运用到的技术有人脸采集、人脸识别、人工智能、云服务平台、大数据等环节缺一不可。而这些前期投入的成本非常大，一旦开发，稍有不慎，所承担的财务风险巨大。

对策措施：本团队中有来自福州大学金融学研究生在读，曾获 2013 年全国大学生数学建模竞赛一等奖的成员，通过敏锐地分析财务风险进行了严谨的把控。当然，在正式开发之时，企业会与银行合作，建立信贷机制，更好地保障财务状况稳定。

7. 汇率风险及对策

由于本产品在成熟期会销往海外市场，所以会存在汇率风险问题。在商品、劳务的进出口交易中，从合同的签订到货款结算的这一期间，外汇汇率变化会产生风险。

对策：企业应建立和完善系统性的汇率等预警机制和管理体系，主要包括设立汇率风险管理部门；和银行联合，共同控制汇率风险；选择有利的计价货币，逐步采用人民币进行贸易结算；企业还应加快产业结构调整和产业升级，提高出口产品的技术含量和附加值；企业也要密切与政府相关部门和信用保险部门保持沟通，及时获知风险预警信息，提高防范出口收汇风险能力。

8. 对公司关键人员依赖的风险

人脸识别 ATM 需要运用到人脸采集、人脸识别、人工智能、云服务平台、大数据等环节缺一不可，同时还要确保数据库的安全与识别的灵敏性。这需要专业的技术团队支持，而这些技术正是企业的核心技术，是成败的关键，同时也关系到企业的保密性工作。但这样出现的问题就是企业对关键人员依赖的风险，一旦在聘用合约上出了问题，关键人员离开企业不仅会使得企业的研发出现问题，也会使得企业核心技术、保密技术被带走，对企业造成不可估量的损失。

对策措施：本团队在研发核心技术时，首先要进行专利申请；其次做到与专业团队签订保密协议；最后，需要定期挖掘培养新人才，同时团队中的核心人物也需要对人脸识别技术有很深的了解。

5.2.6　财务分析

1. 项目会计基本假设和前提

根据国家现行财税制度及相关法律法规，对本项目的财务计划作如下会计假设和前提：

固定资产按年限平均法计提折旧。折旧年限为 5 年，残值率为 0。无形资产按年限平均法在 10 年内摊销。成本费用的归集按照权责发生制。根据大学生创业相关税收优惠政策财税规定，企业前两年可免征所得税，后期可适用所得税税率 25%。同时企业属于营改增范围且为小规模纳税人，适用增值税税率 3%、城市维护建设税税率 7%、教育费附加税率 3%（假定除以上税种外，不存在其他需要征收的税种）。利润分配方面：盈余公积按当年净利润的 10%计提法定盈余公积，为应对企业成立初期风险，企业前三年不进行利润分配，第四年开始以当年净利润的 10%作为现金红利分配给股东。

2. 股本结构及融资方式

本项目创业初期需要筹集资本 80 万元，主要资金来源为以下几个方面：创业人员入股 48 万元，占总股本 60％；技术人员所持技术入股 16 万元，占总股本 20％；风险投资入股 16 万元，占总股本 20％；如图 5－4 所示。

股东	入股资金	占股本百分比
创业人员入股	480,000	60%
技术人员入股	160,000	20%
风险投资入股	160,000	20%
合计	800,000	100%

图 5－4　表：公司资金及股本结构

3. 投资估算

公司期初总投资 80 万元人民币。根据本公司经营需要，其中建设投资 505，800 元，包括相关固定资产购置 159，800 元、服务器租赁及托管支出 50，000 元（五年）、办公设备 89，800 元、开办费 80，000 元；无形资产 160，000 元；铺底流动资金 134，200 元，具体如图 5－5。

序号	项目	初期投入
1	固定资产	159,800
1.1	路由器、交换机、电脑	70,000
1.2	办公用品	89,800
2	服务器及托管	50,000
3	开办费	80,000
4	办公室租金	216,000
5	铺底流动资金	134,200
6	无形资产	160,000
7	合计	800,000

图 5－5　表：项目总投入估算

4. 盈利预测

（1）销售收入预计

销售收入预计根据市场调研及本企业的竞争优势，对未来五年的销售收入有着较为乐观的估计。本项目销售收入主要来自销售产品，具体见图 5－6。

	第一年	第二年	第三年	第四年	第五年
收入	1,200,000	1,500,000	1,875,000	2,437,500	3,168,750

图 5－6　表：销售收入预计表

第 2—3 年的收入以 25％的速度增长，4—5 年随着产品的推广和知名度的提高，以 30％的速度增长。

（2）成本费用估算

研发费按当年销售收入的 10％计提，营销费用按当年销售收入的 5％计提，其余成本费用每年以 5%的速度增长。

公司管理人员 8 人，销售人员 2 人，技术人员 4 人，客服人员 5 人，财务人员 2 人。职工薪酬估算具体见图 5 -7 和图 5 - 8。

职务	人数	年薪	合计
总经理	1	60,000	60,000
副总经理	1	54,000	54,000
部门经理	4	48,000	192,000
各部门人员	2	42,000	84,000
销售人员	2	42,000	84,000
技术人员	4	42,000	168,000
客服人员	5	42,000	210,000
财务人员	2	30,000	60,000
合计	21	……	912,000

图 5 - 7　表:职工薪酬表

项目	第一年	第二年	第三年	第四年	第五年
主营业务成本	467,000	475,310	484,809	494,521	504,452
其中：带宽及服务器租赁托管支出	50,000	50,000	51,000	52,020	53,060
办公室租金支出	10,000	10,000	10,000	10,000	10,000
电子设备折旧	14,000	14,000	14,000	14,000	14,000
员工薪酬及福利	378,000	385,560	393,271	401,137	409,159
其他支出	15,000	15,750	16,538	17,364	18,233
管理费用	676,425	648,935	710,071	791,138	890,321
其中：工资及福利费	450,000	472,500	496,125	520,931	546,978
开办费	80,000	-	-	-	-
办公设备折旧	11,225	11,225	11,225	11,225	11,225
研发费	120,000	150,000	187,500	243,750	316,875
无形资产摊销	15,000	15,000	15,000	15,000	15,000
其他支出	200	210	221	232	243
销售费用	152,300	172,815	198,306	231,409	280,198
其中：通讯费用	300	315	331	347	365
业务招待费	2,000	3,000	5,000	5,000	12,000
差旅费等	3,000	3,150	3,308	3,473	3,647
销售人员工资	84,000	88,200	92,610	97,241	102,103
营销费用	60,000	75,000	93,750	121,875	158,438
其他	3,000	3,150	3,308	3,473	3,647
总成本费用	1,295,725	1,297,060	1,393,185	1,517,067	1,674,971

图 5 - 8　表:成本费用预算表

(3) 投资项目现金流量预计

首年因建设投入较多,现金流量为负值,随着销售收入的增加,现金流出的减少,利润总额逐步提高,预计到达第5年,净现金流相当可观(图5-9)。

项目	0	计算期				
		1	2	3	4	5
现金流入	-	1,200,000	1,500,000	1,875,000	2,437,500	3,336,625
营业收入	-	1,200,000	1,500,000	1,875,000	2,437,500	3,168,750
回收固定资产余值	-	-	-	-	-	33,675
收回流动资金	-	-	-	-	-	134,200
现金流出	640,000	1,299,220	1,301,429	1,398,646	1,524,167	1,684,200
投资建设	505,800	-	-	-	-	-
流动资金	134,200	-	-	-	-	-
成本费用	-	1,295,725	1,297,060	1,393,185	1,517,067	1,674,971
营业税金及附加	-	3,495	4,369	5,461	7,100	9,229
所得税前净现金流量	-640,000	-99,220	198,571	476,354	913,333	1,652,425
累计税前净现金流量	-640,000	-99,220	99,351	575,705	1,489,038	3,141,463
调整所得税	-	-	-	119,089	228,333	413,106
所得税后净现金流量	-640,000	-99,220	198,571	357,266	685,000	1,239,319
累计净现金流量	-640,000	-739,220	-540,649	-183,383	501,616	1,740,935

图5-9 表:投资项目现金流量预计表

5. 财务效益分析

(1) 盈利能力分析

由图5-10前五年盈利能力分析表可知,5年销售收入稳步增长,且净利润也逐步增加。

项目	第一年	第二年	第三年	第四年	第五年
销售收入	1,200,000	1,500,000	1,875,000	2,437,500	3,168,750
销售成本	467,000	475,310	484,809	494,521	504,452
毛利	733,000	1,024,690	1,390,191	1,942,979	2,664,298
净利润	-99,220	198,571	357,266	685,000	1,239,319
销售毛利率	61.08%	68.31%	74.14%	79.71%	84.08%
销售净利率	-8.27%	13.24%	19.05%	28.10%	39.11%

图5-10 表:前五年盈利能力分析表

（2）净现值

净现值是反映投资项目在建设和生产服务年限内获利能力的动态指标。

根据图 5－11，预计资本收益率为 10％时，NPV＝939，659＞0，计算期内盈利能力良好，投资方案可行。

（3）内含报酬率

根据图 5－10 计算可得 IRR＝36％，主要是因为项目有较为广阔的消费人群，市场前景好。同时互联网信息服务行业整体毛利率较高，收入和成本存在结构差异，以及有着较强的议价能力，所以投资方案可行。

（4）投资回收期

由图 5－9 计算得图 5－11。

项目	期初	第一年	第二年	第三年	第四年	第五年
期初投资	640 ,000	–	–	–	–	–
净现金流量	-640 ,000	-99,220	198,571	357.266	685,000	1,239,319
累计净现金流量	-640 ,000	-739,220	-540,649	-183,383	501,616	1,740,935
净现金流量现值	-640 ,000	-90,210	164,099	268.414	467,855	769,493
累计净现金流量现值	-640 ,000	-730,201	-566,102	-297,688	170,166	939,659

图 5－11　表：累计折现现金净流量计算表

动态投资回收期＝累计净现金流量现值出现正值的年数－1＋上一年累计净现金流量现值的绝对值/出现正值年份净现金流量的现值＝3.26 年

静态投资回收期＝累计净现金流量开始出现正值的年份数－1＋上一年累计净现金流量的绝对值/出现正值年份的净现金流量＝3.63 年

由于用户群体需要累积，因此投资回收期中等偏长。

6. 财务评估总结

这一系列的预算分析，较为全面真实地反映了本项目的可行性。由预算和分析可知，投资本项目是一项理想的投资项目。且本项目各项财务指标较合理，预计资本收益率为 10％，NPV＝939 659 元，动态投资回收期为 3.63 年，静态投资回收期为 3.26 年，内含报酬率 36％。五年累计销售额 10 181 250 元，本项目的建成将促进当地就业，带动当地经济增长，因此，本项目在财务上可行。

5.3　本章小结

本章节中的实例：一种基于嵌入式平台的人脸检测识别系统，是物联网在应用方面的综合体现。

据悉，2018 年物联网领域爆发的有两大应用：区块链及机器学习。区块链（Blockchain）和机器学习（machine learning）这两大趋势发展始于 2016 年，并将持续到 2018 年，而且可望出现更多引人入胜的概念证明。机器学习已有一些有趣的案例研究，例如具串流视讯功能的零售店监视器，可借机器学习功能执行脸部辨识及扫描某些行为，观察消费者在店内行走的模式。这不仅能带来主动的安全措施，还能在不挖掘客户个人数据的情况下执行任务，避免潜在的个人隐私问题。区块链是另一个在 2018 年爆发的主要应用。区块链的支付和安全应用，几乎肯定会让企业重新思考如何将其用于记录财务交易。

物联网应用涉及国民经济和人类社会生活的方方面面，因此，“物联网”被称为是继计算机和互联网之后的第三次信息技术革命。信息时代，物联网无处不在。

据预测，到 2035 年前后，中国的物联网终端将达到数千亿个。随着物联网的应用普及，形成我国的物联网标准规范和核心技术，成为业界发展的重要举措。解决好信息安全技术，是物联网发展面临的迫切问题。

第 6 章 总结与展望

6

6.1 案例总结

本书主要通过实际的案例分析全方位地从感知层、网络层以及应用层阐述了物联网在具体技术中的应用。

1. 在感知层中，我们设计了一种基于接收信号质量信息的免设备人体动作识别，主要研究了基于 RTI 的 DFAR 系统，其中包括基于共稀疏解析的 RTI 成像重构以及定位问题和三维模型下的 RTI 人体动作识别问题等，同时针对实际问题，实地部署了基于 CC2530 无线传感器网络的 RTI 人体动作识别系统。

2. 在网络层中，基于案例一，我们知道，校园公交一直存在严重的调度问题和等车难、上车难的情况，为弥补该技术的缺失，福州大学物联网工程系提出一个校园公交导航项目，使用福州大学校园三维地图导航，由此引出校园地图配准问题。该课题正是项目“校园地图配准模块”的延伸。本设计实现基本的地图操作，提出多种算法和技术实现整体地图的配准，并将配准方案放入使用 C# 语言开发的“福州大学校园地图配准系统”。该系统将整合到校园公交导航项目中。而案例二中，我们了解到，车牌识别技术也是物联网高速发展下必须优先发展的技术之一。车牌识别技术，也就是 Licence Plate Recognition，简称 LPR。这项技术的核心是自动识别车辆牌照信息，它一直是现代智能交通中必须重点关注的问题，也一直是主宰现代交通系统的先进性的关键问题。本次案例详细介绍了车牌识别技术的研究背景，国内外车牌识别技术的研究现状，以及现有的车牌识别技术的具体内容，包括其特点和局限性。车牌识别的具体过程大致可以分为车牌定位、字符分割和字符识别。车牌定位是车牌识别中最为关键的一步。

3. 在应用层的案例一的设计中，我们提供一款基于安卓的金融数据分析交易软件，软件使用者可在 Android 智能手机上安装运行。软件通过分析大量的金融数据，并利用可视化技术将数据制作成 K 线图导出，给用户提供可靠的金融建议，用户可以通过手机软件实时查看数据分析结果并发出指令。而在案例二中，系统能通过传送唯一的 Mac 地址对学生端实现唯一点名，杜绝代点。学生端通过数据库与服务器交互，可以获得课表等信息。同时，学生端可以调用摄像头。教师端可以通过数据库与服务器交互，确定上课人数，知道缺席学生的信息。而案例三展示了在智慧农业背景下的三种设计。

4. 感知层、网络层和应用层作为物联网必不可少的三个部分，并不是独立存在的，三者相互联系，密不可分。在综合分析中，设计了一种人脸识别系统，将人脸识别技术融入金融支付，并与公安系统联网，将对遏制犯罪与提高破案率起到较大帮助作用。今天依靠大量现金支付交易的方式正在被改变，大部分的资金交易都通过互联网与数字化实现。如果说有漏洞，或许过往基于密码的小额提现，也就是ATM机上凭数字密码提现的环节会是一个漏洞。人脸识别技术的导入，将会对其有很大的改善。

6.2 问题与挑战

近几年，在我国，物联网高速发展的同时，也存在一些问题。

1. 知识产权

在物联网技术发展产品化的过程中，我国一直缺乏一些关键技术的掌控力，所以产品档次上不去，价格下不来。缺乏RFID等关键技术的独立自主产权是限制中国物联网发展的关键因素之一。

2. 技术标准

目前行业技术主要缺乏以下两个方面的标准：接口的标准化和数据模型的标准化。虽然我国早在2005年11月就成立了RFID产业联盟，同时次年又发布了《中国射频识别(RFID)技术政策白皮书》，指出应当集中开展RFID核心技术的研究开发，制定符合中国国情的技术标准。但是，我们可以发现，现在中国的RFID产业仍是一片混乱。技术强度固然在增强，但是技术标准却还没有统一。正如同中国的3G标准一样，出于各方面的利益考虑，最后中国的3G有了三个不同的标准。物联网的标准最终怎样，只能等时间来告诉我们答案了。

3. 产业链条

和美国相比，国内物联网产业链完善度上还存在着较大差距。虽然目前国内三大运营商和中兴、华为这一类的系统设备商都已是世界级水平，但是其他环节相对欠缺。物联网的产业化必然需要芯片商、传感设备商、系统解决方案厂商、移动运营商等上下游厂商的通力配合，所以要在我国发展物联网，在体制方面还有很多工作要做，如加强广电、电信、交通等行业主管部门的合作，共同推动信息化、智能化交通系统的建立，加快电信网、广电网、互联网的三网融合进程。产业链的合作需要兼顾各方的利益，而在各方利益机制及商业模式尚未成型的背景下，物联网普及仍相当漫长。

4. 行业协作

物联网的应用领域十分广泛，许多行业应用具有很大的交叉性，但这些行业分属于不同的政府职能部门，要发展物联网这种以传感技术为基础的信息化应用，在产业化过程中必须加强各行业主管部门的协调与互动，以开放的心态展开通力合作，打破行业、地区、部门之间的壁垒，促进资源共享，加强体制优化改革，才能有效地保障物联网产业的顺利发展。

5. 盈利模式

前面提到过，物联网分为感知层、网络层、应用层三个层次，在每一个层面上，都将有多种选择去开拓市场。这样，在未来生态环境的建设过程中，商业模式变得异常关键。对于任何一次信息产业的革命来说，出现一种新型而能成熟发展的商业盈利模式是必然的结果，可是这一点至今还没有在物联网的发展中体现出来，也没有任何产业可以在这一点上统一引领物联网的发展浪潮。

目前物联网发展直接带来的一些经济效益主要集中在与物联网有关的电子元器件领域，如射频识别装置、感应器等。而庞大的数据传输给网络运营商带来的机会以及对最下游的，如物流及零售等行业所产生的影响还需要相当长时间的观察。

6. 使用成本

物联网产业需要将物与物连接起来并且进行更好的控制管理。这一特点决定了其发展必将会随着经济发展和社会需求而催生出更多的应用。所以，在物联网传感技术推广的初期，功能单一、价位高是很难避免的问题。因为，电子标签贵、读写设备贵，所以，很难形成大规模的应用。而由于没有大规模的应用，电子标签和读写器的成本问题便始终没有达到人们的预期。成本高，就没有大规模的应用，而没有大规模的应用，成本高的问题就更难以解决。如何突破初期的用户在成本方面的壁垒，这成了打开这一片市场的首要问题。所以在成本尚未降至能普及的前提下，物联网的发展将受到限制。

7. 安全问题

在物联网中，传感网的建设要求 RFID 标签预先被嵌入任何与人息息相关的物品中。人们在观念上似乎还不是很能接受自己周围的生活物品，甚至包括自己时刻都处于一种被监控的状态，这直接导致嵌入标签势必会使个人的隐私权问题受到侵犯。

在物联网中，射频识别技术是一个很重要的技术。在射频识别系统中，标签有可能预先被嵌入任何物品中，比如人们的日常生活物品中，但由于该物品（比如衣物）的拥有者，不一定能够觉察该物品预先已嵌入有电子标签，以及自身可能不受控制地被扫描、定位和追踪，这势必会使个人的隐私问题受到侵犯。因此，如何确保标签物的拥有者个人隐私不受侵犯，便成为射频识别技术以至物联网推广的关键问题。而且，这不仅仅是一个技术问题，还涉及政治和法律问题。[1]

6.3　发展趋势与展望

如今物联网的整条产业链——从芯片、传感器、无线模组、网络运营到平台服务、软件开发和智能设备——都分布着各家公司，这之中有传统实体产业巨头，也有掀起互联网革命的新贵，还吸引了大量资本进入。大家都时刻关注着全球物联网发展的趋势，也许下一个风口就在你的身边。

业内专家认为，物联网一方面可以提高经济效益，大大节约成本；另一方面可以为全球经济的复苏提供技术动力。目前，美国、欧盟等都在投入巨资深入研究探索物联网。我国也正在高度关注、重视物联网的研究，工业和信息化部及有关部门，在新一代信息技术方面正在开展研究，以形成支持新一代信息技术发展的政策措施。

中国移动前董事长王建宙曾提及，物联网将会成为中国移动未来的发展重点。他表示将会邀请中国台湾地区生产 RFID、传感器和条形码的厂商和中国移动合作。在运用物联网技术方面，上海移动已为多个行业客户度身打造了集数据采集、传输、处理和业务管理于一体的整套无线综合应用解决方案。最新数据显示，目前已有超过 10 万个芯片装载在出租车、公交车上，形式多样的物联网应用在各行各业大显神通，确保了城市的有序运作。在上海世博会期间，“车务通”全面运用于上海公共交通系统，以最先进的技术保障世博园区周边大流量交通的顺畅；面向物流企业运输管理的"e物流"，将为用户提供实时准确的货况信息、车辆跟踪定位、运输路径选择、物流网络设计与优化等服务，大大提升物流企业的综合竞争能力。

此外，普及以后，用于动物、植物和机器、物品的传感器与电子标签及配套的接口装置的数量将大大超过手机的数量。物联网的推广将会成为推进经济发展的又一个驱动器，为产业开拓了又一个潜力无穷的发展机会。按照目前对物联网的需求，在近年内就需要数以亿计的传感器和电子标签，这将大大推进信息技术元件的生产，同时增加大量的就业机会。

BI Intelligence 在过去两年多里一直有跟踪物联网的发展，特别是消费者、企业以及政府的物联网系统使用情况。它的两名研究员 John Greenough 和 Jonathan Camhi 已经完成了一份详细报告，对物联网生态系统进行完整剖析，并预测了未来物联网发展走向。

(1) 预计到 2020 年将有 340 亿台设备接入互联网，而在 2015 年只有 100 亿台设备接入互联网。物联网设备将占到 240 亿台，剩下的 100 亿台设备为传统的计算机设备(比如智能手机、平板、智能手表等)。

(2) 未来 5 年里，近 6 万亿美元资金将被投入到物联网解决方案开发上。

(3) 企业是物联网解决方法的最大应用实体。物联网可以在三方面提高企业综合竞争力：① 降低运营成本；② 提高生产率；③ 开拓新市场或开发新产品。

(4) 应用创新，产业形成期——未来 1～3 年，公共管理和服务市场应用带动产业链形成。未来 1～3 年，中国物联网产业处于产业的形成期。物联网将以政府引导促进，重点应用示范为主导，带动产业链的形成和发展。

产业发展初期将在公共管理和服务市场的政府管理、城市管理、公共服务等重点领域应用。结合应急安防、智能管控、节能降耗、绿色环保、公众服务等具有迫切需求的应用场景，形成一系列的解决方案。在这个过程中也会越来越多的应用到智能设备，我们相信未来政府将成为物联网生态系统第二大应用实体。

(5) 在物联网应用上，个人消费者的开发应用会明显滞后于企业和政府，但他们却是物联网应用的直接输出群体。随着物联网设备的普及以及生产成本的下降，各类提供物联网服务的新兴公司将成为产业发展的亮点，面向个人家庭市场的物联网应用得到快速发展，新型的商业模式将在此期间形成。

物联网的发展从概念到技术研究、试点实验阶段，已经取得了突破性进展。伴随国家和企业，政策和资金的大力支持，政策、金融、研发机构、人员四大环境的不断增强和投入，物联网将会顺应生产力变革的要求不断发展下去。[2]

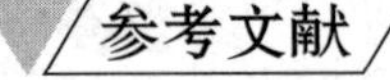

参考文献